厦门大学校长基金专项项目成果
中央高校基本科研业务费专项资金资助
（Supported by the Fundamental Research Funds for the Central Universities）
项目编号：20720151102

中国海洋文明专题研究

ZHONGGUO HAIYANG WENMING ZHUANTI YANJIU

第一卷
海洋文明论与海洋中国

杨国桢 主编　杨国桢 著

人民出版社

《中国海洋文明专题研究》
总　序

改革开放以来,中国的海洋发展取得令人瞩目的进步,有力地推动中国现代化进程。进入 21 世纪,随着中国海洋权益的凸显,海洋意识的提升,中国海洋发展战略上升为国家战略,这是现代化建设的本质要求,也是中国历史发展的必然选择。

现代化是现代文明的体现。西方推动的现代化依赖海洋而兴起,海洋文明成了现代文明的象征,随着大航海时代崛起的西方大国不断对海外武力征服、殖民扩张,海洋文明成了西方资本主义文明、工业文明的历史符号。20 世纪,海洋文明又进一步被发达海洋国家意识形态化,他们夸大"海洋——陆地"二元对立,宣扬海洋代表西方、现代、民主、开放,而大陆代表东方、传统、专制、保守。在这种语境下,海洋文明的多样性模式被否定,中国的、非西方的海洋文明史被遗忘,以至在相当长的时期内,人们相信:中国只有黄色文明(农业文明),没有蓝色文明(海洋文明)。直到今天,还严重制约我们对海洋重要性的认识。

文明是人类生活的模式。文明模式的类型,一般可以按生产方式,或按经济生活方式,或按精神形态或心理因素,或按社会形态来划分。我们按经济生活方式的不同,把人类文明划分为农业文明、游牧文明、海洋文明三种基本类型。现代研究成果证明,海洋文明不是西方独有的文化现象,西方海洋文明在近现代与资本主义相联系,并不等同资本主义社会才有海洋文明。海洋文明也不是天生就是先进文明,有自身的文化变迁历程。濒海国家和民族的海洋文明表现形式不同,都有存在的价值。海洋文明是人类海洋物质与精神实践活动历史发展的成果,又是对人类历史发展产生重大影响的因素,既有积极作用,又有消极影响。树立这样的海洋文明观念,是理解、复原人类海洋文明史,提出中国特色海洋叙事的基础。

不以西方的论述为标准,中国有自己的海洋文明史。中国海洋文明存在于海陆一体的结构中。中国既是一个大陆国家,又是一个海洋国家,中华文明具有陆地与海洋双重性格。中华文明以农业文明为主体,同时包容游牧文明和海洋文明,形成多元一体的文明共同体。海洋文明是中华文明的源头之一和有机组成部分,弘扬海洋文明,不是诋毁大陆文明,鼓吹全盘西化,而是发掘自己的海洋文明资源和传统,吸收其有利于现代化的因素,为推动中国文明的现代转型提供内在的文化动力。在这个意义上,中国海洋文明史研究是中国现代化进程提出的历史研究大题目。只要中华民族复兴事业尚未完成,中国海洋文明史研究就一直在路上,不能停止。

中国海洋文明博大精深,留存下来的海洋文献估计有近亿字,缺乏全面的搜集和整理;20 世纪90 年代兴起的海洋史学,还在发展的初级阶段,而中国海洋文明的多学科交叉和综合研究还在起步,缺乏深厚的文化累积,中国的海洋叙事显得力不从心,甚至矛盾、错乱。在这种状况下,基础性的理论研究和专题研究任重道远,不能松懈。面对这个现实,我从20 世纪90 年代开始呼吁开展中国海洋社会经济史和海洋人文社会科学研究,主编出版了《海洋与中国丛书》("九五"国家重点图书出版规划项目,获第十二届中国图书奖)、《海洋中国与世界丛书》("十五"国家重点图书出版规划项目),做了奠基的工作,但距离研究的目标还相当遥远。

2010 年1 月,在我主持的教育部哲学社会科学研究重大课题攻关项目《中国海洋文明史研究》开题报告期间,教育部社科司领导和评审专家希望我做长远设计、宏大设计,出一个精华本,一个多卷本,一个普及本。于是我设想五年内主编一本40 万字的精华本,即该项目的最终成果《中国海洋文明史研究》;一个多卷本,即《中国海洋文明专题研究》(1—10 卷),250 万字,已经申请获批为"十二五"国家重点图书出版规划项目,并列入创办海洋文明与战略发展研究中心的规划,得到厦门大学校长基金的资助;一本20 万字的普及本,后来取名为《中国海洋空间简史》,将由海洋出版社出版。

精华本由该项目的子课题负责人编写,他们都是教授、研究员、博士生导师;多卷本和普及本则由年轻博士和博士研究生撰写。目前这项工作进入尾声,三个本子都有了初稿,虽说修改定稿的任务还很繁重,总算看到胜利的曙光。

最先定稿的是这套10卷本。策划之初,考虑到编写中国海洋通史的条件尚未成熟,如果执意为之,最多是整合已有的研究成果,不具学术创新的意义,故决定采取专题研究的方式,在《海洋与中国丛书》和《海洋中国与世界丛书》的基础上,扩大研究领域,继续进行深入探讨。由于中国海洋文明的议题广泛,涉及众多领域,不可能毕其功于一役,我们的团队实际上是"铁打的营盘流水的兵",有进有出,人力有限,一次5年10册的规模便达到了极限。因此,研究必须细水长流,以后有机会还会延续下去。

由于专题研究需要新的思路、新的理论、新的方法、新的资料,投入与产出性价比低,许多人望而却步。而在那些善用行政资源和学术资源,追求"短平快、高大全"扬名立万的大咖眼里,这只是个"小儿科",摆不上台面。改变这种局面,需要有志者付出更大的努力。所幸入选的9位博士年富力强,所领的专题以博士学位论文为基础,驾轻就熟,且先后所花时间长则8年,最短也有4年,尽心尽力,克服了种种困难,不断充实、修改,终于交出了一份比较满意的答卷。至于各个专题是否都能体现学术研究"小题大作"的精神,达到这样的高度,有待读者的评判。

杨国桢

2015 年 9 月 23 日于厦门市会展南二里 52 号 9 楼寓所

目　录

第一篇　海洋文明论

第二篇　历史的海洋中国

前　言

　　本卷是一本研究集成式的书,其主体是2010—2015年间我承担教育部哲学社会科学研究重大课题攻关项目《中国海洋文明史研究》对海洋文明与海洋中国基础理论和实践研究的阶段性成果,一部分是在此期间所写的调研报告,此时或稍早公开发表的相关论文、演讲、发言和访谈。内容涉及三个方面,第一篇"海洋文明论"属于基础理论研究,试图从对海洋人文社会学科兴起的梳理,了解不同学科使用的概念分析的工具,在进入海洋领域后是如何调适的,为中国海洋文明史研究立足历史学科,又有序地与相关学科领域实现对接、融合、互鉴,提供合适的概念和有解释力的理论工具。第二篇"历史的海洋中国"属于海洋史研究,切入以往研究的薄弱环节,补充论证,既有全景式的综述,并第一次提出以海洋为本位划分中国海洋文明史的历史分期问题;又有具体个案的探讨,选取几个历史节点的典型事例,分析历史上中国的历史选择。这项研究博大精深,永远在路上,这里所做的仍是学术积累的工作,希望能为后来者前行铺路。第三篇"现代新型海洋观"属于当代研究,试图运用多学科"科际整合"的方法,从全球海洋的高度,观察海洋文明在现代的转型,通过对改革开放以来中国海洋发展三十多年社会主义现代化建设实践的经验教训,把握长期趋势,表达新海洋观的理论建构。

　　作为中国海洋人文的追梦者,在苦苦寻觅多年后,在世纪之交的时间节点上与中国海洋发展的历史机会相遇,是我的幸运。我敢为人先,在全国政协会议上为海洋强国疾呼,先后提出"海洋政策和发展战略的若干建议的提案"(1998年九届一次会议第1034号提案)、"关于尽快出台《中华人民共和国海域使用管理法》的提案"（2001 年九届四次会议第 2220 号提案）、"关于尽快整合海洋管理资源统一海洋执法机制的提案"（2007 年十届五次会议第 0769 号提案）、"关于提升政府处理海洋事务职能的提案"（2007 年十届五次会议第 2244 号提案），以及"全面关注中国的海洋权利和利益"（2004 年十届二次会议大会发言材料第 53 号）、"为早日制定中国海洋基本法建言"（2007 年十届五次会议大会发言材料第 620 号）等，有的已经实现，有的正在进入国家立法的议事日程。如何把中国人在伟大海洋实践中的文明创造提升到理论高度，是海洋文明应用研究的任务。海洋文明研究涉及所有的人文社会科学，历史学具有长时段观察手段、为现实提供历史借鉴的优势，在跨学科综合性研究中可以起到引领的作用。

领导的重视，"学术朋友圈"师友们的鼓励，是我学术追求和学术担当的巨大动力。如果没有得到他们的指点、支持和帮助，弥补我海洋人文知识结构的短板，激发我打通历史研究与当代研究连接的企图心，要完成它也是难以想象的。

我无法忘怀 2010—2011 年那"激情燃烧的岁月"，这是中国新海洋时代到来前的关键时刻，在南方小岛上的厦门大学为潮流涌动呐喊，掀起一股筹办南方海洋研究中心的热潮。2010 年 1 月 16 日，时任厦门大学党委书记的朱之文同志和校长助理、校发展规划办主任叶世满同志来到我家，垂询学校在海洋问题上应如何有所作为，发挥什么样的作用，对我提出的整合厦门大学文科面向海洋、面向东南亚的学术力量，建立海洋人文社会科学研究平台的设想表示赞赏，并邀我参加学校南方海洋中心筹备领导小组，共襄盛举。在 21 日举行的筹备组会议上，他提出视野要宽，站位要高，以服务国家需求、国家战略为目标，把海洋发展理论、海洋权益、海洋法律、海洋历史文化(包括南洋问题、台湾问题等)、海洋综合管理、海洋人才培养等人文领域纳入海洋大平台的规划中。他强烈的海洋意识和服务国家发展战略的气魄使我深受鼓舞，会后我在人文学院周宁院长、贺昌盛教授的协助下，三天内赶出一份"海洋人文社会科学研究平台"(暂名)的论证报告。6 月 8 日，朱之文书记、叶世满校长助理又到我家，嘱咐我进一步修改完善，提出建设规划。7 月 3 日在海洋中心筹备组会议上，朱之文书记表示海洋人文社科研究投入少,行动快,可先启动,经费可先支持。我随后向各地朋友请教,提出建立"海洋文明与战略发展研究中心"的请示报告。在他的持续关注下,研究中心于 2011 年 1 月获准成立,开始筹办"海洋文明与战略发展高端论坛"。我把这一信息用电子邮件向海内外朋友们报告,获得广泛的回响,国家海洋局局长刘赐贵、局纪委书记周茂平,福建省委原书记陈明义、省委秘书长叶双瑜、副省长倪岳峰,中国社会科学院学部委员林甘泉、陈高华、张海鹏、刘庆柱、陈祖武,荣誉学部委员刘楠来、张椿年、郭松义,中国边疆史地研究中心研究员李国强,中国社会科学杂志社研究员李红岩,中国科学院院士苏纪兰,北京大学教授钱乘旦,清华大学教授刘北成,中国人民大学教授李文海、王思治、庞中英,首都师大教授郝春文,南开大学教授魏宏运、冯尔康,天津师大教授侯建新,武汉大学教授朱雷、胡德坤,复旦大学教授周振鹤、葛剑雄,中山大学教授陈春声、刘志伟、吴义雄,南京大学教授范金民,上海师大教授苏智良,扬州大学教授周兴国,山东大学教授陈尚胜,河北师大教授王宏斌,安徽师大教授王世华,南昌大学教授陈东有,江西师大教授方志远,福建师大教授谢必震,广东省社会科学院海洋史研究中心研究员李庆新,香港中文大学教授科大卫,香港校友陈佳荣,台湾"中研院"海洋史中心研究员陈国栋、台南成功大学教授郑永常,美国哈佛大学教授孔飞力、宋怡明,日本东京大学名誉教授滨下武志、名古屋大学名誉教授森正夫,新加坡国立大学教授刘宏,韩国海洋大学校国际海洋问题研究所所长郑文洙,旅美台湾学者汤锦台,不吝来信来电回复赐教,指出"只要有海洋经济的存在,就一定有海洋文明的出现","泱泱大国,海域辽阔,决不可没有对于中国海洋史的研究;而作为研究历史的学人,亦不可听任一些对历史研究毫无素养的人每发奇谈之论",期待有所作为,并以搭建海洋人文社会科学研究平台的构想"是极具战略眼光的大手笔、大部署,非翻海才、射雕手不能为","今以大有为之年,复与同道恢弘志业、更创新基,令人良多感佩"等语相激励,令我万分感激。这一年,我还承接了台盟福建省委会委托项目《深化海洋文化交流,加强两岸同胞的精神纽带》,国家海洋局中国海洋信息中心委托项目《包容性发展与现代海洋发展观研究》,撰写调研报告。朱之文书记于是年 8 月调任复旦大学党委书记后,朱崇实校长继续予以支持,并在 2011 年 11

月 11 日在厦门大学成功举办了"海洋文明与战略发展高端论坛"。邀请到的大家名宿，都是一时不二之选。我把论坛中的大家宏论编为本书的附录，意在传播那个年头我们这一群人站在历史潮流的前列，曾经共同努力过，呐喊过，让历史不要忘记这段"老骥伏枥"的中国故事。

人文学科成果的质量依赖学者长期的学术积累、文化自觉和个人体悟。周宁先生说过"一等学问出概念，二等学问出结论，三等学问出史料"的话，值得我们深思自省。什么样的时代就有什么样的思想，且随着时局变迁而发展变化。我们的思考有其局限性，反映那个年代的水平，打下那个年代的烙印。不改初衷的是，我们将继续努力，从中国海洋文明史的整体和国家海洋发展战略的需求出发，思考继承弘扬中国海洋文化优良传统，提升国家海洋软实力的方向与方法，为建设现代海洋文明服务。

在本书交稿之际，我还要感谢厦门大学副校长李建发、叶世满、詹心丽、社科处和人文学院以及各地师友的关心支持，还要感谢时刻在身边支持我的伴侣翁丽芳，她的聪慧她的睿智，她的坚定她的牵挂，给我奋进的力量。执子之手，与子偕老，我一定会珍惜我们拥有的时光，用心呵护你、陪伴你、照顾你。本书初稿完成后，几经删削，博士生王鹏举、刘璐璐、王小东、陈辰立协助我做了修订校对工作，选修"海洋史学术前沿追踪"学位课程的 2014 年级人文学院、南海研究院的博士生，也提供了宝贵的修改意见，在此一并表示谢意。

杨国桢

2015 年中秋

第　一　篇

海洋文明论

第一章　海洋文明的概念内涵*

　　人类对自己创造的文化与文明,有着多种多样的诠释,学术界至今还没有作出公认的定义。文化与文明是一对既有联系又有区别的概念,但在历史和现实生活中,往往被视为同义词,没有严格的区别。学者们从不同的角度区分了文化与文明,认识并不一致;而文化与文明作为自清末从西方转输到中国的新概念,内涵又发生了很大的变化。这种状况也深深地影响到中国学者对海洋文化和海洋文明概念的界定。

第一节　西方海洋文明的观念

　　海洋文明是西方学者在总结大航海时代以来海洋历史作用时形成的概念。"西方划时代的发明是以'海洋'代替'草原',作为全世界交往的主要媒介。西方首先以帆船,然后通过轮船利用海洋,统一了整个有人居住的以及可以居住的世界,其中包括南北美洲。"①西方世界性大国的崛起,凸显了海洋在人类社会与文明发展中的地位。"当海洋这一根本能量在16世纪突然爆发后,其成果是如此深巨,以至于在很短的时间内它就席卷了世界政

---

* 本章原载《中国高校社会科学》2013年第4期,题为《中华海洋文明论发凡》。

① 汤因比语,转引自[美]斯塔夫里阿诺斯:《全球通史:从史前史到21世纪》上册,吴象婴等译,北京大学出版社2006年版,第335页。

治历史的舞台"①，与欧洲人文主义兴起、宗教改革、经济社会转型相呼应，"自由的海洋与自由的国际市场在自由这个观念中汇合了……随着机器的发明……巨大的海权同时成为巨大的机械力量……工业革命把那些从海洋这一元素中诞生的海的儿女变成了机器制造者和机器的奴仆"。②

在西方知识体系中，早期文明开始于两河流域和尼罗河畔的河流文明。"海洋文明"一词首见于希腊语，被用于总结克里特岛上依赖海上商业、海盗劫掠和殖民征服起家的米诺斯文明（前3000—前1400年）。古典文明时期（前1000—500年），位于亚、非、欧三大洲之间的地中海是文明世界的中心。米诺斯文明及后继的迈锡尼文明中的海洋商业文明因素为希腊文明和罗马文明所继承。中世纪文明时期（500—1500年），北欧"蛮族"维京人的海上崛起，创造了300年（800—1100年）的"海盗时代"。14世纪，意大利的佛罗伦萨、威尼斯等城市共和国以海上贸易为立国基石，依赖海洋发展商业文明。近代文明时期，海洋文明中心从地中海转移到大西洋沿岸伊比利亚半岛的葡萄牙、西班牙，继起的西欧低地国家荷兰和岛国英国，导致大西洋经济的兴起。随着欧洲的扩张和征服，非西方世界被纳入西方主导的世界体系，成为附庸。

伴随欧洲"确立它对世界其他地区的主宰地位"，"引出一个明显的问题：为什么世界的这小小一隅能够战胜所有的对手，并将自己的意志强加给美洲、非洲和亚洲？"③这就导致西方中心主义的社会科学的出现。"十九世纪在欧洲和美国建立起来的社会科学是欧洲中心主义的。当时的欧洲世界感到自己在文化上取得了凯旋式的胜利，从许多方面看来也的确如此。无论是在政治上还是在经济上，欧洲都征服了世界。"④

在这样的大背景下，德国哲学家黑格尔（Georg Wilhelm Friedrich Hegel，

---

① ［德］C.施米特：《陆地与海洋——古今之"法"变》，林国基等译，华东师范大学出版社2006年版，第49页。

② ［德］C.施米特：《陆地与海洋——古今之"法"变》，第57—59页。

③ ［美］华勒斯坦等：《开放社会科学：重建社会科学报告书》，刘锋译，三联书店1997年版，第30页。

④ ［美］华勒斯坦等：《开放社会科学：重建社会科学报告书》，第55页。

1770—1831)在《历史哲学》中把人类文明的地理基础分为三种形态:高地、平原流域和海岸区域。在第一、二类地区,"平凡的土地、平凡的平原流域把人类束缚在土壤上,把他卷入无穷的依赖性里边";而在第三类区域,"大海却挟着人类以超越了那些思想和行动的有限的圈子",产出一种以船为工具,"从一片巩固的陆地上,移到一片不稳的海面上"的海洋文明。海水的流动性,决定了海洋文明超越大地限制的自由性、开放性,"大海给我们茫茫无定、浩浩无际和渺渺无限的观念;人类在大海的无限里感到他自己的无限的时候,人类就被激起了勇气,要去超越那有限的一切。大海邀请人类从事征服,从事掠夺,但是同时也鼓励人类追求利润、从事商业"。海水喜怒多变的性格,决定了海洋文明打破常规、冒险进取的勇敢精神,航海家冒着生命财产之险求利,"从事贸易必须要有勇气,智慧必须与勇敢结合在一起。因为勇敢的人们到了海上,就不得不应付那奸诈的、最不可靠的、最诡谲的元素,所以他们同时必须具有权谋——机警"。①

黑格尔把温带视为历史的真正舞台,认为在美洲"新世界"出现之前的世界历史舞台,即由欧、亚、非三大洲组成的"旧世界",是由地中海结合成为一体的,"地中海是地球上四分之三面积结合的因素,也是世界历史的中心""是旧世界的心脏,因为它是旧世界成立的条件,和赋予旧世界以生命的东西。"而"广大的东亚是与世界历史发展的过程隔开了的"。② 希腊世界是历史的少年时代,罗马世界是历史的成年时代,日耳曼世界是历史的老年时代,而东方世界是历史的幼年时代,古代文明国家如中国、印度、巴比伦"没有分享海洋所赋予的文明(无论如何,在他们的文明刚在成长变化的时期内),既然他们的航海——不管这种航行发展到怎么样的程度——没有影响于他们的文化,所以他们和世界历史其他部分的关系,完全只由于其他民族把它们找寻和研究出来"。③

黑格尔讲述"哲学的世界历史",认为海洋文明是人类文明的最高阶段,而中国和东方代表了人类文明的幼年,"一个民族不能经历更多的阶

---

① [德]黑格尔:《历史哲学》,王造时译,上海书店出版社 2006 年版,第 83、84 页。

② [德]黑格尔:《历史哲学》,第 83、84 页。

③ [德]黑格尔:《历史哲学》,第 94 页。

段,不能在世界历史上两次划时代……因为在精神的过程中它只能承担一种任务"。① 所以中国和东方与海洋文明无缘。这与历史学家研究得出的结论是不同的。从历史事实而言,地中海世界通过海洋的文明互动确实在西方发展史上发挥了巨大的作用,但把它视为海洋文明的唯一形态和唯一模式,是偏颇的。他把多元文明融合体的中国作为一个农业性的整体文化单位,与欧洲次级的文化单位古希腊进行比较,是为了突出古希腊海洋文明的独特性,鼓吹"地中海是世界历史的中心"的历史观。由此出发,他所创造的海洋文明是高于农业文明、游牧文明的先进文明形态的话语,便成为西方中心主义海洋文明话语体系的基石。

海洋所赋予的文明既然是西方兴起的动力,海洋文明自然而然地成了资本主义文明的同义词。德国地理学家恩斯特·卡普(Ernst Kapp)在《比较地理学》(1845年)中说,世界历史开始于东方的两河流域和尼罗河畔的河流文明时代,希腊和罗马的古典时期和地中海的中世纪文明时期,进入内海文明时代,伴随着美洲的发现和环球航行,进入海洋文明的时代。② 20世纪,海洋文明又进一步被发达海洋国家意识形态化,海洋代表西方、现代、民主、开放,大陆代表东方、传统、专制、保守,成为国际上主导的话语,影响并支配了文明史的海洋论述。

第二次世界大战以后,随着发展中海洋国家的兴起,对本国海洋文化资源的发掘,海洋文明等同资本主义文明、西方工业文明的观念受到国际学界的质疑。首先,海洋文明可以上溯到河流文明时代,早在公元前的第三个千年,地中海就经历了大规模的贸易、迁徙和相互影响。内海文明时代也是海洋文明,腓尼基、希腊、罗马是大海的女儿。其次,海洋文明与陆地文明不是截然分开的。古希腊的海洋文明以陆地山区经济为基础,"在地中海北岸,山岭犹如一道屏障,挡住了地中海航行的大敌——无情的北风,那里有许多避风港。爱琴海的一句谚语说:'扬帆起航,不管刮的是南风或是北风'。另一方面,这些山区必然把移民引向大海,而诱人的水面是沿岸交通的最佳

---

① ［德］黑格尔:《历史哲学》,第12页。
② ［德］C.施米特:《陆地与海洋——古今之"法"变》,第11页。

路线,甚至是唯一的路线。海洋活动就这样与山区经济建立起联系。两者互相渗透,互相补充,由此产生了耕作、园艺、果木、捕鱼和航海活动的令人惊奇的结合"。① 地理大发现后,世界贸易路线的变迁,导致海洋文明的中心从地中海转移到北大西洋地区,但是"欧洲的兴起也不主要是由于参与和利用了大西洋经济本身,甚至不主要是由于对美洲和加勒比海殖民地的直接剥削和非洲奴隶贸易"。而是"利用它从美洲获得的金钱强行分沾了亚洲的生产、市场和贸易的好处"。②

海洋文明发展模式的多元化、多样性得到国际学界的肯定,以世界海洋区域为分析单位,成为基于民族国家及基于陆地建构的分析方式之外的另一种选择。继费尔南·布罗代尔(Fernand Braudel)对地中海世界的杰出研究之后,围绕印度洋、大西洋、太平洋上政治、经济、社会、文化互动的进程,都有新的研究著作出现。东方文明不仅是陆地文明的代表,也有海洋文明的存在。20 世纪 80 年代,日本学者滨下武志提出朝贡贸易圈和海洋亚洲的概念,把中国沿海地区与环中国海周边各国、印度洋沿岸诸国视为海域世界的重要区域,作整体研究。澳大利亚学者安东尼·瑞德(Anthony Reid)研究东南亚的"地中海"联结在一起的"风下之地"的共同命运,指出贸易时代给东南亚所带来的变化与欧洲一样巨大,虽然变化的方向并不尽然一致。③ 中国海洋史引起西方学界的关注。2002 年,英国业余历史学者孟席斯(Gavin Menzies)出版《1421:中国发现世界》一书,提出郑和分支船队发现美洲、澳洲和南极洲的新说,令英语世界耳目一新,产生巨大的轰动。近年,荷兰学者包乐史(Leonard Blusse)等人提出"莱茵河—扬子江"研究计划,力图探明亚欧大河流域走向海洋,从地方、区域中心到全球经济重心发展的历程。

---

① [法]费尔南·布罗代尔:《菲利普二世时代的地中海和地中海世界》第一卷,唐家龙等译,商务印书馆 1996 年版,第 192 页。

② [德]贡德·弗兰克:《白银资本——重视经济全球化的东方》,刘北成译,中央编译出版社 2011 年版,前言第 5 页。

③ [澳]安东尼·瑞德:《东南亚的贸易时代:1450—1680 年》,吴小安等译,商务印书馆 2010 年版。

进入 21 世纪,随着海洋开发的立体推进及西方扩张性海洋文明发展模式的难以为继,世界海洋文明正在转型,工业文明与海洋生态文明的撞击和磨合,提供了新的物质资源和思想资源,向建构新型海洋文明的方向前进。

第二节　中国人对海洋文明的理解

19 世纪末 20 世纪初以来,中国人愤于海权丧失、国门洞开的现实,接受西方的海洋文明观念和论述,普遍赞同"中国文化是亚洲大陆地理的产物,欧美日本的物质文明,有他们海洋性国家的经验",[①]把海洋文明作为学习西方、改造旧社会的理论工具。梁启超《二十世纪太平洋歌》历述人类文明的演进顺序是:"河流时代"、"内海文明时代"、"大洋文明时代"。"河流时代"即中国、印度、埃及、小亚细亚四个"地球上古文明祖国"的农业文明时代,"内海文明时代"即地中海文明时代,"大洋文明时代"即大西洋时代。这种时代的划分,就是把海洋文明看成是高于农业文明的先进文明形态的。海洋文明与资本主义文明、西方工业文明联系在一起,成为"先验性知识"。我国人文社会科学的涉海研究已有百年之久,但由于种种原因,海洋文明在中国人文社会科学体系中,没有明确的定位。在中华文明史或文化史研究上,研究中华海洋文明的学者凤毛麟角,20 世纪中叶考古学家、民族学家林惠祥的"亚洲东南海洋地带"和凌纯声的"亚洲地中海"说,并没有动摇中国的历史是黄土文明、农耕文明的历史的论述。认为"希腊是海洋国家,中国是大陆国家"[②],是学术界和社会上的普遍看法。

1978 年改革开放以后,电视片《河殇》以西方海洋文明的"先验性知识"进行启蒙,批判中国的黄河文明、黄土地文明,引起巨大的轰动。它刺激了中华文明是否存在海洋文明的反思。围绕"中国既是一个陆地国家,又是一个海洋国家"的论述,涉海历史研究的领域不断扩展和延伸:在有关

---

① 黄仁宇:《万历十五年》,三联书店 2005 年版,第 273 页。
② 冯友兰:《中国哲学简史》,北京大学出版社 1996 年版,第 23 页。

中国文明的起源和形成发展的讨论中,面向海洋的文明因素开始受到重视;史前海洋族群的历史,由于考古学、人类学、民族学、语言学等多学科的发掘和参证而逐渐清晰起来。海外交通史的重点从海上交通线路的创立、发展、变迁,转向海域活动圈、华人关系网络的建构。以 1990—1991 年参与联合国教科文组织海上丝绸之路综合考察、1998 年开展国际海洋年活动、2005 年纪念郑和下西洋首航 600 周年为契机,"中国与海上丝绸之路""东亚海域圈""中国航海文明"形成主题领域,产生一批重大研究成果,内容涵盖了古代中国与亚洲海域政治、经济、文化的互动。海洋移民史、华侨华人史从海外交通史的附庸脱颖而出,在与中国海洋联系上突出了华人移民网络的功能和作用。经济史的海洋研究打破海外贸易史一枝独秀的局面,海洋行业史如造船史、海运史、海港史、海洋渔业史、海盐史、海关史、海事史等,海洋区域经济史如"两湾"(北部湾、渤海湾)、"两角"(珠江三角洲、长江三角洲)、"两岛"(台湾岛、海南岛)的海洋发展史等,异军突起,百花争艳。社会史的海洋研究从传统的倭寇研究扩大为海洋社会群体研究,从沿海地方社会研究延伸到海域社会研究,开辟了渔民社会、疍民社会、海商社会、海盗社会、海岛社会、海湾社会等新领域。边疆史的海疆研究加强了岛屿带历史的研究力度,提出构筑海上文明板块的设想。港澳台历史研究、南海诸岛史地研究、钓鱼岛历史研究,形成若干海洋史的主题领域。军事史的海洋研究,在海防史、海军史、海战史等领域都产生新的研究成果。海洋文化史成为新的研究领域,海洋生活方式、海洋人文类型、海洋价值观念、海洋心态性格、海洋风俗习惯、海洋宗教信仰、海洋文学艺术、海上文化交流,都是研究考察的对象。海洋考古、海洋历史地理、海洋科学技术史、海洋灾害史、海洋环境史、海洋生态史研究的起步,又进一步把中国海洋史研究领域从人文海洋推进到自然海洋,从海面推进到海底和天空。

随着研究领域的拓展,海洋史的研究开始改变海洋仅是人类社会交往大通道的狭隘观念,把海洋视为人类生存发展的第二空间,把开发利用海洋视为一种文明形态和文明发展的进程,又更进一步把人类视为海洋生态系统的一部分来思考,从而在指导思想、研究方向上实现从陆地本位向海洋本位的转换。有学者指出:"中国研究环太平洋历史发展和海洋史的代表是由北京大学历史系何芳川教授领导的亚太区域史项目组和厦门大学历史系杨国桢教授领导的中国海洋史课题组。……1990 年代初,杨国桢教授开始带领他的博士生探讨中国海洋社会经济史,希冀形成中国的海洋史学,相继出版了《海洋与中国》和《海洋中国与世界》两套系列丛书。按照杨教授的设想,第一套丛书(8 本)主要探讨了中国海洋观、海港城市、渔业经济和渔民社会、海上市场、海外移民的演变发展等。第二套丛书(12 本)除了继续深化前面的研究领域之外,还相继开拓出海洋社会史、海洋灾害史、海洋文化史、航海技术史等研究领域,把中国海洋史研究推向了新高度。"①台湾"中研究院"人文社会科学研究中心(前身是三民主义研究所、中山人文社会科学研究所)从 1984 年起,每两年召开一次中国海洋发展史国际学术研讨会,至 2008 年为止,共出版《中国海洋发展史论文集》10 辑,在"中国既是一个大陆国家,又是一个海洋国家"的框架下,从中国海洋发展的大陆沿海地区、台湾地区和海外地区,对航海交通、海洋政策、海洋贸易、海洋移民、海港、海盗、海难等作专题论文探讨,提出不少有价值的新见。2009 年,广东省社会科学院成立广东海洋史研究中心,2010 年起主办《海洋史研究》辑刊,内容以华南区域与南中国海海域为重心,注重海洋社会经济史、海上丝绸之路史、东西方文化交流史、海洋信仰、海洋考古与海洋文化遗产等重大问题研究,由社会科学文献出版社出版。2011 年起,上海中国航海博物馆主办《国家航海》辑刊,内容涉及上海国际航运中心文化历史与政治理论、中外航海史、海上交通或贸易史、中外古船与沉船研究、水下考古、航海文物等方面,由上海古籍出版社出版。这些研究成果虽大多未冠以海洋文明之名,研究广度和深度也不一致,但已引起国内和国际史学界的注意和肯定。

然而,"这些努力远未解决海洋在中国历史上的定位,也缺乏社会思想的震撼力,甚至没有改变史学工作者以陆地农业文明为中心的思维定式。从学术心态上,似乎可以这样说:我们还没有完全走出海洋迷失的误区"②。20 世纪八九十年代,海洋文化研究在中国一度形成热潮,但大多是热点问

---

① 包茂红:《海洋亚洲:环境史研究的新开拓》,《学术研究》2008 年第 6 期,第 115—116 页。

② 杨国桢:《海洋迷失:中国史的一个误区》,《东南学术》1999 年第 4 期,第 30 页。

题引发的,沿海地方政府和民间力量促成的,不是学术研究深入的结果。呼吁建立"海洋文化学"学科的人,对什么是文化学并不清楚,与20世纪30年代民国学者建构的"文化学"学科的观点和主张,在理论上和学术上没有继承、反思的关系。海洋文化理论研究的力度有限,对中国传统海洋文化性质的理解分歧不小。

　　对海洋文明的界定存在不同的理解。有人认为:"从广义上看,所谓的'海洋文明'就是人们对围绕着海洋所进行的一系列精神、物质活动,以及由此产生的大量成果。事实上……在工业文明形成以前的数千年间,世界各地的人类对海洋的认识、开发和利用都处在初级阶段,其发展也只是停留在数量而非质量的变化上。只有在工业时代到来、人类科技水平提高,其认识和利用海洋的手段达到一定水平后,海洋的深度和宽度及其巨大的能量不再成为人类活动的障碍,海洋文明才逐渐形成。"[1]有人则把海洋文明往上延伸到人类的童年,远古时代诞生了作为人类"集体记忆"的海洋文明。"在人类把目光投向大海的那一刻,人类与海洋的对话就开始了,蓝色的海洋文明在彼此注视中诞生了"。[2] 有人认为:"凡是一个文明体、文化区是沿海的、环海的,只要那里的社会人群懂得打鱼捞虾、煮盐晒盐、行船航运,是为'靠海吃海',就是有了以海洋为因子、元素的文化,就是'海洋文化';即使还有更小的文明体、文化区不懂得这些,不从事这些,总会接触海洋,哪怕只知道站在海边远远地一望,观一观潮,览一览浪,他们也必然会有所思所想,积淀形成并传承着对海洋的看法,也许是对海洋的'科学'的认知,抑或是对海洋的浪漫的畅想,这同样是'海洋文化'。""只要海洋对这个文明体、文化区十分重要,都可以称其为由诸多'海洋文化'现象构成的'海洋文明'。"[3]彼此尺度之严与宽,相差不啻十万八千里!学术界和社会上对海洋文明的理解混乱,各说各话,是长期海洋意识薄弱、海洋文明缺乏深入研究

　　① 陈志强:《海洋文明发展的新舞台》,《文明》2010年第8期,第8页。
　　② 苏文菁、兰芳:《世界的海洋文明:起源、发展与融合》,中华书局2010年版,第6—7页。
　　③ 曲金良:《西方海洋文明千年兴衰历史考察》,《人民论坛·学术前沿》2013年第2期,第62页。

的结果。

以西方海洋文明作为衡量标准，有人认为中国有海洋文化而没有海洋文明。如说："一种海洋文明之所以能称为海洋文明，一是它要领先于人类社会的发展，二是这种领先主要得益于海洋文化，两者缺一不可。一种文明在地理位置上靠近海洋，甚至有比较发达的海洋文化，并不一定是海洋文明……中国古代文明的发展，得益于海洋的不多，尽管中国有漫长的海岸线，也创造了丰富的海洋文化，也算不上海洋文明。"①或说："中国社会形成了以大陆文明为主流的文化类型，而海洋文化未经萌芽就被打入'冷宫'，列入非主流文化之中"，"中国没有形成自己的海洋文明传统"，"而中国的古代文明形态中，海洋文明远不能占主导地位，甚至连独立于农业文明成为与之并列的一个文明形态，都十分艰难"。② 在许多学者的心目中，中华文明的定性仍是"大陆农耕文明"。既使承认中华文明是"一个包容性极强的多样性、复合型文明"，也只说"中华文明是一种以农耕文明为主轴，以草原游牧文明与山林农牧文明为两翼，并借助传统商业、手工业予以维系，通过现代工业、现代农业、现代服务业予以提升的复合型文明"，没有海洋文明的位置。③ 这些看法，实际上只是正统主流观点的复述和微调，早就在学术界和社会中"约定俗成"，"深入人心"。问题是：一个民族国家里，只存在一种文明吗？在一个复合型文明国家里，不被历史选择为主导地位的文明就不是文明吗？在一个多样化的世界里，没有领先于人类社会发展的文明就不算文明吗？

有人认为：中国海洋文化是地域文化，主要指中国东南沿海一带的别具特色的文化。同时，也包括台、港、澳地区以及海外众多华人区的文化。海洋文化是一种地域文化，这个提法并没有错。问题是：中国海洋文化是中国的地域文化，又是海洋亚洲的地域文化，环中国海就是亚洲"地中海"，通过

① 邓红风：《海洋文化与海洋文明》，载《中国海洋文化研究》第一卷，文化艺术出版社 1999 年版，第 22 页。

② 倪建中、宋宜昌主编：《海洋中国——文化重心东移与国家空间利益》中册，中国广播出版社 1997 年版，第 560、601、695 页。

③ 姜义华：《中华文明多样性十论》，《人民论坛·学术前沿》2013 年第 2 期，第 6 页。

海洋接触、联系的,属于不同省份、不同国家的地域,互为起点和终点,互为中心和边缘,没有固定的疆界。把中国海洋文化局限于某个地区,视为地方文化的特质,或突出某个地区的领先和优秀,自称是"中国海洋文明最典型的区域",隔断了个体与整体的关系,显然是欠妥的。

有人把中国海洋文化与西方海洋文化进行比较,认为:"世界海洋文化并非只有西方的一个模式","东方也有海洋文化,也有蓝色文化",西方的海洋文化是海洋商业文化,"中国古代海洋文化的本质是海洋农业文化"。① 有人把古人描述海洋生计(捕鱼、航运、经商)"以海为田"一词,望文生义地曲解为海洋农业,甚至创造出历史上并不存在的"以海为商"一词,加以对照,认为中国对海洋的开发与利用只不过是作为对陆地开发和利用的一种自然补充和延伸。甚至得出"海洋文明结胎、孕育于陆地文明"的推论。问题是:海洋农业文化究竟是海洋文化还是农业文化? 古希腊海洋商业文化的发达建立在农牧业商品化基础上,为什么不是海洋农业文化? 把中国海洋农业文化和西方的海洋商业文化视为世界海洋文化的基本模式,在理论方法上仍是西方中心主义对东西方差异概念化、程式化表述框架下的推理。

有人认为:"人类历史发展至今,冲在世界最前列的,大多是用狼精神武装起来的民族。"大游牧精神"不仅包括草原游牧精神,包括海洋'游牧'精神,而且还包括太空'游牧'精神……而这种游牧精神是以强悍的游牧性格,特别是狼性格为基础的"。② 问题是:这位作者是站在草原遥望海洋和太空的,把人类开拓进取精神归结于游牧文明的延伸。虽然游牧民族与海洋民族在流动性方面有相通之处,但把海洋文明的精神说成是狼精神演变而来,这种新思维实质上也是否定中华海洋文明存在的陆地思维,不过把农业文明换成游牧文明而已。

中西海洋文化比较,起点是古代中国与希腊的比较。古希腊文明发源于爱琴海沿岸和克里特岛等海中岛屿,是海洋商业文明,中华文明发源于黄河流域,是黄土地农耕文明,两者起点不同,在很大程度上决定了两三千年

① 宋正海:《东方蓝色文化——中国海洋文化传统》,广东教育出版社1995年版,第149页。
② 姜戎:《狼图腾》,长江文艺出版社2004年版,第283、364、365页。

历史走向的差异。"正是从这个节点开始，东、西方踏上了不同的发展之路。"①问题是：以一个民族国家作为文明的单位，一个文明单位只有一种文明，并不符合人类文明发展的实际。以中国的大陆文明而不是沿海地区的海洋文明，与希腊的海洋文明进行比较，是一种误导。中国在历史发展过程中创造的古代文明，是一个"多元一体"的大型文明，由不同地区、民族的次级文化单位组成，包括了黑格尔所说的三大类型。正如美国学者彭慕兰（K.Pomeranz）所指出的："在进行东西方比较（或者任何比较）时所用的单位必须具有可比性，而现代民族国家理所当然不是必然构成这些单位。因为中国作为一个整体更适合与整个欧洲而不是与具体的欧洲国家进行比较。"②

这些论述，构成了一个完整的理论"陷阱"：海洋文明是西方资本主义或工业时代的产物，东方文明和中华文明是农业时代的产物，所以东方和中国没有海洋文明；西方的海洋文化是海洋商业文化，中国的海洋文化是海洋农业文化，所以中国的海洋文化是陆地文化特别是农业文化的延伸。

与此同时，也有人提出"颠覆传统"的看法。一是认为中国的文明起源和发展于海洋文明，如说："尽管我们中华史前的历史发展链条还比较模糊，还不够具体，但大体的和合理的脉络应该是，所谓'黄河文明'，是沿海的东夷海岱文明从黄河下游向中上游的延伸和推进；所谓'长江文明'，是沿海的百越（粤）包括吴越文明从长江下游向中上游的延伸和推进。"③把海洋文明置于中华农业文明的源头地位。二是认为中国是世界海洋文明的发源地，中华海洋文明傲冠全球至近代。如说：中国是15世纪前的海洋之王，从民众的海洋意识、造船技术与航海能力、文明的辐射力与持久性三个层面看，"福建是世界海洋文明发源地"。④ 有人则认为发源于"中国长江流域、东南沿海地区的古糯民及后来逐步分化成的糯夷、百越、百濮等民

---

① 《走向海洋》节目组编著：《走向海洋》，海洋出版社2012年版，第20页。
② ［美］彭慕兰：《大分流——欧洲、中国及现代世界经济的发展》，史建云译，江苏人民出版社2003年版，中文版序言第2页。
③ 曲金良：《海洋文化与社会》，中国海洋大学出版社2003年版，第39—40页。
④ 苏文菁：《福建：海洋文明发源地》，美国强磊出版公司2007年版。

族",提出:"中华民族在上万年前到距今 6000 年左右的中华炎黄时期创造了人类共同文明文化的大洲时代,那时的糯夷或沿陆路或从海路向全球开拓。因此,中华民族的海洋文明从史前的开拓到近代西方的崛起前一直引领世界,可以说,近代以前的人类海洋史,基本上说就是中华海洋史。"①也就是用中国中心论取代西方中心论。问题是:他们的书写,基本上是用自己的观点,有选择地选取前人和当代学者已有的研究成果,包括一些尚无确切证据的论述,加以串联,不加证实地袭用放大,拼凑出系统和结论的,与历史本相难合符节,不能说是掌握全面史料基础上的理论创新和学术创新,未能得到学术界的认同。急于表达中华海洋文明是世界领跑者、优秀者的角色,其实也是焦虑不安,缺乏理论自信和文化自信的表现。

总之,海洋文化的讨论与中国海洋史研究的新进展是脱节的。人们注意到这种现象:大多数学者对海洋史不太熟悉,也没有兴趣,只是运用既有的知识泛泛而谈,而研究海洋史的"学者们似乎更乐于做细微的实证研究,较少兴趣做大格局的理论探讨"。② 这使得中华文明史的研究主流回归到传统陆地文明的老路。

认识中华海洋文明史是经济全球化背景下中国实现现代化提出的问题,这意味着重新审视海洋文明的概念,进行修正和重构,掌握学术话语权,是一个创新性的任务。

第三节　海洋文明的历史学阐释

文化和文明的表现,横面是社会的变迁,纵面是历史的变迁,把文明提升到理论高度进行研究,经历了长期的探索和演变,有多种研究视角和流派,迄今未有统一的理论架构和研究范式。最早的经典定义是:"文化和文明是一个复杂的整体,它包括知识、信仰、艺术、道德、法律、风俗以及作为社

---

① 流波:《源:人类文明中华源流考》,湖南人民出版社 2007 年版,第 149、150 页。
② 李红岩:《海洋史学浅议》,载《海洋史研究》第 3 辑,社会科学文献出版社 2012 年版,第 7 页。

会成员的人所具有的其他一切能力与习惯。"①涵盖人类生活的方方面面，涉及所有的自然科学、技术科学和人文社会科学。但这样的概括从学术研究而言是成问题的。学术史证明，简单地把文化和文明的内涵概括为人类创造的物质财富和精神财富的总和，失之于空泛，在学术实践上难于把握。

海洋文化和海洋文明都是人类对海洋的"人化"，是人类开发利用海洋空间与资源所创造的物质财富和精神财富的总和。这样的定义，从表象上看是没有问题的，但从实质上看，仅仅是把海洋与文化、文明的概念糅合在一起，体现不出它与其他文明不同的特殊性，模糊了它的特质。海洋文化和海洋文明都是根植于海洋活动的实践，随着海洋实践活动的深入和进步不断发展，海洋与文明的结合呈现出多元化和多样性的特征，没有固定的、统一的模式，需要从动态的、运动变化中的历史存在，揭示它的本质。这就决定了海洋文明史的任务，不仅要关注不同时空条件下海洋文化的积极成果，反映海洋的社会发展与社会进步；还要关注它的消极成果，反映海洋的社会停滞与社会退步。因此，改造海洋文明的概念内涵，有助于冲破思想观念的障碍，拓展视野，有助于对海洋人文世界的深入认识，为人类文明的世界历史进程提供新的阐述。

"历史学处理的是处在时间之中的具体的人和具体的文化。"②从历史角度定义海洋文明，迄今还没有概括出能够得到广泛认同的内涵，但这不妨碍我们根据世界与中国历史的进程，从普适性和包容性的观念出发，对海洋文明的定义提出基本的理论假设，作为研究的切入点和支点。

与黑格尔历史哲学的定义不同，我们承认海洋文明与资本主义文明、西方工业文明等同的文明形态，是全球海洋时代产生的一种形态，但不是海洋文明形态的全部。海洋文明作为按经济生活方式划分的文明类型，是一种文化的进程，其内涵包括从低到高、从初始文明到现代文明的不同形态，和跨越从区域海洋到全球海洋、立体海洋的不同发展阶段；作为国家或区域的

---

① ［英］泰勒：《原始文化》，蔡江浓编译，浙江人民出版社 1988 年版，第 1 页。
② ［美］伊格尔斯：《二十世纪的历史学——从科学的客观性到后现代的挑战》，何兆武译，辽宁教育出版社 2003 年版，第 2 页。

海洋文明,各有不同的特性,在不同时间扮演不同的角色,既有崛起后衰落,又有衰落后复兴或再生,发挥着不同的作用。海洋文明存在于"海—陆"一体的结构中,与陆地文明并非高低优劣的二元对立,两者的互动,就是人类参与世界发展的进程。有必要打破海洋文明与陆地文明孤立、隔绝阐述的局限性,从人类文明的全局来重新认识。

一、海洋文明是源于海洋活动生成的文明类型

人类生活空间的自然生态环境不同,决定了文明的第一属性。海洋文明起源于大陆边缘地带周边被陆地拥抱、半封闭式的海洋地理区域,与农业文明、游牧文明发生的地理基础不同,生存的机遇和挑战在于海洋,文明的出发点和发展的舞台在于海洋。最初的海洋活动受制于港湾的环境,季风、洋流等自然规律,人类与之发生关系,都是从局部海域出发,逐渐探索出和形成了相对固定、约定俗成的出海时间、航行方向、交往对象和海域范围,海洋文明的诞生都在特定的海域。位于亚、非、欧三大洲之间的地中海具备这样的天然条件,大西洋两岸的北海、波罗的海与加勒比海,印度洋沿岸的红海、波斯湾等,西太平洋沿岸的渤海湾、北部湾、东中国海、南中国海等,也是"地中海",也有相似、相近的地理条件,都有开发利用海洋、产生海洋文明的可能。海洋作为一个自然体,对各民族都是一视同仁的,没有开放或封闭的区别。但地理不是文明发展的决定因素,并非所有族群的海洋文化都能自然地生成海洋文明。只有海洋族群取得开化和进步,有突破大海隔离和束缚的造船和航海能力,有走向海洋的进取意识,同时获得与外部族群接触联系和文化交流的机遇,才能成为"海生的女儿"。与外界隔绝的海上活动和孤岛生活,缺少对外交流的活力,是"封闭型"的海洋文化,没有海洋文明的生成与传播。

中华民族的先民生活在东亚大陆和海域,依据不同的地理条件,选择不同的生存方式。海洋文明起源于濒海与岛屿先民的渔捞生活,定居的聚落是由于有丰富、稳定的鱼贝食物来源所形成的,并非农业文明的产物。濒海聚落在进入文明时代后往往发展为港口,甚至是海洋族群建立的早期国家的国都。他们通过大海沟通环中国海不同区域的联系,并将文明传播到西、

南太平洋的岛屿上。在中华海洋文明生成后的历史发展中，海洋族群发生由东夷、百越向汉人的转换，作为海洋活动主体的国家、地方和民间的关系发生激烈的变动，但始终没有消灭海洋文明类型的存在。研究海洋文明类型内部结构的历史变迁，是构成中华文明史多样性发展的重要内容之一，正确处理海洋文明类型的外在形式与内在实质的关系，是彰显中华海洋文明独特性和"个性化"本质的重要前提，也是探寻中华海洋文明历史发展规律的客观要求。

二、海洋文明是海洋文化有机综合的文化共同体

海洋文明是以自然海洋为活动基点的物质生产方式、社会生活及交往方式、精神生活方式有机综合的文化共同体。海洋文化是海洋文明的内涵，海洋文明是海洋文化的载体，广义的海洋文化（物质文化、制度文化、精神文化）以流动为基本特征：流动的家（舟船）、流动的生计（捕鱼、贸易、劫掠）、流动的文化（海洋渔业文化、海洋商业文化、海洋移民文化、海盗文化），流动的疆界（超越地理、国家和地方政区的边界），在流动中与不同海上文明和陆地文明接触、冲突、融合，形成不同海域、不同民族各具特色的海洋文明。在海洋文明史上，不同的海上群体和陆上涉海群体塑造了不同的海洋社会模式，如海洋渔民社会、船员社会、海商社会、海盗社会、舟师社会，海岸带港口社会、渔村社会、盐民社会、贸易口岸社会等。各种群体成员具有共同的生计、身份、生活目标和利益，通过直接或间接的交往互动结合在一起，形成各具特色的群体意识和群体规范。

环中国海周边海洋文化共同体的活动，此起彼伏，生生不息，为当代的研究所肯定。就中华民族的海洋发展而言，海洋文化共同体的表现丰富多彩，为开发利用海域、岛屿，发展中华民族的海洋权利，做出了重大贡献。只是由于历代王朝统治者认为海洋并不重要，而被忽视和屏蔽了。甚至视流动为洪水猛兽，把海民看成社会上最不可靠的一群，诋毁海洋文化共同体的形象，通过强势的话语权，植入民族的社会心理，造成负面的影响。以海洋为本位，从底层结构入手，在实证研究的基础上，恢复海洋文化共同体的本来面目，确立海洋文化共同体是中华文明"多元一体"中的一元，改变忽视

海洋的传统观念,具有重大的学术价值;对树立中国海洋国家的正面形象,开展海洋文化建设,培育海洋国土意识、海洋可持续发展意识、海洋权益意识和海洋安全意识,具有重大的现实意义。

三、海洋文明是人类文明的一个小系统

海洋群体对海洋自然的"人化",人与人在海洋中结成的关系,有自身发生、发展和演变的规律,不是人地关系、陆地社会关系的自然延伸。从陆地走向海洋,与从海洋走向陆地,是两种不同的海洋文明发展路径。海洋文明有自身进化的过程,是人类文明的一个小系统。文明系统包括三个亚系统,即技术系统、社会系统和思想意识系统,①存在渐变、突变、重组的不同进化形式。在不同的海洋地理区域,海洋文明的发生发展有先有后,处于不同的进化阶段,有不同的目标和追求,有不同的阶段性文明成果,有不同的文明样式、特定的结构和文明的象征,构成多彩的海洋人文世界。

中华海洋文明是中华文明系统的组成部分。中原农业文明处于核心和强势的地位,主导并决定"多元一体"的走向,沿海海洋文明处于地域社会文化和民间文化的层次,没有上升为中华文明的主流。但单凭这一点,还不能得出"海洋文化不适合当时中国的实际"的结论。从海洋文明的主体看,早期是东夷、百越的文化系统,秦汉是华夏与东夷、汉与百越互动中共生的文化系统,汉唐以后是汉族移民与夷、越后裔融合的文化系统。中华文明中的大陆文明与海洋文明的关系,是大系统与小系统的关系,必须在中国历史发展的长河中对海洋文明的演进进行全面考察。中华海洋文明又是东亚海洋文明系统中的中心系统。东亚海洋文明系统即"环中国海海洋文化圈",从远古到秦汉,是沿海土著的中华先民与周边岛屿土著之间接触交流的"亚洲地中海文化圈",汉唐以后与周边、西亚的海洋互动,被称为中国主导的"东亚海域经济文化圈",与现代的"世界华人经济文化网络"一脉相承,包涵了中华海洋文明与外来海洋文明的亲近、融合与竞逐、分离,超越了中

---

① ［美］L.A.怀特:《文化的科学:人类与文明研究》,沈原等译,山东人民出版社1988年版,第351页。

国历史的范围,如果不是以王朝统治者的心态看待海洋,用王朝经略海疆取代中华民族的海洋发展的话,应当承认,中华海洋文明系统的向外用力大于向内用力,影响着东亚海洋文明的走向。中国在与西方海洋势力竞逐中的顿挫和衰落,也有中华海洋文明系统的自身的原因。站在世界海洋文明历史发展的高度,审视中华海洋文明的历史嬗变,是海洋文明史研究内在逻辑的必然要求,同时有助于凸显中华海洋文明史与世界海洋文明史的交互与碰撞、关联度和依从关系、普遍性和差异性等等。只有通过这样的研究,我们才能进一步阐明中华海洋文明的博大精深,才能透过世界正视中华海洋文明历史发展中的精华与糟粕。

四、海洋文明是一种文化发展的过程

"文明是一种运动,而不是一种状态模式,是航行而不是停泊。"①海洋文明不是自古以来就是人类文明的先进形态,而是一种文化发展的过程。海洋文化和海洋文明根植于海洋活动的实践,随着海洋实践活动的深入和进步不断发展,总体的历史趋势是不断地从低级向高级演进,从区域海洋向全球海洋、立体海洋拓展,从群体文明到区域社会文明、国家文明、世界文明提升。以西方海洋世界为本位,海洋文明的发展经历了从地中海到大西洋再到太平洋的转移,代表了从古代到近代再到现代的历程。但世界海洋文明史不是以西方海洋文明为唯一模式和标准,朝着同一方向进行,非西方有多元的海洋文明的"中心"和"边缘",以渐变的形式进化,海洋文明各具特色,对世界海洋文明都有自己独特的贡献。未来海洋文明的走向,取决于立体海洋开发的文明进步、合作共赢的世界新型海洋秩序的建立。

中华海洋文明的文化发展过程,与西方海洋文明的文化发展过程,既有相向而行,又有反向而行;既有隔绝,又有交汇。中华海洋文明内部,不同海域、不同族群、不同地方政权,海洋文明的发生发展有先有后,有兴起也有衰落,有继承也有断裂,有进步也有倒退,展现错综复杂的历史场景,海

---

① [英]汤因比:《文明经受着考验》,沈辉等译,浙江人民出版社 1988 年版,第47 页。

明的结合呈现出多元化和多样性的特征,没有固定的、统一的模式,但总体的发展趋势并没有改变。中华海洋文明的复兴,是历史的继承发展,朝着立体海洋时代的需要不断地调整和跨越,能够为世界海洋文明的转型提供正能量。

五、海洋文明是一种长期的、综合的文化累积

海洋文明的流动性、开放性、多元性、包容性的特质,是吸收陆地文明、外来文明长期的、综合的文化累积形成的,在与陆地文明的互动中从区域走向全球,扩张其影响力,使人类社会逐渐地连成一体,形成海陆互动的世界历史大格局。海洋文明离不开陆地文明的哺育,陆地文明也得到海洋文明的反哺。海洋与陆地对立的观念,不能真实地反映海洋文明在社会文明进步中发挥的作用。认为世界古文明都是陆地文明,唯独古希腊文明发源于海洋是个例外,这种说法带有片面性,已是国际学术界的共识。"以克里特—迈锡尼为中心的爱琴文明的产生和发展,受到古埃及和两河文明的积极影响。……这两个近东的古老文明比克里特文明早600—700年。而且克里特人与古埃及和两河流域的联系相当密切。可以说,以克里特—迈锡尼为中心的爱琴文明是在近东两大先进文明的辐射下产生和发展的,因而起点较高,以致克里特人能较早创造出像米诺斯王宫那样令世人惊叹的物质文明和精神文明。古希腊文明既继承和发展了爱琴文明,又受惠于近东各种文明的传播和影响。"[1]"地中海历史的规律是:海上生活向着远离海岸的地方扩展影响,作为回报,又不断受内陆的影响。"反之,"如果说埃及是尼罗河的产物,它也同样是地中海的产物"。[2]

海洋文明进入中国历史的进程,是与农业文明、游牧文明相激相荡的过程,也就是陆海文明兼容、互动的过程。海洋活动的主体,血缘上经历夷夏、汉越的融合进入华夏——汉族的边缘,到今天对中华民族的认同;领域空间上,东部沿海地区和管辖海域,从古代的边缘地带到近现代的中心地带转

---

① 朱寰主编:《欧罗巴文明》,山东教育出版社2001年版,序言。
② [法]布罗代尔:《文明史纲》,肖昶等译,广西师范大学出版社2003年版,第30页。

移,上升到当今的国家利益的核心地带,都是长时段的历史建构过程。以黄河中下游地区为基地的农业文明群体,最早在中华文明中确立了强势的地位,建立王朝体制,主导国家政治、经济、文化的融合发展进程,陆地因素在中华海洋文明发展中扮演的角色,显示了与其他国家海洋文明不同的特性。早期大陆对海产品的强烈需求,吸引了一部分海洋群体的内向发展,接受农业文明的辐射,东夷百越地区纳入中国版图后,海洋活动群体为移入沿海的汉人所取代,具有海洋与陆地两重性格。中华文明是黄河、长江的产物,也是环中国海的产物。在历史发展进程中,中华海洋文明为占主流地位的中华农业文明所深深浸染,王朝"经略海洋",有不同的表现,体现中华文明中的陆海关系也是不同的。简单地一刀切,认为都是开疆拓土向岛屿带的延伸,是宗藩关系在海外国家的推广,忽视了特定时期王朝作为"国家海洋行为主体"的意义和功能,势必影响到中华文明中陆海关系的正确揭示。

著名史家王赓武先生指出:"全球化是海洋实力取代陆地实力的象征性标志。"[1]当代中国为融入全球化而努力,改革开放只有进行时没有完成时。党的十八大报告指出:"提高海洋资源开发能力,发展海洋经济,保护海洋生态环境,坚决维护国家海洋权益,建设海洋强国。"继承弘扬中华海洋文明,实现现代化转型,是海洋强国必走的一条路。国家海洋发展战略的方向和需求,深深扎根在悠久的海洋文化优秀传统之中,以历史唯物主义和科学发展观为指导,借鉴国外研究海洋文明史的成果和经验,建构适应现代需要,反映中国特色的中华海洋文明史,努力开展创新性研究,把沉淀于沿海地方和民间层次的海洋历史资源加以提炼,成为系统化的知识。在实证研究的基础上,增强理论体系的建构,思考继承弘扬中华海洋文化优良传统,提升国家海洋软实力的方向与方法,为建设现代海洋文明服务,具有全新的意义。

---

[1] 《王赓武谈全球化海洋文化:中国须加强海洋外交》,载《海疆在线》2013 年 3 月 22 日。http://www.haijiangzx.com/2013/0322/49338.shtml。

第二章 海洋文明的基本形态

海洋文明的基本形态包括海洋经济文明、海洋社会文明、海洋制度文明、海洋精神文明。这些形态之间常互为渗透、互为影响，我们不应将它们视为固化的模式。

第一节 海洋经济文明

文明的本质是社会生产力。海洋经济是海洋文明的物质基础和经济形态，由人类直接或间接地开发、利用海洋资源和海洋空间所形成。它涉及生产、流通、消费、管理、服务领域，涵盖涉海的经济构成、经济利益、经济形态和经济运作模式。海洋经济与海洋（包含自然海洋和海洋空间）之间的特定依存关系，是其本质属性。

在当代学术体系中，海洋经济是个经济学概念。它把海洋学开发、利用海洋的概念内涵运用于经济领域，加以经济学诠释，目前的相关研究主要集中于现代海洋产业经济（对应开发海洋资源）和海洋区域经济（对应利用海洋空间）。由于海洋经济学尚未成型，经济学界对海洋经济的内涵与外延并无明确的界定。作为现代海洋经济载体的海洋产业，按照海洋开发、利用事业的发展和技术进步的顺序，可分为传统产业（海洋渔业、海水制盐、造船、海洋运输、海涂围垦）、新兴产业（海水养殖、油气开采、海水化工、海水淡化、海洋医药、滨海砂矿、滨海旅游）、未来产业（深海采矿、海洋能源开发、海水综合利用、海洋工程）三大类。按照国民经济部门结构"三次产业"

分类法,海洋产业可分为第一产业(海洋渔业、海涂围垦、海水养殖)、第二产业(海水制盐、海水产品加工、造船、海洋油气、海水化工、海水淡化、海洋医药、海洋采矿、海洋能源开发、海水综合利用、海洋工程)、第三产业(港口服务、海洋运输、海底仓储、滨海旅游、海洋信息业、海洋文化产业)。按照经济活动与海洋空间的关联程度,海洋经济可分为狭义、广义、泛义三类:狭义指限于自然海域,以开发利用海洋资源的各类产业及相关经济活动的总和,如从原材料、生产场所到出产品都离不开海洋的产业;广义包括为海洋开发利用提供条件的经济活动,比如原材料、生产场所都不在海洋,但产品和服务专用于海洋的产业;泛义则扩大到与海洋经济难以分割的海岛经济、沿海经济及河海体系中的内河经济等,包括资源取自海洋,生产在大陆,产品市场不分大陆和海洋,或与大陆经济互相交叉的产业。

海洋经济文明的发展,首先集中体现在海洋生产力的进步,海洋学的发展水平和海洋技术、生产工具(如造船与航海术、港口开发、海洋渔具渔法、海水养殖、海水制盐、海洋性农业、海洋新兴产业技术等)的应用。其次,它表现在海洋经济生产关系的演进,适应海洋自然资源和自然生态环境选择的海岸带、海岛和海域经济开发模式的转变,以及海洋经济空间(如航海网络、海洋贸易网络等)的拓展。

人类开发、利用海洋资源,创造出多种相互依存的海洋部门、产业,构成涵盖众多部门、行业的经济系统,以海洋水体为纽带,聚合成区域性(往往为国家级乃至跨国级)综合经济系统。由于海洋水体的流动性和连通性,这些经济系统具有交叉性、跨界性的特点。不仅各海洋行业、区域经济系统与陆(岛)经济系统之间存在交叉,共享同一片海域的不同行业系统、区域系统甚至不同国家海洋经济系统之间也存在交叉。

另一方面,虽然历史记载中没有海洋经济这一名词,却蕴藏着大量关于海洋经济的文献资料。已有的研究表明,文明史上的(狭义)海洋经济,经历了从传统到现代的变迁。这两个阶段所涵盖的内容是不相同的。传统海洋经济包括在海上进行的海洋渔业经济、航海运输业经济、海洋商业经济、海洋移民经济、海盗经济等;在陆上或岛屿上进行的造船、海水制盐、海水产品加工、出口外销商品制造等手工业经济,商业、交通、管理和服务等港口经济,海涂围垦等海洋性农业经济等等。而现代海洋经济的重心,已经从传统产业转移到开发海洋油气、矿物等资源的各种新兴产业。

　　传统海洋经济存在于所有从事海洋活动的地区,因所处海洋环境与对外联系程度的不同,发展出与各海域、人群相对应的不同的物质文明形式。一般而言,在大航海时代以前,开发利用海洋的水平比较低,海洋经济发展比较缓慢,其最大亮点是航海技术的进步和海洋商业的扩展:航海技术的进步,使各大洲通过海洋建立联系成为可能;海洋商业的扩展,则成为海洋发展的主要内在驱动力。在传统海洋经济结构中,航海运输业、海洋商业合而为一,逐渐成为主导行业。其相对规模——经济产值占所在区域总产值的比重,对区域的、甚至国家的海洋经济模式产生重大的影响,是海洋经济文明的重要内容。在现代海洋经济结构中,航海运输业与海洋商业虽基本相分离,但两者同样发挥重大的作用。不知什么缘故,现代一些研究海洋经济学的学者,特别是中国学者,虽仍把航海运输业作为海洋经济的传统产业部门之一,却把海洋商业排除在海洋经济之外,这是令人困惑不解的地方。

第二节　海洋社会文明

　　文明的主体是人。由生产力发展程度决定,并受限于既有人际交往模式(常常被界定为文化)的社会组织、运作、演化样态,即为社会文明。海洋社会文明,主要指海上群体、涉海群体在直接或间接的各种海洋活动中的生成的社会组织、运作、演化样态。在中国历史上,它主要表现为民间层面的以人际交往关系发展而成的非正式制度,如海洋群体、涉海群体等的社会组织原则,相关社会组织规范各种关系、利益的习俗或非官方规则。海洋社会组织通过纵横联结,在一定时期、一定区域组成以海为生的命运共同体,使海洋社会文明具有行业性、区域性的特征。

　　中国海洋社会文明源于东夷、百越的海上族群。20世纪50年代,凌纯声教授在《中国古代海洋文化与亚洲地中海》等文章中,把以中国为中心的东亚文化划分成西部的"大陆文化"和东部的"海洋文化"两大类,并从原住民族史的角度将西部华夏农业文明推定为大陆性文化,将东部沿海蛮夷的渔猎文化推定为海洋文化,并以"珠贝、舟楫、文身"的亚洲地中海文化圈,区别于"金玉、车马、衣冠"的华夏大陆性文化体系。半个多世纪以来,考古的发现,多学科对海洋族群百越—南岛语族的综合研究,历史学界对中国历史南方脉络的探索,使海洋文明起源的认识逐渐从模糊走向清晰。

汉武帝平定南越后,中国进入传统海洋时代,也就是封建社会的海洋时代,王朝统治的海洋时代。东移南下的汉族移民,进入濒海地区和海岛,和土著民族涵化和融合,出现汉化越人和越化汉人的海上群体和陆地涉海群体,并逐渐融入中华民族主体之中,构成新生的沿海汉族。他们保留了海洋民族的基因,在百越—南岛语族造船工艺、航海导航技术的基础上,实现了新跨越,发展出海上丝绸之路的繁荣,郑和下西洋的辉煌。

传统时代的海上群体,包括海上疍民渔户、船员水手、海商、海盗、舟师官兵,一般不与土地发生关系,没有陆地居所:他们或丧失土地,在陆上居无定所;或家庭定居陆地但主要成员常年在海上生活,以直接的海洋活动为基础并相互联系。由于海洋生活方式,他们结成不同于陆地社会的组织形式,即"船上社会"。船是动态的、可变的社会文化载体,其社会均衡建立在于不确定性之上。因此,与立足于土地、以社会稳定为基本标准确立社会规范的陆地社会相反,"船上社会"以流动(主要指空间迁徙和社会流动性)为前提,发展其规则、制度和行为规范。传统时代的陆上涉海群体,如沿海的陆居渔民、盐户、码头工人、商业与服务业人员、港口渔村的管理人员、海防官兵,在组织制度上被纳入陆地定居社会体制,但其生产、生活与海洋结下不解之缘,行为方式等也深受海洋的影响,具有陆地与海洋的两重性格,以浓重的海洋性与其他陆上居民群体相识别。

海洋中国从传统到现代的转型,经历了漫长、曲折的进程。16、17 世纪以中西海洋文明在南中国海的交汇为背景,中国社会显露出新旧冲突变动的征兆,出现"传统内变迁"、向近代转型的机遇期,海上权力从官府向民间转移,民间海洋贸易与国际接轨,冲击朝贡制度的海洋秩序,南中国海凝聚起一股"海洋商业文化"的气派。清朝从海洋退缩,与"第一次经济全球化"浪潮反向而行,丢失了历史机遇,导致中国近代海洋发展的落伍。

不过,现代转型既是危机,也是转机。一方面,传统海洋社会组织式微,有些海域的渔民社会、船户社会、海商社会的生计沦为"夕阳行业",乃至破产消失,但仍有不少"船上社会"与时俱进,实现现代转型,如渔民社会组织转型为休闲渔业合作社、渔业公司,船民社会、海商社会组织转型为轮船公司、海运公司,水师转型为海军。另一方面,在传统海洋社会组织式微的同时,涌现一批新式的海洋社会组织(如渔政、船政、港务、海关、海监、海事、海警、海洋勘探、海洋油气开采、海洋环保、远洋科考等单位),构建新型的港口城市、海洋社区、口岸商业、金融、配送、休闲、旅游、海洋文化产业、临海工业、海洋研究、海洋教育与文化事业等。在这个历史时段里,传统海洋社会组织与现代海洋社会组织并存,传统海洋社会组织的现代化进程相对缓慢。

在传统与现代碰撞、交融的跌宕坎坷中,或许会产生文明的亮点。海洋社会组织的新陈代谢,从传统到现代,从现代到未来,不会止步不前,这就为海洋社会文明的继承、发展或断裂、重生,提供了组织基础的保障。

第三节　海洋制度文明

海洋制度,主要指国家层面的正式制度,如管理涉海事务的法律、政策及其执行部门的设计、功能及其演变。广义而言,它包括历史上海洋行为主体,尤其是国家(王朝)、地方政府(官府)、海军(水师)等公权力组织,处理对内对外的海洋政策、措施(合理或不合理的)和具体制度、战略的制定和执行,以及国家内部民间与官方在海洋空间的权力互动关系,国家、地区间的海洋权力互动关系。海洋制度的典范,便是以《联合国海洋法公约》为规范的国际海洋制度。

制度反映人们不同的社会地位、权力和利益关系。制度主义学派认为,"制度实质上就是个人或社会对有关的某些关系或某些作用的一般思想习惯。"[1]

---

[1]　[美]凡勃伦:《有闲阶级论》,蔡受百译,商务印书馆1964年版,第138页。

通过制度治理海洋事务的权力行为及其指导思想的建构、演化,很大程度上左右着海洋社会变迁的方向,是海洋制度文明、行为文明的集中体现。

海洋政策是国家处理海洋或涉海事务的指导方针,决定向海洋用力的走向。正确的海洋政策推动海洋发展,错误的海洋政策则对海洋发展起阻碍或破坏的作用。在传统的王权国家时代,最高统治者的意志和命令就是政策;在具有现代性的民族国家时代,海洋政策由国家权力机构立法、制定,由行政机关贯彻、执行。必须指出,海洋政策的设想和构建,要超越一时一地的具体事务,展开长时段的考量。

海洋战略是海洋政策的运作安排。在西方语境中,海洋战略低于海洋政策,自觉地制定海洋战略,更是近代才有的。因本国的综合实力和形势变化,海洋事务的缓急轻重,海洋战略体现出不同的时代特色和阶段性安排的特征。现代海洋战略则是国家大战略的组成部分,受国家总体战略的指导和制约,大致包括海洋政治战略、海洋军事战略、海洋经济战略、海洋管理战略、海洋科技战略、海洋法制战略、海洋社会战略、海洋文化战略等,在层级上还可分为海洋部门行业的战略、涉海地区的战略、外海大洋的战略等,涉及海洋发展的方方面面,目标是站到开发、利用、控制海洋的制高点,争取国家利益的最大化。

控制、管理、使用海洋的法律制度,经历了漫长的从习惯法到成文法的演变过程。海洋法律的基础是海洋权利(sea rights)。海洋权利是一个法律术语,本指人类在海洋活动中共享的自然权利。法律规范的海洋权利源于自古以来海洋人群长期的、世代的在一定范围内连续活动,形式稳定的港区、航海区、捕鱼区的"历史性权利",及洋中岛屿因首先发现、命名、占用,而形成先占权等权利。这些海洋权利在历史进程中有的被放弃,有的被修正,有的被继承下来,成为现代海洋权利的基础。

国家海洋权利指国家主权向陆地领土之外的海洋水面的伸展。在当代,来源自然正当的海洋权利是一个国家在国际社会中所应该获得的一种资格,是国际法、国际海洋法赋予有关各国的法律权利。17、18世纪,西方建立海洋法制度,确立了公海自由、领海主权的原则,一部分近岸海域成为沿海国家行使海洋主权的领海。20世纪初,多数国家接受领海3海里制度并依次立法。此后,扩大领海范围成为发展趋势。到 20 世纪 70 年代,宣布 12 海里领海权的国家达 52 个,宣布 200 海里领海权的国家有 10 个。1994 年 11 月 16 日《联合国海洋法公约》生效后,除特殊海域而外,12 海里领海权成为通行的标准。

海洋权利的外延是海洋主权延伸的国家管辖海域内的主权权利,公海、国际海底区域和极地的各种权利。《联合国海洋法公约》规定,24 海里"毗连区"内,有防止和惩处在其领土或领海内违反其海关、财政、移民、卫生的法律和规章事项的管制权。200 海里"专属经济区"和"大陆架"内,有勘探和开发、养护和管理海床上覆水域和海床及其底土的自然资源,以及从事经济性开发和勘探,如利用海水、海流和风力生产能等活动的主权权利,及对海洋污染、海洋科学研究、海上人工设施的建造和拆除行使管辖权。"用于国际航行的海峡""群岛水域"等类型的海域,沿海国家与群岛国家有既不同于领海也有别于公海的主权权利。在公海,各国都有自由航行权、捕鱼权,军舰和专用于政府非商业性服务的船舶的豁免权、登临权、紧追权。在国际海底区域,各国都有通过国际机构分享"人类共同继承遗产",专为和平目的的利用开发的权利。在极地,各国有开展科学考察,从事气候、交通、安全和资源的研究和开发利用的权利。

海洋法律制度又是对行使海洋权利所获得的经济、政治和文化利益的分配制度。现代的海洋利益包括国家管辖海域的海洋利益,利用全球海洋通道的利益,开发公海海洋资源的利益,分享国际海底区域财富的利益,海洋政治、经济、文化、生态安全方面的利益,海洋科学研究利益,海洋环境保护和保全的利益等。按照"利益强度",又可以分为生存利益、重大利益、主要利益和次要利益。不同时期、不同国家的海洋权利对应着国家、区域社会、社会群体等不同层次的海洋利益。尽管海洋利益在不同时期的具体内容不一样,但所有海洋利益都必然涵盖生存利益和发展利益。

必须指出,权利本身不等于利益,行使权利并不必然给权利人带来利益,因而有"海洋权益"(sea right and interest)的提法。"海洋权益"是与"海洋权利"紧密相连的法律术语,它直接体现出"利益"的诉求,并强调在合法权利的基础上实现海洋利益的维护。

海洋权力是一个权力政治术语。当代海洋权力的载体,广义上包括开发和利用、管理和控制海洋空间和资源的经济力量、政治力量、军事力量和文化力量,狭义上则仅指国家和国民的海上军事力量。无论广义或狭义,海洋权力均与解决"海洋权益"争端的海洋实力相通。一个国家的海洋权力来自其治理海洋的能力。正常的海洋社会,国家海上军事力量是保护海洋经济发展、维护海洋秩序和海洋利益的中坚力量,国民海上军事力量即民间自我防卫力量,是国家海上力量的补充,两者相互依存,构成海上力量的整体。

历史与现实中的国内海洋权力结构与国际海洋权力结构都是不平等的。这种不平等不仅表现为国别、内政层面的霸权(强权压迫)格局,还体现在思想观念的主流程度上。以地缘政治学中几乎具有先验性地位的海权概念为例:它脱胎于西欧海洋发展历史经验,其合理内核可以成为海洋文明史研究的概念工具,但以之诠释历史,常会不自觉地专注于国与国之间的海洋争夺,忽略国家(尤其是面积、人口媲美欧洲的中国)内部海洋权力的历史演化,低估民间海洋权力的历史作用和民间海洋发展的路径资源。这种历史叙事仅仅能把握历史的一个截面,具有很大的片面性和局限性。

从传统到现代,不论民间海洋社会还是海洋国家,内涵和外延不尽相同,但它们作为海上力量的本质是相同的。自古以来,无论哪个海域,涉海人群走向海洋的意识,必然产生追求海洋权力的冲动。其表现形式有暴力的,也有和平的,民间海洋权力运作的制度,从小范围的约定俗成,发展成民间海洋社会和区域海洋社会的规则或潜规则。

民间海洋权力为国家海洋权力的形成创造了条件。历史上,国家与民间社会对海洋重要性的认识和对海洋发展的估量,往往不一致。这种情况下,民间海洋权力与国家海洋权力不能有效整合,官民利用和控制海洋权力的博弈,海洋发展就会迷失在官方集权和海洋地区社会失序状况之间,甚至导致官方做出海洋退缩的选择。而民间海洋权力和国家权力对海洋发展达成共识时,双方的合力则会变成巨大的发展动力。在英法百年战争之前和初期,西欧民间海洋权力野蛮生长,对经济社会发展了无贡献;①其后,随着绝对王权的兴起,英国等国的王室和民间海洋社会的利益渐趋相近,"特许"海盗②更成为西北欧国家现代化进程的重要参与者。可以说,海洋退缩和海洋大发展的区别,相当程度上取决于国家内部的团结力度。海洋发展乘风破浪的西方,可能从未意识到国家内部整合的困难与艰辛。这种状况,通过西方思想、学术话语影响到中国海洋历史叙事,造成偏差,还不利于对海洋制度文明的全面认识。

海洋文明史的制度文明研究,应该兼顾文明内部制度和外部(国际)制度,既研究各种海洋制度的规范形态,又研究不同时空条件下制度存在和运作的空间,并从人事和事件考察制度的实际运作,揭示官方制度与民间制度的矛盾与冲突,各种替换性执行、选择性执行、附加性执行、象征性执行,欺骗性执行、对抗性执行的变态,诠释海洋社会的存在机理、生活形态和人际关系。

第四节 海洋精神文明

海洋精神文明,是人类在开发、利用海洋资源和利用、改造海洋空间的

---

① "海盗和私掠船……上的船员有时法国人、或佛兰德人、苏格兰人和英国人,是由所谓'避难者'和各国的亡命之徒组成的混杂的歹徒集团,这伙人几乎从不顾及他们所劫掠的船只的国籍。""我们往往发现有海盗名声的人获得很高的地位,譬如市长或其他官职。在15世纪,甚至坎特伯雷圣·奥古斯丁修道院的院长也被证实犯有劫掠一艘运酒船的罪行。一座座城市仍受到掳掠和破坏,城市居民惨遭杀害,庄稼也被这些私掠船的税收烧毁。在与法国作战期间,沿英格兰南海岸直至布里斯托尔的几乎每一座城市都被焚毁。……沿海居民逃亡内地,田地荒芜,农庄被烧毁,一些小港口逐渐荒废。……劫掠者甚至埋伏在深入内地的河流里。"见[美]詹姆斯·W.汤普逊:《中世纪晚期欧洲经济社会史》,徐佳玲等译,商务印书馆1992年版,第97、98页。

② 伊丽莎白女王时代,"特许"海盗成为英格兰国家经济财政自主的重要一环和打击敌对国家的军事、外交手段。埃塞克斯(Essex)伯爵(伊丽莎白女王的情人)对女王的进言,便充分体现出这种考量:"我政府应寻求伤害他(西班牙国王)的办法,就是去截获他的宝物,如此我们即可以切割他的肌肉,[又可以]用他的金钱同他开战。"见[英]Herbert Richmond, Statesmen and Sea Power, London, 1964, p.9.载[英]迈克尔·霍华德:《欧洲历史上的战争》,褚律元译,辽宁教育出版社1998年版,第46页。

过程中所取得的精神成果的总和,包括海洋意识、海洋社会礼仪、海洋性宗教信仰、海洋风俗习惯、海洋文学艺术等文化形态。

有学者指出,"人类的交往行为,80%不是靠语言,而是通过目光、表情、手势或形体来进行的。支配一个特定社会的行为和运行规范,大部分是不能写成法律条文的,大部分规范存在于人民的集体潜意识之中"。① 海洋精神文明和海洋制度文明的基本内容均源自人类在海洋空间中的交往活动,制度文明约为形成文本(语言)的"行为和运行规范"等的演化产物,而"集体潜意识"则更多地对应精神文明。

海洋意识,广义上指人们在长期的海洋实践中形成并在海洋实践中深化的,关于人类活动、人类心理、人类社会与海洋的关系的感性和理性认识。它是海洋活动群集体心理的沉淀,主导人类面向海洋,走入海洋,利用海洋,开发海洋的行为。在人类童年时期,它只是濒海生活的海洋族群为寻找海洋食物资源和来往通道而形成的本能反应。随着人类开发海洋资源、利用海洋空间活动的发展,尤其在海洋经济文明、海洋社会文明发育壮大之后,随着科学技术的发展和社会形态的演进,海洋意识经历了从敬畏、顺应海洋,向征服、改造海洋,再到人与海洋和谐共存的发展历程。

在狭义上,海洋意识主要指人们对海洋资源和海洋空间的认识,即人们关于海洋对个人、共同体以至国家、社会生存发展的价值和意义,以及人们追求和保护海洋利益和海洋权力并由之推动社会发展、国家转型的意愿。马汉认为,"海洋本身并无产出,只有作为重要的公共领域,作为商业通道,作为交通方式,它才拥有了独特的属性和价值"。② 发展海洋贸易经济的海洋通道意识,保护海洋贸易经济的海洋权力意识,是推动西方从传统到现代转型的直接动力。德国"历史学派"的鼻祖李斯特宣称,"自由、智力与教化在国家力量上的影响,因而也就是国家生产力和财富上的影响,现实得最为

---

① [西班牙]圣地亚哥·加奥纳·弗拉加:《欧洲一体化进程——过去与现在》,朱伦、邓颖洁等译,社会科学文献出版社2009年版,第5页。
② [美]马汉:《海权对历史的影响》,附《亚洲问题》第二章,海洋出版社2013年版,第477页。

清楚的是在于航海事业"。① 到 20 世纪后期,海洋价值进一步拓展为立体开发、利用、保护海洋的资源价值、政治价值、安全价值、消费价值、生态价值、审美价值等等。现代海洋意识的主干则从海洋通道意识,转向海洋权益意识、海洋主权意识、海洋安全意识、海洋健康意识、海洋战略意识等等。

由于所处生存环境的压力和应对方式的不同,海上、沿海与内陆居民,国家与社会、中央与地方、官府与民间,群岛国家与沿海国家,对海洋价值认识各异,因而具有各自不同的海洋意识。历史上地中海地区和"海上丝绸之路"沿线海域纷繁复杂的海洋意识,便是例子。

海洋意识发展壮大成为社会普遍观念,是以海洋空间为主要发展向度的海洋国家的必要条件。这种普遍性的海洋观,是近现代海洋文明的灵魂。海洋空间中的生产生活方式,与陆地空间的社会生活方式的差异,使海洋人群"从海洋、而非陆地的视角来安排这个世界",并进而形成以海洋为基点的世界观:不是由陆地确定海洋,而是由海洋确定陆地,海洋是存在的实现方式。其主旨诚如荷兰法学家格劳秀斯的总结:海洋环绕于地球,为人类之家,"与其说它为陆地所有,还不如说它拥有陆地"。②

海洋生存境界的流动性、不确定性,人类生存极限境况的边缘性体验,决定他们处理风险和危机的灵活性,从中培育了冒险和进取精神;与外界接触互动的频繁性、多样性,决定他们思维方式的开放性、多元性,从中孕育了自由、平等、包容的理念。黑格尔对此有经典的表述:"大海给了我们茫茫无定、浩浩无际和渺渺无限的观念;人类在大海的无限里感到他自己的无限的时候,它们就被激起了勇气,要去超越那有限的一切。大海邀请人类从事征服、从事掠夺,但是同时也鼓励人类追求利润,从事商业。平凡的土地、平凡的平原流域把人类束缚在土壤上,把他卷入无穷的依赖性里边,但是大海却挟着人类超越了那些思想和行动的有限的圈子。"③英国历史学家诺曼·

① 〔德〕弗雷德里希·李斯特:《政治经济学的国民体系》,陈万煦译,蔡受百校,商务印书馆 1961 年版,第 98 页。

② 〔荷〕格劳秀斯:《论海洋自由或荷兰参与东印度贸易的权利》,马忠法译,上海人民出版社 2005 年版,第 40 页。

③ 〔德〕黑格尔:《历史哲学》,第 96 页。

戴维斯(Norman Davis)盛赞海洋气质的不确定性是地中海文明的活力："运动造成不确定性和不安全感。不确定性孕育了恒久的思想；不安全则助长了创造的活力。"①这些从生存本能升华出来的品行，为人们所仿效、传承，凝聚成船上社会的精神力量，作为集体共识渗透到海洋人的生产生活方式之中。

海洋社会礼仪是海洋人从生到死的人生历程的规矩，它在许多方面呈现出与陆地社会礼仪不同的表现形式和表达方式，无形地体现出海洋的价值观。海洋族群乃至涉海人群的宗教信仰样态相对繁多，因此海洋宗教信仰比内陆宗教信仰更富有频繁性、流动性、随机性。海船航行生活，使海洋人群养成与陆地居民不同的风俗习惯，特别是饮食习俗、婚丧习俗、娱乐习俗、节日习俗等。源自海上直接经验的渔业生产禁忌、海上交通禁忌（包括语言禁忌和行为禁忌），最鲜明地体现出海上人的活法。海洋文学、艺术指以海洋自然现象、海洋人文、海洋活动等为对象的富有民间性质的相关作品，主要包括海洋社会创作的神话、传说，与海洋活动相关的戏曲、歌谣、谚语等民间文本，表现人们海洋活动、海洋自然景观、人文景观的造型艺术作品，海洋社会（如渔村）的服饰、海船船体彩绘等民间艺术。

大海的性格具有极大的不确定性，有时暴躁、可怕，有时安宁、慈祥。这种不确定性，体现在时间和空间两个维度。因此，区域特性造就的海洋文化空间格局及海洋文化生态，都拥有自己的个性。个性无所谓谁优谁劣，但却因社会演化而有精华、糟粕之别。西欧近代海洋文化与西方文明工业化进程联系紧密，海洋因素被社会文明吸收、放大，面向世界寻找新航线的冒险、海洋贸易对国际市场的开辟，上升为运用海洋军事力量夺取海洋霸权、占有海外殖民地和资源。这种扩张性海洋文明代表了近代海洋强权国家崛起、发展的道路，开放与扩张、进取与掠夺、自由与压迫、文明与野蛮汇为一体。源于西方的现代海洋文明，虽然极大地解放了生产力，在全球化进程中发挥过重要作用，但其负面效应导致的生态问题和文化关系的紧张，显露其不可

---

① ［英］诺曼·戴维斯:《欧洲史》，郭方、刘北成等译，世界知识出版社 2007 年版，前言。

持续的一面,引起人们的反思,开始向海洋生态文明转型。反之,在现代语境中往往被视为野蛮、落后的非西方传统海洋文明,其不同于西方的发展道路所蕴含的文化内涵,可能更符合生态、绿色、环保、和平、共赢的文明理念。

中国海岸线漫长曲折,地域差异大,因此形成具有不同特色的海洋活动空间。不同海洋活动空间有着各自不同的文化积累,从而演化出不同的海洋文化格局。在大一统格局中,海洋文化作为小传统,长期处于地域文化、民间文化的层次,得不到精英文化的提炼和弘扬,所以海洋意识始终未能进入官方、主流观念,更造成中国文明对海洋的总体认识不够真确。这种情况下,内陆主流与沿海民间对海洋价值的认识两极分化,海洋意识难以影响到陆地主流社会,重陆轻海的社会心理愈发根深蒂固。这就要求研究者下大功夫,发掘历史资源和民间资源,取其精华,弃其糟粕,把那些当时虽未被历史所选择却充满智慧的思想理论、行为规则、道德规范、风俗习惯整理出来,用现代语言更明确地表达出来,力求使之在当代深入人心,成为共识。

第三章 海洋人文社会科学
及其理论方法

    海洋人文社会科学是和自然科学中的海洋科学相对应的概念,主要研究海洋区域的社会现象和人文特性,考察人类文明在海洋世界中的体现,寻求合理开发、利用和保护海洋的知识体系。

    在麦金德宣告地理发现时代终结①之前,"大航海时代"的海洋活动曾有力地推动了数学(如三角函数)、(自然科学)和机械(工程技术)等方面②的发展。在现代,随着海洋在人类文明发展中的作用和地位的提升,人文社会科学界开始加大研究海洋的力度,扩大相关研究领域,从中孕育着或产生出以海洋为研究对象的、新的分支学科,为重新认识海洋文明提供了新的理论、新的思路、新的研究方法,并朝着相互连接、相互贯通、相互整合的方向发展,出现建构海洋人文社会科学体系的发展趋势。③

    从学术史的角度,考察海洋人文社会科学的理论方法,总结已经取得的进展,对推动海洋文明史的学术观点创新、学科体系创新和科研方法创新,具有重要的意义。另一方面,现代海洋问题综合研究的实践表明,要满足现代海洋发展的需求,原有的知识结构、研究模式、专业设置有必要与时俱进,

---

① [英]麦金德:《历史的地理枢纽》,林尔薇、陈江译,商务印书馆 1985 年版,第49—50 页。

② [英]亚·沃尔夫:《十八世纪科学、技术和哲学史》,周昌忠、苗以顺、毛荣远译,周昌忠校,商务印书馆 1997 年版,第 151—168 页。

③ 杨国桢:《论海洋人文社会科学的兴起与学科建设》,《中国经济史研究》2007 年第 3 期,第 109 页。

形成海洋人文社会科学的学术规范,促进创新研究成果的理论化、系统化。

第一节　海洋人文社会研究的分支学科

人类海洋活动的行为方式、生活方式,塑造了与陆地社会不同的人文类型,在精神活动上形成海洋知识语言、价值观念、文学艺术、神灵信仰、民俗风情,乃至独特的人文精神。海洋生活方式隐藏着以海为生的密码。人文学科和社会学科都从不同的视角和方法对海洋文明进行研究,从而孕育出自己的海洋学术领域和海洋分支学科。

一、海洋史学

历史是文明的累积,文明研究必须把历史研究放在首位。马克思、恩格斯在《德意志意识形态》中就指出:"我们仅仅知道一门唯一的科学,即历史科学。历史可以从两个方面来考察,可以把它划分为自然史和社会史。但这两个方面是不可分割的;只要有人存在,自然史和人类史就彼此相互制约。自然史即所谓自然科学,我们在这里不谈;我们需要深入研究的是人类史。"①在 20 世纪的社会科学家看来,随人类文明剧烈变迁,"对历史的关注并不是那群被称为历史学家的人的专利,而是所有社会科学家的义务"。②

历史学原本的学科设计没有考虑到海洋的因素,海洋史是随着思想的普遍进步和其他涉海学科的进步而发展起来的。历史学的涉海研究,分散于通史、断代史(古代史、近现代史)、地区和国别史、专门史(政治史、军事史、经济史、交通史、国际关系史等)等分支学科之中,是所在分支学科的附属和补充。19 世纪末,以海权论为指导的海洋政治史和海洋军事史研究兴起,以欧洲为中心的海权扩张史、航海贸易史等形成主题领域,从地中海到

---

① ［德］马克思、恩格斯:《德意志意识形态》,《马克思恩格斯选集》第 1 卷,中共中央马克思恩格斯列宁斯大林著作编译局编,人民出版社 1972 年版,第 66 页。

② ［美］华勒斯坦等:《开放社会科学:重建社会科学报告书》,刘锋译,三联书店1997 年版,第 106 页。

大西洋的海洋发展史备受关注,向分支学科的方向发展。第二次世界大战以后,随着海洋重要性的提升,亚洲、美洲的"地中海"重新被认识,海洋活动人群扮演的角色被重新发现和关注,航海交通史、海域史、港口史、海事史、海盗史、海洋移民史、海洋经济史(海洋渔业史、海盐史、海洋贸易史等)、海洋文化史、海洋历史人文地理、海洋环境史等形成新研究主题领域。海洋史扩大为全球沿海国、群岛国面对海洋,发展海洋经济、海洋社会、海洋文化的历史叙事对象。海洋史多元化、多样性的研究渐成国际潮流,出现海洋史专题的博物馆、档案馆、图书馆。1960 年"国际海洋史学会"(International Association for Maritime History)成立,继而又有"国际海洋经济史学会"(International Association for Maritime Ecomanic History)等学术团体成立。克服陆地化的研究思维,从涉海历史向海洋整体史研究转型,视海洋为生存空间,以海洋视野下一切与海洋相关的自然、社会、人文领域为研究对象的海洋史学,脱颖而出。2008 年,美国历史学会首次承认海洋史是历史研究的一个专门学科。

1990 年以后,中国涉海史向海洋史转型,赋予中外关系史、海外交通史学科新的内涵,中国海洋社会经济史成为社会经济史学科新的研究分支。海洋史学在中国兴起。2004 年,厦门大学设立海洋史学博士点。2009 年,广东社会科学院成立广东海洋史研究中心。

海洋史学的出现是对以陆地为根基的传统史学的挑战,是对以民族国家为历史分析方式的另一种选择。它的意义在于倡导陆海并重的观察,补充偏重陆地历史的不足,对世界史或全球史的架构提出修改,但绝非以海洋史取代陆地史。

海洋史学是海洋人文社会科学的基础。海洋史学的进步,通过大量的文化积累和准确史料的支撑,为其他海洋人文社会学科提供丰厚的信息资源和思想资源。

二、海洋地理学

海洋地理空间是人类海洋活动的基础,和人地关系地域系统的重要组成部分。大航海时代的"地理大发现"后,欧洲海洋国家的海外殖民和商业活动遍及各大洋,对商品产地、集散市场、运销航线等地理知识的需求大增。这种认知需求,与博物学等一道,拓展了地理学科的领域,推动西方地理学的近代转型。

在近代地理学中,海洋是部门地理学(也称系统地理学)中的自然地理学和区域地理学中的区域人文地理学的研究对象。

部门地理学中的海洋自然地理研究,是对海洋自然环境的空间结构及其发展变化的研究。19世纪中期,在自然地理框架下,主要从事传统海洋自然科学的研究的"海洋自然地理学"开始进行。到1872—1876年,英国组织的"挑战者"号多学科海洋考察,在海洋气象、海流、水温、海水化学成分、海洋生物和海底沉积物等方面取得大量成果为标志,从自然地理学中分化出"海洋学",与物理学、化学、生物学、地质学中的海洋研究相融合,形成独立学科。20世纪70年代后,因应海洋开发的进展,海洋自然地理学加强配额对大陆架和海岸线的研究,法国范内著《大陆架地貌学》和美国伯德著《海岸线的变化:全球评述》,都反映出这一理论和方法的新变革。20世纪90年代以来,海洋自然地理学结合应用遥感与地理信息系统等新技术,增强了海洋环境和海洋资源研究的内容。

区域地理学是一门以地球上各种不同空间即区域为研究对象的分支学科,内容涵盖自然地理和人文地理。人文区域地理以地域为单元,研究人类活动和地理环境的相互关系。19世纪上半叶,德国地理学家洪堡在《新大陆热带地区旅行记》(30卷,1808—1827年)中,创用比较方法,综合研究区域地理特征。其后,德国地理学家李特尔(Karl Ritter)在《地学通论》(19卷,1827—1859年)中,提出区域概念和不同等级单位,强调人地关系的一致性和统一性,突出了人文地理在区域地理学中的地位。李特尔的《地理学——地理对人类素质和历史的关系》,拉采尔(Friedrich Ratzel)的《人类地理学》《政治地理学》《生存空间:生物地理学》,是19世纪下半叶人文地理重要的奠基之作。20世纪初期,人文地理学形成"地理环境决定论""二元论""或然论""适应论""协调论"等不同学术流派。20世纪20年代,德国地理学家赫特纳在《地理学——它的历史、性质和方法》(1927年)中,主张地理学应当将人和自然放在一起,关注地表各种现象的区域结合,研究区域的总体特征,即从整体上研究空间内部事物及其联系。① 法国地理学家维达尔·白兰士(Paul Vidal de la Blache)认为,人类生活方式类型的区域和区内的差异性,不仅和自然环境密切相关,而且同社会制度和社会因素,以及历史事件和人种的遗传性等历史演化过程有关。他主张借助社会学和历史学,围绕研究类型的地域分布,分析各要素之间的相互关系。第二次世界大战之后,人文地理学对人类活动方方面面与地理环境之间形成的空间分布、变迁及其规律的研究,更加深入丰富。政治地理、经济地理、军事地理、社会地理、文化地理、历史地理、人口地理、聚落地理、民族地理、行为地理、疾病地理等分支不断形成和壮大,为海洋人文地理学的生长提供了充足的思想养料和理论借鉴。随着区域地理学和区域海洋学的区分,创建以解释海域自然与人文差异为研究对象的区域海洋地理学,提上了日程。适应海域划分及海洋水产、港口、临海工业、滨海旅游、岛屿开发合理布局的需要,研究海洋经济地域体系形成过程、结构特点和发展规律,经济学与地理学在海洋研究上的交叉融合,产生了海洋经济地理学。

20 世纪 80 年代,因应《联合国海洋法公约》和海洋综合管理的需求,海洋自然地理学、海洋区域地理学、海洋人文地理学(主干是海洋政治地理、海洋经济地理),被整合构建入"海洋地理学"的学科体系,成为现代地理学的新分支学科。"海洋地理学"研究的客体,包括海岸与海底,范围涉及气、水、生物与岩石圈,研究内容包括海洋环境、海洋资源及其开发利用与保护,海洋经济、疆域(海岸、岛屿、领海、大陆架、专属经济区、公海等),政治、立法与管理,海洋新技术发展、应用及影响等。1986 年,国际地理联合会正式成立海洋地理研究组,围绕"人类活动对海洋管理的相互关系",集中研讨《海洋法》所涉及的地理课题,海洋利用与管理的课题,以及由此而产生的区域课题。1988 年,在澳大利亚悉尼举行的第 26 届世界地理大会上,国际地理联合会投票批准成立"国际海洋地理专业委员会"。

---

① ［德］阿尔夫雷德·赫特纳:《地理学——它的历史、性质和方法》,王兰生译,商务印书馆 1983 年版,第 3—6 页。

三、海洋政治学

海洋政治是海洋行为主体以确立、维护、扩大海洋权力、海洋权利和海洋利益为核心的所有政治活动的总和。海洋权力(sea power)指实现海洋权利所拥有的海上能力、力量和关系。海洋权力一词首见于修昔底德。古希腊时代使用"制海权",本义指一个国家拥有的海上军事力量——海军所掌握的制海权,能够使自己一方在海上自由航行而另一方不能自由航行。"当交战国一方在一部分海域能绝对控制海运时,这个国家就被认为有了制海权。"①

在历史上,海洋权力的行为主体涵盖基层组织(个人、群体等)、地方社会(地方政权或地方政府)、国家(王权国家或民族国家)、国际(区域国家联盟或国际组织)等不同层次,海权运转涉及国家内部(如民间、地方与国家之间)和国际性的海洋利益、海洋权利冲突与斗争,是一个极其复杂的历史进程。

在古代西方,海洋政治并不是政治学的主题领域。直到18世纪,英国控制海上霸权成为日不落帝国,依托于海洋军事的海洋政治,开始成为权力政治的一个专门领域。1890年,美国海军战略理论家马汉发表《海权对历史的影响》(The influence of Sea Power Upon History,1660—1783),将海洋权力界定在"国家对海洋的利用和控制"上,海权的发展,"包括用武力控制海洋或海洋的一部分的海上军事力量,还包括平时贸易和海运,这些贸易和海运自然产生了武装的船队,使其得到安全保障"。② 他强调:"控制海洋,特别是在与国家利益和贸易有关的主要交通线上控制海洋,是国家强盛和繁荣的纯物质性因素中的首要因素。"是西方国家走向海洋强国的标志。"海权史以其宽阔的外延囊括了一切有助于让一个民族在海上或靠海洋而崛起的内涵,在很大程度上它是一部军事史。"③他研究和重构了1660—

---

① 美国不列颠百科全书公司编著:《不列颠百科全书》第15卷,中国大百科全书出版社1999年版,第161页。

② [美]马汉(Alfred Thayer Maylan):《海权对历史的影响》(1660—1783年),李少彦等译,海洋出版社2013年版,第21页。

③ [美]马汉(Alfred Thayer Maylan):《海权对历史的影响》(1660—1783年),第1页。

1783 年间西方的海洋军事史,把民族国家间的海洋权力竞逐提升到海洋政治的首要地位。此后,海权成为强权国家外交、军事国策的重要基点,海洋政治也相应成为国际关系、地缘政治研究领域的话语主干,被用于表述主权国家之间围绕海洋权力、海洋权利、海洋利益分配发生的矛盾冲突或协调合作、战争与外交等所有政治活动。

1904 年,麦金德重新解释欧亚大陆的地理格局,建构出海陆二元对峙的世界历史叙事和一组对抗性的概念——"海洋国家"和"大陆国家",鼓吹"陆权"对"海权"的威胁。① 一战之后,国际政治(又称国际关系、国际事务、世界政治等)成长为政治学的一个分支学科。围绕利用和控制海洋的国家对外政治行为、战争与外交的权力博弈,成为其研究国家间关系和国际事务的一个重要领域。从空间与政治关系的角度探索海洋与陆地对立、海权与陆权对抗的现代政治地理学(地缘政治学)的影响力迅速扩大,并深刻影响强权国家的外交、军事战略国策。

第二次世界大战中,地缘政治理论与追逐世界霸权的政治、军事实践相结合,海权与陆权作为核心概念工具,具体和深入地主导着国际政治探讨的话语体系。战后,美苏两极对抗的冷战格局,将陆海对立为基调的地缘政治学理论推到更为重要的高度。美国方面沿袭麦金德等的表述,从学术界到大众传媒,普遍都将"海洋国家"作为西方阵营的自我代称,给苏联及其同盟贴上"大陆国家"的标签,刻画出民主"海洋国家"长期对抗专制"大陆国家"的世界秩序图景。苏联方面则更倾向于从军事、政治方向入手,构建技术性、专业性的叙事。1976 年,苏联海军司令谢·格·戈尔什科夫(1910—1988 年)发表《国家的海上威力》,将国家海权(英译 sea-power of state,中译"国家海上威力")视为"合理结合起来的、保障对世界大洋进行科学研究、经济开发和保卫国家利益的各种物质手段的总和。它决定各国为本国利用海洋的军事和经济潜力的能力",宣称海权的实质"就是为了整个国家的利益而最有效利用世界海洋——人们有时叫做地球水域的能力程度"。② 20

---

① 麦金德:《历史的地理枢纽》,第 49—71 页。

② 〔苏〕谢·格·戈尔什科夫:《国家的海上威力》,济司二部译,三联书店 1977 年版,第 2、5 页。

世纪 80 年代里根执政之初,美国海军部部长莱曼复兴马汉的海权观念,作为冷战对抗宏观策略的一环,将马汉的"海权"和"海军战略"思想发展为"海上优势"与"海洋战略"思想。

冷战结束后,世界海洋政治经济秩序因传统海洋制度衰落需要重组,海域和大陆架划界的争端加剧,新兴沿海国与岛国为在海洋竞争中占据制高点,纷纷制定海洋发展战略,对既得利益的发达海洋国家形成压力。但以谋求海洋霸权为基调的旧秩序尚未退出历史舞台,海洋战略的调整决定了一个国家在国际舞台上的地位,以军事力量控制和扩张海权的理论没有过时,且主导着国际海洋政治的实践。另一方面,海洋利益日渐多元,协调跨国捕捞、远洋航运、海底资源的开发与分配、海洋科学研究、海洋环境与生态保护等,防范海洋地震、海啸灾害、海洋环境污染和生态系统危机,打击海盗、偷渡、海上恐怖活动和非法飞越、广播等,逐渐成为国际政治、外交领域重要的主题,力促相关国际合作活动的发展和海洋国际组织的建立。海洋政治的内容远远超出传统范畴,国内政治与国际政治、宏观政治与基层政治的界限日益模糊。海洋政治理论由此突破了从权力角度考察的单向思维,出现创新的新动向,如:"国际关系政治经济学"把经济安全纳入国际政治研究视野,"复合相互依赖"理论强调"当今的能源、资源、环境、人口、海洋和空间利用等问题与军事安全、意识形态和领土争端等传统的外交议题处于同等地位"。[1]"将石油、鱼类、船舶、律师、科学家和海军上将放在一起固然是一种奇怪的混合,但其共同的媒介是海水。"[2]海底政治理论提出海底价值的提高、国家和国际组织的行动在海底(包括大陆架和深海底)政治中相互作用的模式。[3] 环境政治理论提出环境与生态(包含海洋)引起的权力与利益、冲突与合作的问题。

在我国,有关海洋政治的研究兴起较晚,研究成果相对较少。有关国际

---

① ［美］罗伯特·基欧汉、约瑟夫·奈:《权力与相互依赖——转变中的世界政治》,林茂辉等译,中国公安大学出版社 1991 年版,第 29 页。

② ［美］罗伯特·基欧汉、约瑟夫·奈:《权力与相互依赖——转变中的世界政治》,第 110 页。

③ ［加］巴里·布赞:《海底政治》,时富鑫译,三联书店 1981 年版,第 319 页。

海洋政治研究的著作,有张玮、许华的《海权与兴衰》(1991)和《海权与海军》(2000),刘继贤、徐锡康的《海洋战略环境与对策研究》(1996)、王生荣的《海洋大国与海权争夺》(2000),刘一建的《制海权与海军战略》(2000),陆儒德的《海洋、国家、海权》(2002),刘中民等的《国际海洋政治专题研究》(2007),石炜的《海权文明揭秘》(2012),王义桅的《海殇:欧洲文明启示录》(2013)等。有关中国海洋政治战略研究的著作,则有章示平的《中国海权》(1998)、吴纯光的《太平洋上的较量:当代中国的海洋战略问题》(1998)、王佩云的《激荡中国海:最后的海洋与迟到的觉醒》(2010)、倪乐雄的《文明转型与中国海权》(2011)、孔志国的《海权、竞争产权与屯海策》(2011)、王秀英等的《海洋权益论:中日东海争议解决机制研究》(2012)、陈明义的《海洋战略研究》(2014)等。

四、海洋法学

国际法是解决国家间政治争端的一种确定形式。海洋法是"有关对海洋的控制、管理、使用的规章制度",海洋法学是现代国际法学科的分支。

古罗马时代,开始出现调整政治实体海上关系的规则。罗马与迦太基曾签订条约,相互限制在特定海域的航行。但在近代国际法形成之前,海洋沿岸国家都是根据本国的利益和需要(主要是捕鱼),自行确定海上权力控制范围。由于海洋辽阔,实际被控制的只是少数海域,因此"多少世纪以来……海洋是不受任何个别国家管辖的'全球公有地'之一"。[①]

大航海时代初期的海上探险、殖民扩张中,葡萄牙、西班牙宣称拥有欧洲以外的海洋主权,并通过《划界通谕》(1493 年)、《托德西利亚斯条约》(1494 年)和《萨拉戈萨条约》(1529 年),瓜分世界海洋和海上航行权。这引起新兴海洋国家,尤其是英国和荷兰的反对。他们主张海洋自由论,挑战海洋主权垄断。1580 年,英格兰女王伊丽莎白一世宣称:"一切国家的船舶都可以在太平洋上航行,因为海洋和空气是大家共同使用的;海洋不能属于

---

① ［美］罗伯特・基欧汉、约瑟夫・奈:《权力与相互依赖——转变中的世界政治》,第 106 页。

任何国家所有,因为自然和公共使用的考虑都不允许对海洋加以占领。"①
1608年,荷兰法学家雨果·格劳秀斯(Hugo Grotius,1583—1645年)发表
《海洋自由论》(Mare Liberum),主张除内水湾和内海外,海洋不专属于任何
国家,"所有人依国际法均可自由航行","享有贸易自由","捕鱼对所有的
人也是自由的、开放的"。②

　　另一方面,为维护近海渔场管辖权,相比荷兰处于渔业劣势的不列颠,
主张近海主权。1613年,苏格兰法学家威廉·威尔伍德(William Welwod,
1578—1622年)在《海洋法摘要》(an Abrdgement of all Sed-Laws)中,主张
在海洋的主体部分即大洋实行海洋自由,而从海岸起100英里范围以内受
岸上君主和人民保护和管理的海域,应属于沿岸国家。1618年,英格兰法
学家约翰·塞尔顿(John Selden,1584—1654)发表《闭海论》(Mare Clau-
sum),主张"海洋不为所有的人所共有,而像陆地一样可以为私人所控制,
也可成为私人的财产"。1625年,格劳秀斯出版《战争与和平法》(De jure
belli ac pacis),确认大洋自由与沿岸国近海主权的双向原则,为公海与领海
的划分提供了法学基础和指导原则,推动了领海主权和公海自由的法律实
践。1702年,荷兰法学家宾刻舒克(Cornelius van Bynkershoek,1673—1743
年)在《海洋主权论》(de dominiso maris)中主张一个国家对海洋的控制权
"终止在武器力量终止之处",即领海宽度为当时加农炮的最远射程3海
里。1793年,美国《独立宣言》宣布美国的领海为3海里,成为世界上第一
个正式公布领海宽度的国家。1930年,拥有世界船只80%的20个国家支
持3海里的领海权。

　　第二次世界大战以后,第三世界沿海国和群岛国争取海洋权的斗争,极
大地冲击了殖民列强主导的传统领海划分和公海自由原则。1958年,第一
次国际海洋法会议通过《领海与毗连区公约》《公海公约》《捕鱼与养护公海
生物资源公约》《大陆架公约》,奠定国际海洋法的基本框架。从此,海洋法

---

① 《奥本海国际法》上卷第二分册,劳特派特修订,王铁崖、陈体强译,商务印书馆
1981年版,第97页。
② [荷]格劳秀斯:《论海洋自由或荷兰参与东印度贸易的权利》,马忠法译,上海
人民出版社2005年版,第9—13、34页。

成为国际法的重要领域,在实践中不断推动理论和概念的更新。1973—1982年第三次国际海洋法会议,经过9年11期会议的协商,通过《联合国海洋法公约》,在传统海洋法的基础上,把主权分解为一组权利,建立国家管辖海域、国际海域及"人类共同继承财产"——国际海底区域的原则、规则和制度。该公约生效以来,各沿海国家和群岛国家纷纷制定或修订本国的海洋法规,建立新的海洋法律体系,灵活解释和利用《联合国海洋法公约》,争取本国海洋利益的最大化,并不惜挑起国际海洋争端。海洋霸权国家则打着"航行自由"的旗号,拒不承认别国专属经济区的主权权利;还有一些国家为把本国的海洋利益借助国际法规则反映出来,挑战现有的法律条文和原则,提出变更法条的要求。可以说,国际海洋法制度的变动不居,既吸引法学界积极参与研究和讨论,也推动海洋法学的发展。

五、海洋经济学

传统海洋产业,主要指依托于海洋和海岸带的渔、盐、港口、航运等行业,在经济学中依附于陆地部门经济内,产生了个别性的行业经济理论。二战以后,随着海洋开发的深入,形成以海洋石油天然气开发为重点的新兴海洋产业群,发达海洋国家开始从经济角度进行海洋的综合研究,与海洋有依存关系的经济领域被从各部门经济中整合成海洋经济。20世纪60年代中期,美国学者应用经济学理论,研究海洋经济问题,在大学开设海洋经济课程。1977年,苏联学者布尼奇出版《世界大洋经济学》。20世纪80年代初,国际上已提出"海洋政策经济学""海洋经济科学"等概念,出现以"海洋经济"命名的研究所,积累了一定的研究成果。此后,为研究海洋产业经济,经济学与自然科学、技术科学交叉渗透,发展出渔业生物经济学、渔业管理经济学、水产养殖经济学、港口经济学、航运经济学等等主题领域。配合海洋资源开发手段和技术的经济论证,研究合理开发利用海洋资源和保护海洋环境的经济机制,形成资源经济学、环境经济学、生态经济学的海洋研究。

中国经济学界于1978年提出建立海洋经济学科的倡议,并于1981年召开第一次海洋经济研讨会,筹备成立中国海洋经济研究会。1982年,山东省社会科学院成立海洋经济研究所,1982—1986 年出版《中国海洋经济研究》第 1—3 辑。① 1984 年国家海洋局创办《海洋开发》杂志,标志海洋经济研究和学科建设的起步。20 世纪 90 年代,在总结海洋经济实践经验,开展应用研究的基础上,探讨海洋经济学的学科性质,开展海洋产业经济学、海洋区域经济学、海洋运输经济学、海洋资源经济学、海洋环境经济学的理论研究。1997 年,湛江海洋大学首先设立海洋经济学专业。21 世纪初开始出版一批《海洋经济学》的教材和著作,海洋经济学作为一个分支学科的框架初步形成。但是,中国海洋经济学的研究对象只是现代海洋产业,重点研究海洋开发的经济问题,往往强调将经济学基本原理应用于海洋领域,还没有把历史上依存海洋的各种经济现象和类型纳入研究的视野,进行全面的考察,特别是没有把代表海洋经济文明的商业文明包括在内,没有把近代海洋经济主体并在现代化中发挥作用的海洋商业经济,作为一种形态和类型,在理论上加以总结和提升,尚未构筑出完整的理论体系。

六、海洋社会学

由海岸带、海域、岛屿组合的海洋社会系统是社会区域系统的重要组成。人文社会科学对海洋社会问题的研究,传统是渔民、海盗、海商等海洋活动群体组织与临海港口聚落、沿海城市、涉海行业社会变迁的研究,沿海和群岛土著民族社会的研究。即应用社会学的理论方法,对人海关系的某些侧面或具体事项进行分析,海洋社会还不是社会学的主题领域之一。近几十年来,由于开发利用海洋程度的加深,海洋活动群体的生态不同,不同国家、区域的社会经济发展不平衡,而产生不同的社会问题,而随着《联合国海洋法公约》的实施,海洋社会利益的扩展和再分配出现的争端,海洋开发利用出现的生态破坏、海洋污染、海盗猖獗等社会问题成为全球性的问题,为海洋社会学成为社会学的分支学科提供了现实的需求。一些应用社会学的分支学科把海洋问题研究纳入学科视野,如发展社会学探讨社会发

---

① 张海峰主编:《中国海洋经济研究》第 1—3 辑,海洋出版社 1982、1984、1986 年版,第 168 页。

展与社会公正的平衡，海洋社会的发展、海洋社会与陆地社会的协调发展问题，特别是后进或落后的海岸区域、岛屿的发展问题，是其中的一个领域。环境社会学"以非社会文化环境与人类群体之间的相互作用为宗旨"，①处理海洋环境与人，类争海用海的矛盾，海洋开发与生态破坏的矛盾，是其中的一个领域。以海洋对社会的影响及社会对海洋的影响为研究对象的海洋社会学（maritime sociology）兴起，成为一个较为公认的主题领域。

20世纪90年代，中国海洋史学的兴起，海洋社会概念的提出和传播，为开展相关研究提供了重要基础性范畴，为海洋社会学的出现提供了知识源泉和学科增长点。2004年以后，中国社会学界开始海洋社会学的研究对象、研究内容、理论建构和学科建设的探讨及应用研究，并在一些海洋大学中成立海洋社会研究所。2009年，广东省社会学会设立了海洋社会学专业委员会。2010年，中国社会学会在哈尔滨召开的年会上，成立海洋社会学专业委员会，举办了第一届中国海洋社会学论坛，成为海洋社会学与主流社会学对话的平台。2011年，《海洋社会学概论》出版。② 海洋社会学把创新理论和发展社会技术的实践提上了日程，显示了光明的发展前景。

七、海洋管理学

人类对海洋的管理，最早是海洋活动群体自发的管理，进而是区域、行政和行业层次的管理。19世纪管理学产生后，海洋管理属部门管理学研究的范围。20世纪30年代，美国因应海洋开发兴起，形成以国家为主体的海洋管理体制，提出海洋管理的理论。60年代以来，随着人类利用海洋实现经济增长的需要与海洋开发过程中的利益冲突、资源耗竭、环境恶化凸显，海洋管理的制度安排发生重大变革，从人类海洋活动某个方面的局部、分散的单一管理，向地方、国家和国际社会对海洋权益、海洋和海岸带环境、资源与人类活动统筹协调的综合管理发展，"海洋综合管理是指对某一特定海洋空间内的资源以及人类活动加以统筹考虑的方法。这种管理方法可以被

① ［日］饭岛伸子：《环境社会学》，包智明等译，社会科学文献出版社1999年版，第4页。
② 张开城等：《海洋社会学概论》，海洋出版社2011年版。

认为是特殊区域管理的一种发展,即提出把整个海洋或其中的某一重要部分作为一个需要予以关注的特别区域".① 当代的海洋管理是以国家为主体,通过政策、法律、经济、行政等手段,实现对海洋权益所及的海洋区域内资源开发和人类海上活动的控制与服务的海洋综合管理。在海岸带和国家管辖海域,或在国际海域,自然过程引发的管理问题,社会过程引发的管理问题,海洋开发利用活动过程引发的管理问题,都成为海洋综合管理的重要内容。20 世纪 70 年代,海洋管理学的理论由结构主义和控制论统治的阶段,过渡到总系统理论影响的阶段。"对海洋管理的性质、特点、原则、类型、法律制度以及管理对象、范围、手段、政策、区划、协调冲突和长期作用与影响等管理的基本问题进行探讨与总结,提出了不少具有规律性的认识和观点……管理研究的进展和取得的成果,为海洋管理理论的系统总结和海洋管理学的建立创造了条件。"②"在 80 年代,总系统理论已经发生变化,从最初一代——其概念和原理是从自然科学、特别是生物学引出的——发展到一个新的阶段,此时社会科学、包括社会学,已经产生了相当大的影响。"③海洋管理目标与措施的选择属于社会的选择,无论国内管理还是国际管理,海洋管理内部系统内的用户关系系统,外部环境系统内的社会系统,关系错综复杂,海洋管理在更大程度上需要社会学、经济学、法学等社会科学和社会技术,以至历史、文化等海洋人文科学的配合。都需要人文社会科学的参与研究,提供动态的人文社会信息。

进入 21 世纪,海洋空间规划和海洋区划的进步与发展,促进国际社会进入以生态系统为基础的管理阶段,海洋空间管理(或称海洋综合管理)成为包括维护海洋权益、海域使用管理、海上执法监督、海洋生态环境保护、海洋科研管理、海洋发展战略、海洋政策和规划、区域与国际合作等在内的综合性事务。有些国家开始把海洋空间规划作为管理工具,取得一些经验,

---

① [美]J.M.阿姆斯特朗、P.C.赖纳:《美国海洋管理》,林宝法等译,海洋出版社 1986 年版。

② 鹿守本:《海洋管理通论》,海洋出版社 1997 年版,第 51 页。

③ [意]Adalberto Vallega:《海洋管理的理论与方法》,载杨金森等:《海岸带管理指南》,海洋出版社 1999 年版,第 79 页。

2006 年,联合国教科文组织下的政府间海洋学委员会和"人与生物圈计划"推动以生态系统为基础的海洋空间规划,举办第一届国际海洋空间规划研讨会,回顾和记录对空间规划方面的现状和实践经验,指出:"法定权力和政治支持是海洋空间规划成功的重要因素";"高水平的,包括自然科学和社会科学的信息在内的信息库必不可少";"海洋空间规划的目标应该清晰,而且可测量";"利益相关者在海洋空间规划过程中的参与应该是早期的、经常性的,并且是长期可持续的";"海洋空间规划应该……明确地考虑其他经济部门的计划和目标";"海洋空间规划应该与相邻的海岸带规划,陆地利用规划,海岸带流域(汇水区)规划相整合"。① 为成功地实施海洋空间规划业务化,又组织编制了海洋空间规划指南,列为政府间海洋学委员会手册与指南第 53 号,于 2009 年出版。②

八、海洋考古学

"海洋考古学(maritime archaeology)是研究人类在历史上各种海洋活动中所留下的遗迹、遗物的学科,是考古学的一个分支。"③

考古学原属于人类学学科。20 世纪中叶,人类学的内容和分科迅速发展,考古学成为专门的学科,并出现众多的分支。随着潜水技术的进步,水下探宝的打捞沉船活动逐渐走向科学的海洋考古。1960 年,轻潜技术被考古学家首次用于地中海的水下考古,并很快地在西欧海域展开。最早从事地中海水下考古的美国考古学家乔治·巴斯(Gerge Bass)于 1966 年出版了第一部《水下考古学》,1967 年主持了 10 多个国家考古学者参加的培训班,1973 年在得克萨斯 A&M 大学成立航海考古研究所和海洋考古专业。1964 年,英国成立了"航海考古学会",出版《国际航海考古与水下探索杂志》。1973 年,苏格兰成立英国第一个海洋考古研究所。1978 年,马克尔瑞

---

① ［法］道沃尔等:《国际海洋空间规划论文集》,徐胜译,海洋出版社 2010 年版,第 140 页。

② ［法］伊勒、道沃尔:《海洋空间规划——循序渐进走向生态系统管理》,何广顺等译,海洋出版社 2010 年版。

③ 邱克:《浅谈海洋考古学》,《海交史研究》1984 年第 6 期。

(Keith Muckelroy)出版《海洋考古学》,标志着海洋考古学的创立。海洋考古学"是人类在海上活动之物质文化遗存的科学研究……她涉及海洋文化的所有方面,不仅仅意味着船舶等航海技术的遗存"。① 不是水下考古的代名词,"陆地上发现的古代沉船虽不出于海洋环境,也不属于水下考古,但却无疑属于航海或海洋考古学"。包括航海考古(船舶考古、沉船考古、船货考古、船模与船图考古、海港考古)和海洋性聚落考古(史前贝坵洞穴遗址考古、海滨聚落、历史城址及其沉入海底的遗址考古)等不同的领域,"内涵差别很大,但以海洋为基础的生计、贸易、手工业、防卫、开发、交通等是共同的特征,"成为"多学科交叉中的一门新兴学科"。②

九、海洋文学

"海洋文学是海洋文化的重要表现形式,是再现人类内心情感和一定时期人类海洋活动的一种文化现象。"海洋文学,指具有海洋背景、海洋意象或海洋题材的,表现海洋景象和海上生活,海上战争和海上英雄,海洋情怀和海洋意识的文学创作,包含诗歌、散文、小说等不同的体裁。广义的海洋文学,"以语言、文字和不同的文学体裁描述海洋及其相关的自然现象,反映人类从事海洋及其相关的活动,塑造形象、抒发感情、阐述哲理、表达思想"。③ 严格意义的海洋文学,是描写人类海洋生活、海洋精神、海洋意识的作品。

在西方文学中,反映不同时代人类和海洋的关系,有人认为其经历了"由惧海(以远古神话为代表)到赞海(以 19 世纪前期的海洋诗歌为代表),又到斗海、乐海(以 19 世纪的海洋小说为代表)和探海(以海洋科幻小说为代表),最后到亲海(以奥尼尔和海明威为代表)"④的变化。

---

① 　[英]马克尔瑞:《海洋考古学》,戴开元等译,海洋出版社 1992 年版,第 3 页。
② 　[美]《历史考古学百科全书》,载吴春明等编著:《海洋考古学》,科学出版社 2007 年版,第 2 页。
③ 　赵君尧:《论中国海洋文化与海洋文学》,载段汉武、范谊主编:《海洋文学研究文集》,海洋出版社 2009 年版,第 31 页。
④ 　罗贻荣:《西方海洋文学中的海洋精神》,《中国海洋文化研究》第一卷,文化艺术出版社 1999 年版,第 125 页。

第二次世界大战以后，渗透着海洋情结、海洋精神的海洋文学，被作为一种独特的文学类型来研究。当代著名的海洋文学作品，如海明威（Ernest Hemingway，1899—1961）的《老人与海》（1952），雷切尔·卡森（Rachael Carson，1907—1964）的海洋生态创作的散文集《海洋三部曲》:《海风下》（1941）、《大蓝海洋》（1951）、《海之滨》（1955），是研究的热门课题。

在中国文学中，以海洋为题材的文学作品，代表性的有远古的神话传说，先秦的齐燕仙话，汉唐宋元的海赋、海洋诗，明清海洋小说。海洋神话传说和齐燕仙话，借助想象和幻想解释和征服海洋，海赋、海洋小说、海洋诗歌，涉及海岛、海民、海事、海战、海盗。渔歌再现涉海劳动和生活情景，或再现渔民欢庆丰收的喜悦，或再现涉险患难的悲痛，传达渔人刚毅的人文精神。严格地说，大多属于从陆地视角描述海洋事象和望海观潮的涉海文学，以亲历海洋抒发情怀的较少。16—17世纪，在中国海洋大动荡、大分化，海洋意识被重新认识的背景下，一度产生过赞颂海洋英雄、海洋精神的海洋小说。万历二十五年（1597），丰臣秀吉入侵朝鲜，倭患方殷，罗懋登忧时感事，作《三宝太监西洋记通俗演义》100回，缅怀明初的海洋盛事，①万历时南州散人（吴还初）编的《天妃林娘娘传》2卷32回，叙述北天妙极星君之女玄真托生林长者女，西荡妖猴，南除怪鳄、海上救难、陆地除妖的故事。②清初的海禁影响东南沿海人民的生活，有心才人编次的《贯华堂评论金云翘传》20回，用3回篇幅专门描述嘉靖海乱时的大海盗徐海救赎金云翘，为其报仇，终因官府假招安殒命的故事，把徐海塑造为造反英杰，赞扬徐海"早年习儒不就，弃而为商"，英雄大度，是个出头好汉，"气节迈伦，高雄盖世"。③ 江日升的《台湾外纪》，描述郑芝龙、郑成功海上崛起的故事，但这些小说是以神怪小说、言情小说面目出现的，自觉把海洋文学的写作作为一种文学类型来提倡，却是晚近的事情。

---

① 罗懋登:《三宝太监西洋记通俗演义》，上海古籍出版社1985年版。

② 南州散人:《天妃林娘娘传》，韩锡铎等点校，《中国神怪小说大系》怪异卷四，辽沈书社1992年版。

③ 有心才人编次:《金云翘传》，魏武挥鞭点校，中国经济出版社2010年版，第151页。

华人世界把海洋文学视为一个独立文学类别来研究,始于 1953 年杨鸿烈在香港由新世纪出版社出版的《海洋文学》一书。20 世纪 70 年代以后,台湾与大陆学者对海洋文学的研究逐渐展开。

十、海洋人类学

"所谓海洋人类学(maritime anthropology),就是运用人类学的理论、视角和方法对海洋类型社会的人群行为及文化进行分析和研究的学科。"①

人类学创立之初,就关注到海洋与海洋人群的文化。大航海时代,收集海外殖民地的奇珍异宝以至"野蛮人"的日常器物,在欧洲殖民宗主国形成风尚。随着藏品的日益丰富,博物馆成了异文化材料汇聚和展示的场所,人类学和民族学的"田野"。20 世纪初,社会文化人类学因民族志研究方法的创立发生革命性的转变,从经院式"摇椅上的民族学"变为人类学者"田野工作"的学术和职业实践,研究视野从非西方异文化原始的奇风异俗延伸到所有类型的人类社会。这一研究方法的转变是从研究非西方的、前现代的海洋族群开始的,其奠基之作可以 1922 年英国人类学家布罗尼斯拉夫·马林诺夫斯基(Bronislaw Malinowski)的《西太平洋上的航海者》②为代表,此后社会文化人类学发展出许多分支学科,都对海洋族群及其社会文化的研究有所关注,如南岛语族的研究,海洋渔业社区与渔业社会文化的研究,跨越海洋的国际移民、离散族群的研究都十分热络,重建了海洋区域社会人类生活的许多领域。

从海洋族群的语言传播研究南岛语族文化圈,是语言人类学关注的一个领域。语言沟通是海洋族群之间发生联系的基础,从听不懂到互相学习对方的语言,是生存的需要,也是文化交流的需要。海洋具有传播语言的功能,"古代的希腊航海家们曾经一度把希腊语变成地中海全部沿岸地区的流行语言。马来亚的勇敢的航海家们把他们的马来语传播到西至马达加斯

---

① 张先清、王利兵:《海洋人类学:概念、范畴与意义》,《厦门大学学报(哲学社会科学版)》2014 年第 1 期。

② [英]布罗尼斯拉大·马林诺夫斯基:《西太平洋上的航海者》,张云江译,九州出版社 2007 年版。

加东至菲律宾的广大的地方。在太平洋上，从斐济群岛到复活节岛、从新西兰到夏威夷，几乎到处都使用一样的波利尼西亚语言，虽然从波利尼西亚人的独木舟在隔离这些岛屿的广大洋面上定期航行的时候到现在已经过去了许多世代了。此外，由于'英国人统治了海洋'，在近年来英语也就变成了世界流行的语言了"。① 宋元时代，波斯、阿拉伯语是亚洲海域的国际语言，中国人通过航海者的语言接触，吸收波斯、阿拉伯语形成新的词语。明代中后期，活跃在东南亚海域的是以漳州人为先锋的闽粤海商和海外移民，闽南语成为这个区域的国际语言。欧洲人东来，也是首先通过学习闽南语融入华商贸易网络的。海洋区域语言接触与互借是海洋文明的表现形式，也是语言人类学的研究对象。

海洋渔业社区的民俗文化，是民俗学的研究范围。民俗学产生于19世纪中叶的英国，其研究对象是民俗活动（仪式）和民俗观念，"民俗包括作为民众精神禀赋（the mental equipment）的组成部分的一切事物，而有别于他们的工艺技术，引起民俗学家注意的，不是耕犁的形式，而是耕田者推犁入土时所举行的仪式；不是渔网和渔叉的构造，而是渔夫入海时所遵守的禁忌；不是桥梁或房屋的建筑术，而是施工时的祭祀以及建筑使用者的社会生活"。② 通过田野调查搜集、记录海洋民间生活的传说、故事、谚语、信仰、习俗，海洋民俗包括海洋生活习俗如服饰、饮食、居住、交通、禁忌习俗；生产习俗如船具、渔具、捕捞作业；海洋信仰习俗如海神信仰进行研究，是其中的重要的主题领域。

有论者指出：20世纪50年代，西方学术界提出"海洋人类学"的概念，其最初定义主要是用于指涉那些生活在海上和海岸带人群的民俗文化和物质文化。"随着人类学日渐介入海洋社会研究，其研究内容也渐趋丰富，海洋人类学的概念也从最初集中关注海洋民俗文化，发展为有关海洋社会文化类型的整体性研究。从20世纪60年代末开始，海洋人类学这一概念及

---

① ［英］汤因比：《历史研究》，［英］索麦维尔节录，曹未风译，上海人民出版社1966年版，第234页。

② ［英］查·索·博尔尼：《民俗学手册》，程德润等译，上海文艺出版社1995年版，第1页。

其相关研究成果逐渐为学术界所熟悉和认可,其研究也在 20 世纪 70 年代
达到了一个高潮,而海洋人类学作为人类学与海洋学共有的一个分支学科
也就应运而生,其标志性成果主要是 1977 年美国人类学家史密斯(M.
Estellie Smith)所编著的《海上人家:一项海洋人类学研究》(Those Who Liue
from the Sea:A Study in Maritime Anthropology)一书。"①

第二节　跨学科研究方法走向海洋

海洋人文社会学科兴起的同时,不少人已经逐渐发现,海洋发展并非单
纯是陆地发展的延伸,缘于海洋空间的文明形式自成一个相对独立的小系
统。他们因此感知到,沿袭陆地思维的既有学科,其理论方法、学术规范具
有很大的局限性,常常不适用于具备自然—社会—经济复合性的海洋问题。
人们需要正视海洋问题被传统学科忽视而导致的边缘处境,跨越学科界限
的综合性方法来索解。这就要求一些跨学科的理论和方法从陆地走向
海洋。

一、发展研究

"发展"译自英语 development(法语 développement,德语 entwicklung)。
在亚里士多德自然发生说传统中,发展最初与生育相对,仅指"规模的扩
大"。1651 年,哈维在《动物生育学》中提出细胞生成原则,发展是其理论的
一个重要概念。② 随着生物学的进展,发展的含义扩展到与进化相关的概
念上(尤其是拉马克进化论)。③ 1768 年,莫斯(Justus Moser)始以

① 　张先清、王利兵:《海洋人类学:概念、范畴与意义》,《厦门大学学报(哲学社会
科学版)》2014 年第 1 期。
② 　[法]M.A.西纳索:《发展走向何方》,见[法]佛朗索瓦·佩鲁编:《新发展观》,
华夏出版社 1987 年版,第 3、4 页;[美]玛格纳:《生命科学史》,李难、崔极谦、王水平译,
董纪龙校,华中工学院出版社 1985 年版,第 243、244、249—251 页。
③ 　[英]雷蒙·威廉斯:《关键词:文化与社会的词汇》,刘建基译,三联书店 2005
年版,第 125 页。

entwicklung 描述社会变化的过程。① 工业革命后，生产和物质生活渐渐成为发展的核心目标；达尔文进化论兴起后，西方殖民者开始竭力鼓吹社会达尔文主义发展观。

20 世纪中叶以来，不同国家和地区之间发展不平衡的问题演变为"南北问题"，催生人类发展权观念的产生。"发展研究兴起于 20 世纪 50 年代，旨在解释错综复杂的发展过程中的运行规律"②，"60～70 年代，随着众多国际合作发展项目的开展，很多学者和发展实践工作者参与了大量有关区域及社区发展的研究和实践，并形成了自成体系的发展学或发展研究学科（Development Studies）。"③其研究范围最初集中于研究发展中国家如何摆脱不发达状态，后来扩大到发达国家的发展史和人类社会的可持续发展问题。

发展研究首先在经济学领域中兴起，即强调推动经济增长的发展经济学，看重"平均水平是如何影响发展"和"居民之间或国家之间的经济分配问题是如何影响发展"等问题。随后，社会学、政治学等学科跟进，在各自学术领域形成子学科。发展社会学主要围绕现代社会基本特征的问题，如社会分化与整合、世俗化、城市化等，从社会发展的整体视角展开系统研究，通过社会指标和历史比较的方法研究、评估社会发展政策。发展政治学主要研究发展中国家经济、社会发展的政治后果和政治因素对经济、社会发展反作用，关注发展过程中的不公正、协调稳定等问题。发展人类学从民族文化的差异出发，考察全球化经济发展背景下，各种文化的知识、传统之间的交互作用。发展哲学提出以人为本的新发展观，探求人们如何调整自身活动，实现良性社会发展。此外，还有科学技术发展学、发展心理学等研究学科。

---

① 李小云等主编：《普通发展学》，社会科学文献出版社 2005 年版，第 11 页。

② 李小云等主编：《普通发展学》，第 18 页。李书将 Development Studies 译作"发展学"，考虑到某某学一般是后缀-ology 的对译，而 X Study（Studies）多译为某某研究，故本文取"发展研究"之名。

③ 叶敬忠、刘燕丽、王伊欢：《参与式发展规划》，社会科学文献出版社 2005 年版，第 3 页。

20 世纪 80 年代,发展研究理论进一步取得突破,超越增长,确立可持续发展(Sustainable development)概念,以人类社会与自然和谐发展为目标,对"人口、环境、资源、发展"的整体关联做出全球范围的时空解析。2007年,亚洲开发银行结合发展中国家收入分配状况和贫困的动态变化,首先提出"包容性增长"(Inclusive Growth)的概念,倡导让经济全球化和经济发展成果惠及所有国家、地区和人群,在可持续发展中实现经济社会协调发展。至今,可持续发展研究已蔚为当代发展研究的共识。

发展研究进入海洋领域,是从生态学关注开发利用鱼类等可再生资源开始的,然后扩大到政治、经济、军事、社会、文化领域。海洋发展指人类通过直接或间接的开发、利用海洋实践活动,影响社会变迁的行为。以往人们把传统陆地发展模式套用于海洋,认为海洋发展就是海洋经济产值的增长,较少考虑海洋政治、海洋经济、海洋社会、海洋文化的全面发展,海洋发达国家与发展中国家的协同发展问题。在海洋领域发展权被人们普遍接受并被看成是一种极为重要的权利之后,新型海洋发展观才得以逐步构建起来,并在海洋实践活动中和《联合国海洋法公约》《21 世纪议程》等文件上得到体现。海洋国家纷纷通过国内立法和海洋发展战略的制定,以发展海洋科技来合理开发海洋资源,保护海洋生态环境,以发展海洋管理和海洋军事能力来保护和扩展国家海洋权益,以发展海洋经济和海洋文化来提高国际竞争力。

海洋发展研究实质上是对人海关系多学科、全方位的综合性、整体性的研究,是未来海洋研究的一个方向,其研究理论和研究方法的成熟,将为认识海洋文明开辟新路。

二、区域研究

区域本是地理学的学术概念,指具有整体特征和系统特征的地球表面的单元。二战之后,区域地理学思想和经济学等结合,催生出独立的区域科学研究领域,并可细分为区域经济学、区域史学、区域心理学等分支。美国为因应国际热点问题的挑战,服务国家安全和全球战略需求,积极资助"区域研究"(Areas Studies),成立区域科学协会和以特定区域为研究对象的专业学术机构,如"亚洲研究""中东研究""非洲研究"等国别、地区研究中心,推出许多区域研究计划,聚集历史学、经济学、社会学、心理学等学科的学者,开展人文社会科学的跨学科研究。

区域研究中的区域概念引申自地理学概念,经过不同学科的嫁接,而具有不同内涵。区域可大可小,其划分的依据和标准,没有统一的说法,但有个共同点,即区域是有明显特征但不一定有固定边界的空间范围。20世纪60年代之后的全球化语境下,以国家为基本单位的地理空间观念受到挑战,"对'地区'的关注再度兴起,这里的'地区'既包括大的、跨国的地区,也包括一国内部某一小的地区。……每一项研究都以自己独有的方式对按传统模式而制度化的社会科学而制度化的社会科学的那些以国家为中心的理论前提发起了挑战。"①

将区域史研究思路引入海洋空间后,原本被视为陆地区域之间、跨越地方行政和国家边界的"灰色地带",便可被归纳为"海域圈""航海圈""海洋交易圈""海峡区域"等新概念。费尔南·布罗代尔在《菲利普二世时代的地中海和地中海世界》中,对地中海区域概念给予的明确形态意义,在一定意义上可说是区域史研究走向海洋空间的标杆:"地中海至少具有双重性质。首先,地中海是由一系列密集多山的和从大平原上切割下来的半岛所组成。……其次,地中海在这些小型大陆之间巧妙地插进它那复杂而分散的广阔海域,因为地中海不是一个单一的整体,而是一个'群海联合体'。……[就其边界而言,]在南部,地中海同连绵不断、广袤无边的沙漠很难分开……另一方面,在北部,欧洲紧靠地中海地区,受到地中海的众多冲击。"②

在东亚地区,日本较早展开海洋地理区域研究。1993年,成立"海域亚洲史研究会"。近年的一些重大课题,也多源自海洋区域研究领域,如2000—2002年度科学研究费(基盤研究B)《前近代东ァジア海洋域圈の比较史的研究》,出版《东ァジア海洋域圈の史的研究》③;2005—2009年度文

① [美]华勒斯坦等:《开放社会科学:重建社会科学报告书》,刘锋译,三联书店1997年版,第90—91页。

② [法]费尔南·布罗代尔:《菲利普二世时代的地中海和地中海世界》,第一卷,唐家龙、曾培耿等译,吴模信校,商务印书馆1996年版,第20页。

③ 京都女子大学研究丛刊39,2003年。

部科学省科学研究费补助金特定领域研究《东ァジアの海域交流と日本传统文化の形成》,出版《东アジア海域交流史现地调查研究—地域.环境.心性—》①、《东ァジアの海域丛书》1—6 卷②。松浦章教授倡导"文化交涉学",出版《近世东ァジア海域の文化交涉》③。此外还有桃木至朗编《海域ァヅァ史研究入门》④,日本学术振兴会资助,日本学习院大学与韩国庆北大学、中国复旦大学合作开展"东亚海文明的历史与环境"的研究等,都把中国沿海地区和海域看作海洋亚洲史不可分割的部分,显示了对亚洲海域史的极大关注。

三、世界体系研究

世界体系研究兴起于 20 世纪 70 年代。世界体系理论是西方学术界继现代化理论之后,在宏观层面提出的新理论和新方法,它改力图在政治、经济、文明三个层面重新建构世界秩序。

1974 年,美国学者伊曼纽尔·沃勒斯坦出版《现代世界体系》第一卷,论述 16 世界资本主义农业和欧洲世界的起源。他认为:世界体系即现代资本主义世界体系,在 15 世纪末 16 世纪初出现于欧洲,"是世界上前所未有的一种社会体系……它有异于帝国、城邦和民族国家,因为它不是一个政治实体,而是一个经济实体"。该实体具有单一的劳动分工和多元文化,称其为世界体系,"并非由于它囊括了整个世界,而是由于它大于任何从法律上定义的政治单位"。欧洲不是当时唯一的世界经济体,但只有欧洲走上资本主义发展道路从而超过其他的世界经济体。现代世界体系是而且只能是一个资本主义世界经济体,"封建的欧洲是一种'文明',而不是个世界体系"。当今社会,"唯一的社会系统是世界体系"。⑤

沃勒斯坦的世界体系理论对世界历史的解释造成一定的冲击,引起了

① 广岛大学大学院文学研究科,2007 年,2008 年、2009 年。
② 东京汲古书院,2010—2011 年。
③ 京都思文阁,2010 年。
④ 东京岩波书店,2008 年。
⑤ [美]伊曼纽尔·沃勒斯坦:《现代世界体系》第一卷,1974 年,第 6 页。

一系列讨论:世界体系是单一的,还是成系列的? 世界体系存在 500 年,还是 5000 年? 等等。

阿布—卢格霍特在《欧洲霸权之前:公元 1250—1350 年的世界体系》中提出,存在一些相继出现的世界体系:古典世界体系、13 世纪的世界体系和现代世界体系。他认为,13 世纪世界体系是一个非常先进的世界体系:在 13 世纪下半叶,由西欧圈、地中海圈、欧亚大草原圈、埃及红海圈、中东波斯湾圈、阿拉伯海西印度洋圈、东印度洋东南亚圈、中国南洋圈 8 个子体系,相互重叠形成,欧洲(西欧)才刚刚加入体系,仅在其中扮演外围角色。①

贡德·弗兰克(G.Frank)认为,世界体系的开端不是 1800 年,也不是 1492 年或 1450 年等,而可能要前推到 5000 年以前(公元前 3000 年左右)。在他看来,"世界历史的断裂"并不真切,所谓近代早期的历史,并非由欧洲的世界体系扩张所独立塑造,而是由一个早就运转着的世界经济体系塑造的,该世界经济体系不可能被塞进沃勒斯坦以欧洲为中心构建出的"现代世界体系"结构。②

戴维·威尔金逊综合文明形态论和世界体系论观点,提出"文明—世界体系理论":具有区域功能的众多社会实体,如诸多相互影响的城市、文明类型,其疆界通常超越民族、国家、语言、文化和宗教团体等传统空间量度单位的地理界限。它们经由社会网络联系、聚合,构成世界体系(同时也是一个区域),并充分体现出文明体系整体及其组成部分相互依存性。这些网络还最大限度地限定着社会文化海洋表面的层层涟漪——如历史事件、较小规模社会文化体系的演进、特定文明中行为主体的活动等。③

世界体系理论属于宏大叙事,主要通过影响历史观(认知前提)对世界历史研究产生作用。我们探讨海洋发展(尤其是空间扩展)的历程,必然会

① 参见[美]珍妮特·L.阿布卢格霍德:《欧洲霸权之前:1250—1350 年的世界体系》,杜宪兵、何美兰、武逸天译,商务印书馆 2015 年版。

② 参见[荷]安德烈·冈德·弗兰克、[英]巴里·K.吉尔斯主编:《世界体系:500 年还是 5000 年》,郝名玮译,社会科学文献出版社 2004 年版。

③ 参见戴维·威尔金逊:《文明、中心、世界经济和贸易区》,弗兰克、吉尔斯主编:《世界体系:500 年还是 5000 年》。

涉及全球化的现代世界体系拓展的历史演化。参照世界体系理论,我们可以提出一些新的视角和问题加以研讨,如"海上丝绸之路"海域空间是否可以被视作一种世界性体系,其与缘海而来的西方世界体系的互动问题,等等。

四、跨文化研究

跨文化研究(cross cultural research)是 20 世纪上半叶从社会学、人类学中出现的研究领域,即对一种以上的文化的比较研究,继而在心理学中发展出跨文化心理学。20 世纪 80 年代以来,这种研究方法拓展到管理学、传播学、教育学、语言学、社会学、政治学、国际关系和文化研究等领域,成为跨学科研究的重要一环。

文化比较研究的目标,是研究对象的异同及其原因,而跨文化研究则适应全球化的发展趋势,关注超越国家边界、跨区域、跨文化的传播、交流与互动及其影响。

在西方现代学术中,跨文化研究最初是探究普遍规则的经验研究的一部分。这一研究路径可以马克斯·韦伯对世界主要文明的宗教文化研究为例:韦伯绕开宗教的"本质"问题,"从宗教行动本身的'意义'(Sinn)这个视角"入手,探讨宗教"共同体行动(Gemeinschaftshandeln)类型的条件与效应"。① 他最著名的跨文化研究,就是从"价值中立(Wertfrei)的立场"出发,探讨五大宗教("儒教、印度教、佛教、基督教与回教")的"经济伦理",即"行动——根植于宗教之心理的、事实的种种关联之中——的实践激活力"。②

第二次世界大战结束之际,斯宾格勒《西方的没落》在维也纳出版,宣告文明形态学诞生。斯宾格勒特别推崇比较(类比)的研究方法,宣称"用来指认死形式的方法是数学定律(Mathematical Law),而用来理解活生生的

---

① ［德］韦伯:《宗教社会学》,康乐、简惠美译,广西师范大学出版社 2005 年版,第 1—2 页。

② ［德］韦伯:《宗教与世界》,康乐、简惠美译,广西师范大学出版社 2004 年版,第 462 页。

形式的方法是类比（Analogy）"。① 他明确反对西方中心主义："［我提出的体系］不认为古典文化或西方文化具有比印度文化、巴比伦文化、中国文化、埃及文化、阿拉伯文化、墨西哥文化等更优越的地位——它们都是动态存在的独立世界，从分量来看，它们在历史的一般图象中的地位并不亚于古典文化，而从精神之伟大和力量之上升方面来看，它们常常超过古典文化。"②他借用生物学比较形态学方法，对不同文化进行比较研究："植物和动物的比较形态学很久以前就已经给了我们方法。在一个接着一个发生、成长，继而相互接触、相互压制的诸种文化的命运中，……区分出原始的文化形式，区分出作为理想支撑着所有的各种文化的那种文化。……［该］文化的观念……是这一文化的内在可能性的总体，……［它区别于］作为一种已实现的现实性的历史体现［的文化］。"③

汤因比的文明研究，很大程度上继承和发展了斯宾格勒开创的文明形态学。与斯宾格勒相比，汤因比更强调文明主体的作用："历史的延续性……并不象是在一个人的生命里所表现的那样。而更象几代人生命的继续。……历史研究的可以自行说明问题的单位既不是一个民族国家，也不是另一个极端上的人类全体，而是我们称之为社会的某一群人类。"④他认为，文明诞生和发展的最大动力，来自文明主体克服环境（适度的）困难的斗争："文明诞生的环境是一个非常艰难的环境而不是一个非常安逸的环境。……'足以发挥最大刺激能力的挑战是在中间的一个点上，这一点是在强度不足和强度过分之间的某一个地方。'"⑤"从远处看，从全局看……真正的最适度挑战不仅刺激它的对象产生一次成功的应战，而且还要刺激它集聚更大的力量继续向前进展一步。"⑥

---

① ［德］奥斯瓦尔德·斯宾格勒：《西方的没落》第一卷《形式与现实》，吴琼译，上海三联书店 2006 年版，第 2 页。
② 斯宾格勒：《西方的没落》第一卷《形式与现实》，第 16 页。
③ 斯宾格勒：《西方的没落》第一卷《形式与现实》，第 102 页。
④ ［英］汤因比：《历史研究》，［英］索麦维尔节录，曹未风译，上海人民出版社 1986 年版，上册，第 14 页。
⑤ ［英］汤因比：《历史研究》，上册，第 174 页。
⑥ ［英］汤因比：《历史研究》，上册，第 236 页。

　　文化人类学家本尼迪克追随斯宾格勒的思想方向,提出强调文化整合(即整体性)的"文化模式"方法论:"人类学家正从单一原始文化研究转向多元原始文化的研究,而且这种从单数到复数变化的意义正在日益明显。""主管框架,即由过去经验提供的形式,才是直观重要的,且不容忽视。……整体决定部分的不仅是它们的联系,还有它们的本质。""施本格勒更有价值和更有创见的分析是他对西方文明对立结构的分析。他区分了两种重大的命运观:古典社会的阿波罗型(日神型)和现代社会的浮士德型。""基本而有特色的文化结构……将生活模式化,并对参与这些文化的个人思想与情感加以限制。在传统风俗影响下,个人习惯模式建构的整体问题,在目前可以通过对较简单的民族的研究的研究而得到很好的理解。这并不意味着以这种方式发现的事实和过程,只能把它们适用于原始社会。"①有日本学者认为,"本尼迪克特说的文化模式,……是具有实证特色的论述,不同于把世界的一切文化归入若干框架之内为目的的抽象类型"。② 本尼迪克沿袭了斯宾格勒的有机整体论思维,其演绎—类比的方法,从非知识性(即认知视角)的状态(在认识上,介乎概念与感性认识之间)开始抽象和实证考察,因而绝非类型论。另外,韦伯的形态论出发点多为抽象概念,因而没有这种观感。

　　西方人文社科涉及跨文化研究的思想、理论为数众多,本文仅选取上述几家对我们人文海洋研究可能最有启发的名家为代表。中国海洋社会文化的整合问题,海洋人群走出中国在"海上丝绸之路"等海洋区域面临的跨文化问题等,都内在地要求我们掌握并活用这些跨文化思想理论。

　　以上所举,属于大者重者。其实所有的人文社会学科面对海洋问题都存在交叉和重叠,存在跨学科方法的应用。在学术实践中,如何超越原有学科界限,体现方法创新,融为一体,是一个不断探索、不断磨合的过程。在海

---

　　① 　[美]露丝·本尼迪克:《文化模式》,何锡章、黄欢译,华夏出版社1987年版,第39、40、41、43页。"施本格勒"即"斯宾格勒",译法不同。
　　② 　[日]石川荣吉:《人类学概论》语,载[日]绫部恒雄:《文化模式论》,见[日]绫部恒雄主编:《文化人类学的十五种理论》,周星等译,贵州人民出版社1988年版,第50页。"本尼迪克特"即"本尼迪克",译法不同。

洋文明史研究中,需要恰当地使用和改造各个涉海学科的海洋理论与概念工具,进行"科际整合",找到本质相通的联结点,在借用和改造之后,成为海洋文明史阐释资料和新建论述的分析工具。

第三节　以海洋为本位的研究方法

以海洋为本位,就是回归海洋是一种文明的中心的本质,进行独立的考察。以海洋为本位,是揭示海洋文明内涵的根本途径,从理论上可从两个层次去阐释。

一、以海洋空间为本位

以海洋为本位,在地理基础上是以海洋空间为本位。

海洋的空间概念,过去通常指地球表面陆地之外的连续咸水体。现代则指由海洋水体、岛礁、海洋底土、周边海岸带及其上空组合的地理空间和生态系统。海水包围的岛礁,水下的底土,南北极的极地,水陆相交的大陆海岸带陆域,以及海上的天空,与海洋水体形成"生命共同体",都被视为是海洋的组成部分。

《联合国海洋法公约》规范的海洋,不仅仅是地理意义的海洋空间,也包括部分陆地空间,以及海洋上的空气空间。它是地表生态系统的基础,决定全球气候与环境的重要因素,也是人类生存发展的环境条件。

现代一体化的海洋空间观念是通过历史上一系列的地理"发现"层层累积的基础上产生的。人类最初的海洋活动是以平展的海洋水面为舞台,从打破海洋水面的阻隔开始的,人类对海洋空间的认知原本都是平面的和区域性的,各不相同、互不干扰的。后来随着海洋经济、海洋科技的进步,跨境联系的建立,穿越"此时"和"此地"限制的能力进一步提高,海洋空间范围逐渐地扩大,以人类占有和使用的价值划分或重新分配,决定其属性。

直接和间接从事海洋活动的空间体系,有政治、经济、社会、军事、文化等不同的层次,因而有海洋政治空间、海洋经济空间、海洋社会空间、海洋安全空间、海洋文化空间(含认知空间、象征空间、意识形态空间)等等的不同。在同一历史时间,不同视野的海洋空间分布并不完全一致。但有个基本的共同点,即都是以海洋地理空间为基础,随着人类开发利用海洋的进展,不断扩充其内涵和外延的。

各种海洋空间的历史变迁,组成海洋文明的历史空间。不同的时间,不同的地域和水域,有不同的海洋空间,它们的疆界不断地发生变动。大体上说区域海洋时代,由不同的民族群体或社会群体、地方政府或国家为主体的开发利用海洋的活动,是各自从沿海陆域的港湾、海中的岛屿等有利的地理位置出发,凭借其掌握的航海技术及经济条件,利用水文、地文、天文知识,克服海洋险阻和海洋灾害的能力,超越民族与国境的界限建立密切的联系,拓展"海内"和"海外"的空间范围,连接成各具特色的"海上疆域"。尽管当时的海上活动人群的认识只是对海洋环境的挑战本能、自发的回应,不可否认的是,陆地、海洋与天空的空间因素都发挥了作用。

因此,海洋文明史的海洋空间,本来的面貌也是不局限于海洋水体,与沿海和海中的陆地,其上的天空相交叉的。置于这样的海洋空间结构下,才能化解陆海对立的旧观念,把海岸带地区纳入海洋区域历史分析架构,恢复海岸带是第一海洋经济带的历史地位。这就要求历史研究者在处理海洋空间时,一要把握海洋活动流动性、越境性的特点,不以陆地思维确定的"海内"与"海外"的标准来设限;二要摒弃专指海洋水体的狭隘观念,充分考虑相关陆地和天空的因素,完整地考察海洋文明的历史进程。

二、以海洋社会为本位

以海洋为本位,在研究对象上是以海洋社会为本位。

海洋社会,指在直接或间接的各种海洋活动中,海上群体、涉海群体人与人之间形成的亲缘关系、地缘关系、业缘关系、阶级关系、民族关系等各种关系的组合,包括海洋族群社群、海洋区域社会、海洋国家等不同层次的社会组织及其互动的结构系统。

海洋族群和社群是海洋社会的基本单位,由个人、群体、家族、生产组织、社会组织等基本单元或要素构成,包括海上群体和组织与陆上涉海群体和组织。

在海洋文明史上,不同的海上群体和涉海群体塑造了不同的海洋社会模式,如海洋渔民社会、船员社会、海商社会、海盗社会、舟师社会,海岸带港口社会、渔村社会、盐民社会、贸易口岸社会等。各种群体成员具有共同的生计、身份、生活目标和利益,通过直接或间接的交往互动结合在一起,形成各具特色的群体意识和群体规范。

海洋活动群体聚结的区域社会,是海洋社会的表现形式。海洋区域社会在社会科学领域还是一个定义未成熟的区域分析单元,但也有共同点,即海洋区域的范围都包涵了海域、岛屿和沿海地带陆域三个部分。沿海地带是海洋与陆地交汇的地区,具有海陆双重属性,其陆地经济社会文化系于或关联于海洋的成分,归属于海洋,是海洋不可分割的一部分。海洋区域的陆地边界,由于很难与行政区划范围做明显的切割,没有统一的划分标准,一般在进行综合分析时,会尽量考虑行政区划的因素。如当代美国海洋经济区域的陆地部分,指从海岸或五大湖延伸到陆地的滨海邮政区域及行政区划(县境),在一些具体的研究中,甚至与沿海地区不加区别。2004年起,中国海洋统计中,把沿海有海岸线的县市列入沿海地带,沿海地带成了海洋的一部分。

此外,海洋区域并不局限于一个国家主权管辖之内的沿海地带、海岛和海域,往往是跨越民族和国家的疆界,外延到其海洋活动所及的外海、海外国家和地区,形成内外互动的政治、经济或文化的联系。如"亚洲地中海""环中国海"等概念,就是主要以东亚—东南亚海域为纽带连接起来的海洋区域。"海洋亚洲""海上丝绸之路",主要指西太平洋西岸与印度洋沿岸沿海国与岛国互联互动的海洋区域。此外,海洋区域还可借用其他科学的概念工具来表述。如航海圈、贸易圈、移民圈、文化圈、极地圈;航海网络、贸易网络。无论圈或网,也都连接了陆地和海洋。

海洋文明史的区域社会研究可以借助上述概念工具,划分具体研究对象的海洋区域,把有海洋联系的陆域和海域连为一体考察。

附：关于中国海洋史研究的理论思考*

各位大家好！今天来了很多老朋友、新朋友，趁参加研讨会的机会，我先谈一下自己的浅见，题目是"关于中国海洋史研究的理论思考"。有关中国海洋史的理论，牵涉面甚广，我主要想谈以下三点。

一、涉海史与海洋史

第一点我要谈的是：涉海史与海洋史。我们知道海洋文化，或称为海洋文明，是个多学科研究的领域，它包括自然科学、技术科学、人文科学和社会科学，多种科学都作海洋方面的研究，而多样的研究，必然会产生互相间的冲突，或者出现最后的融合这类的问题。

1997年时我提出建立"中国海洋人文社会学"的倡议，次年更扩大为"海洋人文社会科学"，这个概念是与自然科学底下的"海洋科学"相对应的，它不是与"人文科学""社会科学""自然科学"或"技术科学"并列，而是列在第二层次的类别。海洋自然科学领域可以将海洋生物学、海洋化学、海洋物理学等综合成为"海洋科学"，海洋人文社会科学领域也可以将各人文社会学科的分支，如海洋文学、海洋史学、海洋政治学、海洋经济学、海洋社会学、海洋管理学、海洋法学、海洋文化学等综合成为"海洋人文社会科学"，"海洋科学"与"海洋人文社会科学"两者结合起来，最终发展的前景就是"大海洋科学"。

海洋人文社会科学是21世纪国际发展的大潮流。我在当时提出"海洋人文社会科学"时还没有先例，应者寥寥，不过那时欧洲、日本已有一些不同人文社会科学背景的学者集合在一起做海洋问题研究，但多属于应用研究，没有提到理论的高度来认识。我认为做研究不受学科限制，主张"无

---

* 本节为"2009海洋文化学术研讨会"（台湾海洋大学、厦门大学、成功大学合办，2009年11月10日）的主题演讲，原载台湾海洋大学《海洋文化学刊》第七期，2009年12月。

学科"是对的,但作为学术的传承,仍然需要既有学科的支撑,而从既有学科中发展出海洋分支学科,是建立"海洋人文社会科学"的必经途径。为此,我们尝试从海洋史学入手,做了一些工作,比如出版了《海洋与中国丛书》《海洋中国与世界丛书》,这两套丛书没有任何基金会的补助,纯粹是运用厦门大学的教育资源,主体为博士生的博士论文,另外加上少数几位教师的海洋研究课题,从90年代一直坚持下来,就这样出了这两套书,共20本,当年的工作是比较艰难的。现在"海洋"已经成为大气候,"海洋人文社会科学"的提法在社科界和海洋界被承认,至少不否认,而且有一批重大研究项目了。可是当大家都"下海"后,所有人都在做"海洋"课题,海洋就混浊了,因此澄清"海洋人文社会科学"的内涵,就变成一件很重要的事情,从历史学看,就有"海洋史"与"涉海史"两者之间的不同。

"涉海史"研究在中国有百年的历史了,真正的海洋史学,是从20世纪80年代以后才提出的,而"海洋史"与"涉海史"最大的区别,就在于是"以陆地为本位"还是"以海洋为本位",即主导思想是陆地的思维呢?还是海洋的思维?这是最大的区别。以"陆地"为本位,即是从陆地看海洋,这也是我们长久以来的习性,前人所写的所有研究资料,都是陆地上的文人站在陆地上看海洋,终究不是海洋人写的东西,这个我们首先应该要明白。

从陆地上看海洋,认为海洋是边缘的、不稳定的,陆地是坚实的、稳定的,所以文明是坚实的陆地上生长的,海洋文明是陆地文明的延续。我们可以看到这样"现代版"的言论,比如有一本名为《海洋中国》的书,本来应该是以海洋为本位,但书中说道:"早期的海洋文明实际上都是结胎、孕育于农业文明之中。"即认为海洋文明都是由农业文明孕育出来的,中国传统的海洋文化是一种海洋农业文化。有一本名为《人类文明中华源流考》的书,说中华海洋文明是长江流域、东南沿海的古糯民(农业部族)开拓的。我不知道各位是否赞成这样的立论,但是不管怎么说,这种潜在意识、这种陆地思维的意识,却存在于许多学者的研究之中。历史学各个分支学科里都有涉海史的研究,例如经济史下面的海洋贸易史研究、中外关系史下面的中国与海外国家的关系,这些研究基本上都属于陆地思维指导的,他们只是把海洋作为一个通道,把海洋作为经济关系或者外交关系的一种补偿,他们看到的只是海洋两头陆地的政治、经济、外交的互动,中间的过程被忽略掉了,海洋活动的部分是被忽略掉了,好似现在的高速公路,一座桥跨海而过,一下子的时间就跨海到达彼岸。然而,海洋活动本身不是这样的跨海高速公路,而是由无数大小船队和港口连接的、活生生的经历。在航行中,海洋活动群体克服海上种种艰难险阻,与不同文明的海洋活动群体接触互动,形成与陆地农民全然不同的生存方式,海洋文明是他们的创造,并非农业文明带来的。海洋传播农业文明,那是陆海文明互动的结果。

上面提到的把海洋文明归属于农业文明,属于较传统的思维,此外还有另一种新思维,有一本获得"2007 年曼氏亚洲文学奖"的小说《狼图腾》,书中提到:"人类历史发展至今,冲在世界最前列的,大都是用狼精神武装起来的民族。"作者认为西方世界基本上是由射猎游牧,发展到经商航海,再发展到现代工业时代的,书中称西方为森林狼,西方森林狼被我们东方草原狼(东方草原指的是蒙古大帝国)逼出内海,逼下深海,逼进了大洋,变成了更强悍的海狼。他们驾驶西方古老的贸易船和海盗船,到外海大洋去寻找通往东方的贸易新通道,结果无意中因祸得福,发现了美洲新大陆,抢得了比西欧大几倍的富饶土地,以及印加、印第安人的银矿金山,为西方的资本主义的发展,抢得了第一船原始积累。结果西方的海狼壮大为世界上的大狼、巨狼、资本狼、工业狼、科技狼、文化狼。这位作者就是站在草原来想象海是什么,虽然游牧民族与海洋民族在流动性方面有相通之处,但把海洋文明的精神说成是狼精神演变而来,这种新思维也是陆地思维,不过农业文明换成游牧文明而已。

一般的历史教科书和文明史著作,都认为古代世界是二元体系,也就是农业文明与游牧文明的冲突和融合,现在来看这个二元论是有问题的,应该再加上海洋文明,因为海洋活动有它自己的起源和发展的历程,自成一个世界,与农业世界、游牧世界是并存互动的,也是人类历史存在的一种实现方式,所以海洋不仅仅是一条路,也是一个生存发展的空间、一个文明的历程。

涉海史在第二次世界大战之后,经历了一个大的变化,转型为海洋史,这是由海洋权的斗争所引起的。第二次世界大战以后,第三世界,特别是拉丁美洲国家,提出二百海里海洋权的主张,其海洋权所指的是领海主权。在与发达的海洋国家经过了近十年的谈判抗争之后,最后各方达成妥协,形成《联合国海洋法公约》,颠覆了领海之外即公海的观念,确立 12 海里领海、24 海里毗连区、200 海里专属经济区和大陆架的制度,沿海国家和岛国分享全球三分之一以上海洋的主权或主权权利。

今天的人文海洋实际上是一种圈海运动,圈的是海洋空间和海底资源。海洋周边的国家都依照新的海洋法扩展海洋权益,要求重新划分海洋边界,所以中国面临被周边的八个国家染指他们原本也认为是属于中国的海洋岛屿,因此引起很大的争议。在这样的情况下,海洋主权和海洋权益的历史论证显得十分重要。现在不仅仅只有岛国和沿海国家有海洋权益,内陆国也要分享海洋权益,海洋权益怎么划分? 国际海域依据二百海里的界线划分成为沿海国家的"海洋国土"以后,公海缩小了,公海的权益怎么划分? 国际海底的权益怎么划分? 这些都成了生存空间和资源的问题,牵涉到世界各个国家本身的国家利益、发展利益、安全利益、通道利益……种种利益都集中于海洋,各个向海洋发展的国家,怎么发展海洋经济、海洋社会、海洋文化等的历史,是展示海洋软实力的表现。所以当代的海洋史与原本西方所讲的以武力控制海洋的"海权史"已经大不一样了。若要做新的海洋史,就须把整个概念换过,要从海洋为本位来研究此一系统,然后才能够海陆互视,构成一个国家或地区的整体历史。

二、海洋的空间

第二个要谈的是"海洋的空间"。很多人对于海的一般概念就是眼睛所看到的海平面,那么海洋的空间多大? 有必要从理论探讨海洋的空间。海洋的空间可分为自然海洋与人文海洋,我们现在谈的是人文海洋,人文意义上海洋是人类生存发展的第二空间,人是一种两只脚踩在地上的动物,陆地是第一空间,这个空间已发展了几百万年才达到了今天这个地步。那么海洋呢? 其发展的过程以前不受到重视,但是不管怎么说,海洋空间是人类以自然海洋为基点的一种行为模式、生产方式、交往方式所达到的生活空间、物质分配的空间、文化创造的空间。

首先海洋是一个地理空间,这是很清楚的,以前的地理空间所指的只讲海平面,看过去能看得到的海平面,但当代的海洋,其空间不再只是平面的,而是立体的,包括海域周边的沿海地带、海中的水体、海中的岛屿、海下的底土,以及海上的天空,我们可以用杯子理论来比喻,我们不能只单单看到杯子内的水,还要看到杯边,杯边指的就是陆地,这个部分是属于海洋还是属于陆地呢?有水有边才成为海洋,我们研究的海洋史不是单指在水里的这一段的历史。若单单只有水而忽略周边陆地,那不能称为完整的海洋史。

　　一般来说,不同生活方式的人,有不同的空间,以陆地的角度来看海洋,陆地是世界存在的方式,海洋只是通往彼岸的道路而已。但是自以海为生的人来看的话,海洋才是世界存在的形式,陆地是海洋的边界。那么,海岛究竟是陆地还是海洋?其属性是由人类历史变迁而得来的,是可以改变的,比如16世纪以前的英国人自认为是孤悬于欧洲大陆外的陆地,但是到了16世纪以后,整个生活方式、生产方式改变了,航海贸易成为主要的生活方式以后,他们自认为是属于海洋而不是陆地,英伦三岛变成是一条鱼,或是一艘船。历史变迁之后,他们已自觉得是属于海洋的一部分,不再是属于陆地的一部分。因此从人文的角度来讲,海洋空间是变化的,哪些陆地属于海洋?哪些海洋属于陆地?这是可以改变的。历史空间是不断扩展的,当下我们研究人文海洋,实际上已经借用了许多海洋科学的、社会科学的概念来进行海洋空间的表述,包括在座有些学者也是这样做,这些原不属历史学本身的,而是借用其他科学的概念来做表述。

　　譬如说我们现在很多文章都提到"带"这个概念,比如有"沿海地带""岛屿带"等很多名词,若是从海洋学的概念来看,所谓的沿海地带是指海岸带,它有特定概念,其概念就是水陆相交的地方,这种界线置于人文社会科学来理解,那就更广了。这个地方向陆地延伸多少远,则依性质不同而有远近差异,例如若是海军基地则可能有五百米,那么其沿海地带就有五百米;若是指一个港口,则海岸连仓库等一起计算,可能就只有一二公里;若作为一个口岸文化,那么整个城市就都要算进来,因此陆上的界线是不一样的。中国调查海岸带时,距海多远才算沿海地带?以前一般来说指的是30里,与明清迁海30里所清空沿海地带指涉雷同,但现在借用到人文社会科学内,统计沿海地带则不能再这样算,若这样算很可能一个乡镇将被切为海、陆二带。现在一般做法是以有海岸线的县级单位来计算，这个县的陆地边界可能距海 30 里以上或 100 里。如此中国沿海有多少县属于沿海地带，就算出来了，这些县市即使在陆地上生产的外向型经济都将属于海洋统计，临海工业即属之，因为临海工业的原料来自海上，即间接利用海洋，例如宝钢的铁矿砂自澳大利亚运来，炼成的钢铁再以海船运出，故应归到海洋产业。2004 年以后，中国海洋统计即出现"沿海地带"一项，它不再是泛泛而论，而是将人口、生产、生活等与海洋有密切关系的项目都统计在其中。

其次所谓的"岛屿带"，是由许多岛屿串起来，让人类的活动有所联系，这是属于海洋的？还是陆地的呢？这也要视其活动是否与海洋联系为主。生活在岛屿上的人也有可能是属于陆地的，因为其活动属闭塞性质，从不与他人来往，没有海洋活动，南岛民族有的即属于这一类，他们的陆地属性较强。但若是透过海洋联系之后，那就不一样了。所谓的"孤岛意识"就是自认为自己可以独立存在，自成系统，不需要与外界交往，孤岛意识本身就是陆地意识。所以日本学者在思考，日本以前就是孤岛意识，而现在日本大谈海洋意识，这就意味着要走向海洋、要交往、要开放。

再来，还有"区""圈"和"网"的概念。"区"的概念就是一般的地理上"区域"的概念，我们现在用在海洋的区域里，当中有陆有海，与纯粹海洋学里的海区是不一样的；"圈"本不是历史学的概念，而是社会科学的概念，有航海圈、贸易圈、移民圈、文化圈，包括我们现在谈的汉文化圈，所谓汉文化圈就是讲汉语言或是使用汉文的大范围，这个概念如何借用，恐怕还要再深思。接下来是"网"，网络原本是自然科学的东西，借到社会学里，借到历史学里，就有航海网络、贸易网络等，网络就是把港口作为节点。历史学借用网络的概念，应该要调整先前的观念，不再谈以自我为中心的起始观念，因为海洋的活动是港口与港口之间，既是起点，也是终点，因为船开出去并不是直接到达目的地，过程中有许多中转的地点，中转站既是终点，再度启程，又是起点，彼此互为起点、互为终点，因此大家既是中心，也是边缘，彼此既是中心，也是边缘，从中心到边缘，也就没有必要去争谁是中心，谁是边缘了。

三、人文海洋概念的调适与磨合

我要讲的第三点是:人文海洋概念需要调适与磨合。今天我们在一起谈论海洋,大家同属人文社会科学领域,但学术背景、成长经历却大不同,有中文背景、社会学背景、经济学背景、历史学背景,背景不同来谈海洋,空间概念就不同,因此需要进行一些磨合。我在 1998 年时就提出了海洋人文社会科学概念磨合问题,我当时谈到了三个概念,其中一个是"海洋经济",什么叫作海洋经济? 历史学的海洋经济、经济学的海洋经济、社会学的海洋经济,甚至到文化学的海洋经济,都不太一样,如果大家混杂一起谈时,首先应该要有一个概念的磨合,从中找到共同的地方作为出发点,若是没有共同点,就无法互补,就会产生冲突,譬如说"海洋区域",大家先要有共识,它不单单是水域,也包括:沿海地带、海岛、海底等,范围就是这么大,大家同意,且有共识,在此共识范围下大家去发挥特点,如此即可进行交流。海洋经济如此,海洋社会也是如此。

此次研讨会所发表的文章中,有些是研究岸上的,不一定都是研究海洋的,这算是海洋文化吗? 这要依作者而定,概念若是清楚,那么岸边的活动、口岸活动就都可以算是海洋文化。因此,对于海洋史的理解,我们要做的事还很多。海洋文化在现在是很热门的研究,20 年前在中国基本上无人提出,《河殇》即指出中国没有海洋文化,认为我们要全盘接收西方的文化;之后虽然有人关心海洋文化,但关心文化的人没有历史知识及数据,毕竟研究地方的习惯、渔民的风俗仅能算是地方化的小知识,放不到宏观的历史架构上,摆不上桌面,只能算是小菜一碟。现在这个阶段,涉海的与海洋的混在一起,若要提升其档次的话,就需要透过类似此次的研讨会在概念上取得磨合之后,不同学科的人共聚一堂一同研究后,取得共识,进行交流,就会做得更好!

以上浅见,权当引子,仅供参考,敬请指正。谢谢各位!

第 二 篇

历史的海洋中国

第一章　中国海洋历史文化概说

第一节　中国海洋发展的历史文化[*]

今天我演讲的题目是：中国海洋发展的历史文化。主要讲三个问题，一个是关注当代中国海洋发展，为什么要重视海洋历史文化；一个是如何树立科学的海洋史观，把握中国海洋发展的基本史实；一个是如何以史为鉴，推动中国海洋发展。

一、第一个问题：关注当代中国海洋发展问题，为什么要重视海洋历史文化？

理由之一，是反思既往的社会发展战略，需要发掘海洋历史文化资源。

中国是一个大陆国家，也是一个海洋国家，亦即陆海复合型国家。从理论上说，陆地发展与海洋发展具有同等重要的意义。但是，我国历史上的国家发展路向是陆海失衡，重陆轻海的。周秦汉唐，中国社会发展以农业社会为主体，政治、经济、文化的中心在黄河流域，历代中原王朝统治者的治国理念，都是以农立国的，并在处理来自北方内陆游牧民族的压力和危机中，实现多民族国家的统一和融合，不断完善管理经济、社会、文化的制度，形成以儒家学说为核心的传统文化。宋元明清，中国经济重心南移东倾，海洋发展曾经几次被王朝统治者选择采纳为国策，但最终又被放弃了。因此，从国家

＊　本节为 2005 年 9 月 12 日在北京国家海洋局主办的海洋管理专题研讨班上的演讲。

的角度看历史,中国作为大陆国家是常态,而作为海洋国家只是"片断"。历代王朝统治阶级管理陆地社会的经验丰富,执政理论成熟,而对海洋发展十分陌生,甚至失去记忆,遇到来自海洋的压力,只好用管理陆地社会的方法去处理。这就造成海洋发展战略的缺失,全民族海洋意识的淡薄,推迟了中国从传统到现代的转型。但是,中国海岸带和环中国海的岛屿、海域组合的海洋区域,自古便是沿海人民生存发展的空间,国家的干预造成的挫折,从长时段看,只是迫使海洋发展局限于地方和民间的层次,或脱出体制外运行,历史传统并没有永久性中断。往往国家干预最严厉的时期,沿海地方和民间的海洋发展反而更加蓬勃。因此,从区域的角度看历史,体现中国作为海洋国家的一面是连续的,而不是片断的。正是由于沿海地方和民间的海洋发展具有连续性,才使中国具有重新选择海洋发展路向的可能性。

改革开放以来,中国社会发展战略思维向海洋倾斜,激活了沿海地区海洋发展的潜力。面向海洋,通过海洋走向世界、融入世界,造就了东部沿海地区的崛起,带动中西部的振兴,牵引中国经济社会向现代转型。发展海洋经济力量、海洋科技力量、海洋管理力量、海洋防卫力量,提高海洋综合实力,成为海洋强国的战略目标。然而,改变重陆轻海的观念,实现陆海平衡发展的理想,还有很长的路程要走。由于历史上海洋发展被挤压在地方和民间的层次,中国海洋发展的理论和实践都没有成熟,对既往社会发展战略的反思也不够深刻,需要发掘海洋历史文化资源,从中汲取经验教训和思想养料。

理由之二,是应对"中国威胁论"的挑战,需要海洋历史文化知识武装头脑。

当今的"中国威胁论"虽有种种表现,但阻止中国成为世界强国是一致的目标,首先是遏制中国走向海洋。遏制中国的手段,从政治、经济到文化,无所不用其极。为了在中国面临的西太平洋第一岛链和第二岛链上形成政治、经济、军事的包围圈,"中国威胁论"鼓吹者们不惜在历史文化上大做文章。一方面,抹杀中国海洋发展史,否认中国海洋发展的合法性。这是西方海洋霸权主义者的惯常手法,新的动向是日本右翼势力和台湾"台独"分子的积极配合。在日本,为了侵占中国钓鱼岛和东海资源、扩张海权的需要,右翼势力不惜歪曲历史,制造所谓东亚海洋历史的新论述,认为中国历史上是一个"陆权国家",现在仍是"大陆亚洲秩序的维护者",走向海洋,就是"现状变更",威胁"海洋国家日本"的生存。并以"海洋亚洲"的领导者自居,鼓吹在环中国海弧形岛屿带建立"西太平洋海洋国家联邦"。在台湾,"台独"分子歪曲历史,胡说"台湾人是海洋性民族,中国人是大陆性民族","台湾是海洋文化,中国是大陆文化",与日本的极右势力唱和,要搞什么"黑潮同盟"。另一方面,当无法掩盖中国有海洋发展史时,又把历史的海洋中国污蔑为"海上霸权""殖民扩张",如说郑和是扩张主义者,下西洋是用军事实力控制海上朝贡国,等等。貌似抬举,实为捧杀。这些言论自相矛盾。他们的共同之处,就是从根本上歪曲否认中国海洋历史文化,迎合西方的海洋霸权理论,欺骗世界舆论。

对此,我们必须做出明确的回答。任何从事海洋管理、海洋实务的人,都无法回避。充实中国海洋历史文化知识,才能从容应对"中国威胁论"的挑战。

二、第二个问题:树立科学的海洋史观,把握中国海洋发展的基本史实。

当今世界占支配地位的海洋文化理论,本源于欧洲,随着海外武力征服、殖民扩张,成为海洋世界的文化霸权话语。19世纪,德国大哲学家黑格尔在《历史哲学》一书中,把人类文明的地理基础分为三种形态:干燥的高地,同广阔的草原和平原;平原流域;和海相连的海岸区域。在第一、二类地区,"平凡的土地、平凡的平原流域把人类束缚在土壤上,把他卷入无穷的依赖性里边",而在和海相连的海岸区域,"大海却挟持着人类超越了那些思想和行动的有限的圈子","大海邀请人类从事征服,从事掠夺,但是同时也鼓励人类追求利润,从事商业"。他所说的海岸区域专指欧洲南部地中海沿海区域,海洋发展的内涵是海外征服、掠夺和海洋商业。亚洲、中国属于第一、二类地区,"这种超越土地限制,渡过大海的活动,是亚洲各国所没有的,就算他们有更多壮丽的政治建筑,就算他们自己也是以海为界——像中国便是一个例子。在他们看来,海只是陆地的中断,陆地的天限,他们和海不发生积极的关系。"按照这种思维，西方学术界把海洋文化视为高于陆地文化的先进文化，把15—16世纪之交大航海造成的世界性联系，视为资本主义时代的序幕，现代化、全球化的开始。这样，在西方文化话语里，海洋代表西方、现代、先进、开放，大陆代表东方、传统、落后、保守，成为区分资产阶级民族与农业民族的标签。否认中国海洋发展合法性的言论，就是从上述预设推演出来的。

这种理论是有问题的，不符合世界海洋发展的历史事实。现代研究成果证明，海洋文化不是西方独有的文化现象，海洋文化也不是天生就是先进文化。西方海洋文化在近代与资本主义相联系，并不等同于资本主义文化就是海洋文化，资本主义才有海洋文化。西方创造这种理论，是为海洋霸权国家控制海洋进而控制世界服务的。

我们认为，海洋文化是与陆地文化相对应的文化类型，两者对生存发展空间的适应方式不同，但没有优劣之分。海洋强国与陆地强国的关系未必是西方与东方、现代与传统、先进与落后、开放与保守的对立。海洋文化并非西方的专利，濒海各民族从事海洋实践活动创造的文化有不同的样式，有不同的发展历程，是海洋文化多样性的表现，不能因不合西方的标准而被否定。

中国人的生存发展空间，主体在大陆，灿烂辉煌的传统文化根植于大陆，这是不容否定的。中国人从大陆走向海洋，从区域的角度看历史是连续的，海洋文化的创造有自己的特色，这也是不容否定的。海洋文化长期没有上升到主流地位，和王朝统治者放弃海洋发展路向的选择有关，和强势陆地文化产生的负面效应、传统惰力有关，这是我们需要批判、扬弃的一面。但不宜肆意夸大，无限上纲。如说中国传统文化只是"黄河文化""黄土地文化"，"已经孕育不了新的文化"；或者说中国传统海洋文化"无法逆转地被内陆农耕文化所同化"等，都言过其实。中华民族的形成，不只是汇聚农业民族的共同体，而是多元一体的，包含了海洋民族的成分。上古时代在今属中国的大陆边缘带上的"东夷""百越"族群，"以船为车，以楫为马"，属于海洋民族。秦汉以降，中原农业民族移入海岸区域，与夷人、越人从冲突到融合，适应沿海的生存环境，一部分人保持了陆地的生活方式（城乡社会群体),一部分人选择了海洋的生活方式(水居社会群体),另一部分人则变为陆海两栖(渔民、船户、海商等海洋活动群体)。生活在海洋区域的汉族,承继原乡的农业文化,又吸纳原住民的海洋文化,区域社会发展具有陆海双重性格。所以,笼统地说中华民族、中国人是农业民族,不是海洋民族,没有海洋文化;或反过来说中华民族、中国人是海洋民族,中国海洋文化比农业文化先进,都是以偏概全的。

树立科学的海洋史观,必须把握中国海洋发展的基本史实。下面,我对正确理解中国海洋发展和海洋文化有意义的或有争议的事件和人物,做出说明。

1.“海上丝绸之路”

“海上丝绸之路”是中国古代对外海上交通和经济文化往来的形象比喻。这个称呼,学术界有不同意见,因为它不科学。丝绸不是古代外贸的主要商品,重要性低于瓷和后期的茶。汉代以降,官方一直实行禁止或限制丝绸贸易的政策,主要作为朝贡回赠品出口。而回头货主要是香料。以非主要外贸商品命名,又只有出没有入,是片面的。再说“路”也难于涵盖经济文化往来的全部内容。有人说,当前学术界的“海上丝绸之路”研究,带有炒作的成分,让人误解古代中国一直向外倾销丝绸。

西汉开辟从徐闻经南海和印度洋到今印度南部和斯里兰卡的航线,通常认为是“海上丝绸之路”的开始。唐初的“广州通夷海道”,航线延伸到波斯湾及非洲东海岸。天宝十载(751)唐军在怛罗斯战役失利以后,经西域的对外陆路交通被切断,中国与西亚的经济文化往来向海洋转移。五代,东南沿海的南唐、吴越、闽、南汉四国向海洋开放。宋代以后,中国经济重心南移东倾,东南沿海地区经济起飞,商品经济活跃,成为向海洋发展的内在驱动力。科技进步,造船水平提高,指南针在航海中运用,又使海商为首的海上力量不断壮大。宋室南移临安(杭州),倚重海利,采取开放海洋的措施,招徕蕃商(主要是阿拉伯商人)来华贸易,鼓励中国海商出海贸易。元朝灭宋后,继续开放海洋。从 11 世纪到 14 世纪初的三百多年间,中国头枕东南,面向海洋,既是陆地国家,又是海洋国家。在东亚至西亚以至非洲东海岸之间广阔的海域,形成以中国海商为主导的贸易网络,“中国之往复商贩于殊庭异域者,如东西州焉"。渔民利用航海发现,在黄海、东海、南海开发了渔场和海岛。

这三百多年间,海洋对海岸区域社会发展的影响是显而易见的。第一,经济对海洋的依存度大。如山东密州:"商贾所聚,海舶之利,颛于富家大姓。"浙江杭州:"寄寓人多为江商海贾,穷桅巨舶,安行于烟涛渺莽之中,四方百货,不趾而集"。江苏华亭、海盐等沿海州县:"奸民豪户广收米斛,贩入诸番。每一海舟,所容不下二千斛,或南或北,利获数倍"。泉州:"缠头赤脚半蕃商,大舶高樯多海宝"。海洋航运、商业之外,海洋渔业、海盐业、外向型手工业、商品农业等也得到发展,海水养殖业开始萌芽。第二,形成海洋性的人文气息。广州、泉州等港口城市,容纳、借用异域文化,"肆杂四方之俗"。航海女神妈祖信仰形成,屡受朝廷册封,由"夫人"晋升为"天妃",列入国家祀典,结束中国海洋"未有专神"的局面。后来,由于郑和下西洋、施琅进军台湾等官方海洋活动都得到妈祖庇佑,封号由"天妃"升格为"天后",乃至"天上圣母",妈祖信仰传播到中国人航海所至的南北沿海和海外各国。

2. 郑和下西洋

永乐三年(1405)开始的郑和下西洋,是明成祖朱棣创意和发动的一次大航海活动,也是传统王朝体制下中央政权经略海洋最为开放的一次。明成祖把争取有利于明朝安全的国际环境,树立明朝声威,放在海洋的大格局中去思考,可以说是向海洋发展路向倾斜的选择。其所集结的船只和人员之多,航行范围之广,持续时间之长,证明中国是当时世界最大的海上力量。然而这种选择,是否像美国学者李露晔在《当中国称霸海上》一书中所说:"在欧洲大冒险、大扩张时代来临之前的一百年,中国有机会成为世界的殖民强权?"

有人喜欢引用郑和的一段名言:"欲国家富强,不可置海洋于不顾。财富取之海洋,危险亦来自海上……一旦他国之君夺得南洋,华夏危矣。我国船队战无不胜,可用之扩大经商,制服异域,使其不敢觊觎南洋也。"并据此颂扬"郑和有关海权方面的论述,要比世界著名海权论者美国的马汉早近500年"。

郑和这段话出自法国学者朗索瓦·德勃雷《海外华人》一书,指出郑和是向仁宗朱高炽说的,没有注明出处。但明朝有关记载中,根本就没有这样的谈话,而且从其内容看,也是不真实的。其一,明成祖的海洋眼光,是把朝贡体系从陆地延伸到海外,没有开拓海洋的意识。郑和代表皇帝出使,任务是宣谕诏书,颁赐印绶、冠服、礼物,并接送海上各国君主或使臣进贡,传播"不可欺寡,不可凌弱,庶几共享太平之福"的和平理念,郑和不可能违背圣旨,而有"制服异域"的想法。其二,郑和舰队附搭了贸易,但那是厚往薄来的招徕,注重政治利益,忽视经济利益,舰队后面没有民间海商船队跟随,"扩大经商",反之是在航程中摧毁民间海商和"海外流民"的聚居地。其三,在出使的 28 年中,郑和并没有遇到海上强国的挑战,不可能有"财富取之海洋,危险亦来自海上……一旦他国之君夺得南洋,华夏危矣"的认识。可见,所谓"中国有机会成为世界的殖民强权",只是违背历史可能性的假设,不能成立。说"郑和比马汉早 500 年提出海权论",主观上是弘扬郑和精神,客观上适得其反。

3. 明末的局部海洋开放

郑和下西洋后,明朝从海洋退缩,人们通常以为中国从此放弃海洋发展路向的选择,不知道明代后期还有长达百年的局部海洋开放,这就是隆庆元年(1567)开始实施的以漳州月港(今龙海市海澄镇)为出国口岸的"东西洋贸易制度"。

下西洋废止后海禁的实施,未能阻绝民间海洋贸易,"下海通番"在官府管制不到的港湾暗中滋长。月港因此繁荣,有"小苏杭"之称。葡萄牙人东来,在广东被拒后,转往漳州海面即大厦门湾,在浯屿建立走私基地,与月港贸易,后又到浙江宁波外海,在舟山双屿建立走私基地,勾通倭寇与中国私商贸易,最终在嘉靖年间引发一场震惊朝野的倭乱。倭乱给东南沿海带来大浩劫,也使官员明白:严禁海洋贸易行不通,"弊源如鼠穴,也须留一个;若还都塞了,好处俱穿破"。于是才有了隆庆开海的新政。

隆庆开海,在中国海洋发展史上具有比郑和下西洋更为积极的社会意义。第一,它是在欧洲海洋势力东来和日本海洋势力侵扰下做出的"寓禁于通",把长期挣扎于体制之外的海商社会群体,纳入明朝管理体制之内,以月港为中心的大厦门湾漳州港区享有出国贸易权，"航海商贩，尽由漳泉，止于道府告给引文为据"，从而改善了中国人的海上生存环境。第二，为民间海洋力量参与东亚海域的商业竞争创造了条件。除日本外，商船可直驶其他东西洋地区指定港口。在荷兰海洋势力东来之前，以漳州港区海商为代表的中国海上商业力量，在东西洋主要贸易地建立商业据点和移民社区，掌控着东亚海域的贸易网络，与以澳门为基地的葡萄牙人和以马尼拉为基地的西班牙人展开竞争，并占据优势。特别是月港—马尼拉航线和马尼拉—墨西哥阿卡普鲁可航线的接通，中国商品流入美洲，美洲白银（西班牙银元）流入中国，促进世界市场的形成，也促进中国币制的改革，东南海洋社会的转型。沿海局部地域"华俗变于夷"，视海上贸易为"衣食父母"，"若要富，须往猫里务（在今菲律宾）"的谚语广为流传，《四海指南》《海道针经》之类的书籍不断盗版翻刻，体现海洋意识的高涨。

17世纪上半叶，西方海上霸权荷兰加入东亚海洋竞争，以巴达维亚（今印尼雅加达）为大本营，侵澎湖，占大员（今台南安平），图谋在漳州港区与中国直接贸易，挑战中国东西洋贸易制度。中国民间海洋力量出现大分化、大改组。合法海商处境艰难，武装商人集团崛起。最著名的是郑芝龙，他最终统一海上，成为荷兰最可怕的对手。

郑芝龙，在旧史家笔下是个冲动鲁莽、不知礼教的大海盗。其实，他原本是个知识青年，儒学功底不错，因生计无路到澳门投靠母舅，押货到马尼拉、日本经商，学会西方海洋通行语言——葡萄牙语，加入天主教。不久移居日本平户，成为著名海商李旦的伙计，娶华裔日本人为妻。他常和到平户的荷兰人打交道，被李旦推荐到澎湖和台湾，当过荷兰人的通事（翻译）。李旦死后，郑芝龙侵吞他的财产，跑到台湾自立门户，并从那里发迹。可以说是个兼通多国语言、具有海洋商业经验和国际视野的人才。

天启六年（1626）起，官方纷纷报告他劫掠闽广沿海，"假仁假义，所到地方，但令报水，而未尝杀人"。天启七年（1627），郑芝龙在诏安湾击败荷兰船队，乘胜长驱，控制厦门。他的船队有数万人，"其船器则皆制自外番，艨艟高大坚致，入水不没，遇礁不破；器械犀利，铳炮一发，数十里当之立碎"。当时的福建官府失去控制海上的能力，决定招抚郑芝龙。

崇祯元年(1628),郑芝龙受抚,以"抚夷守备"立功自赎。他先后消灭海盗李魁奇、钟斌,崇祯五年(1632)实授游击。崇祯六年(1633),在金门海战中击败荷兰殖民者的舰队,崇祯八年(1635)灭海盗刘香,为明朝平定了海乱。崇祯九年(1636)升副总兵,崇祯十三年(1640)署漳潮总兵,崇祯十六年(1643)升福建总兵。

郑芝龙受抚时,因漳州洋税不足供本省军饷,福建当局允许他继续海上贸易,以筹措募兵、雇船、行粮、食米、铳器、月饷、安家等费。这就在事实上,认可郑芝龙兼有官商的合法身份。他自筑城于安平,开通海道,派出船商往东西洋贸易。他的继母黄氏(荷兰人称为郑妈)、幼弟芝豹负责日常经营。他以海防官名义发放符令、令旗(征税后发放的船籍证明和出口证明),控制制海权,"独有南海之利,商舶出入诸国者,得芝龙符令乃行"。"通贩洋货,内客夷商皆用飞黄(芝龙)旗号,无儆无虞,如行运河。"

这时,明廷并没有解除对日禁运,但在郑芝龙的操作下,开通了厦门、安海到长崎的直接贸易,对日贸易进入半合法状态,扩展并取代马尼拉在东洋贸易的龙头地位。荷兰人报告称:崇祯十六年(1643),郑芝龙输往日本的货量值为8500贯(日本银币单位),为同年中国船输日总货量值10625贯的80%。比荷兰输日丝货多出两倍多,挤压了荷兰利用台湾转输中国丝货到日本的市场份额。

明末局部海洋开放的客观贡献,就是催生了海洋军事力量和海洋经济力量相结合的中国海权。郑芝龙是中国海权的代表和实践者。他自称:"臣取之海,无海则无家。"在东亚海洋竞争中,他"像一个在世界经济中的国家那样是一个经营者",但他与荷兰海洋霸权主义者不同,动用海洋军事力量保护海洋经济利益,却没有殖民扩张的行为。

4. 郑成功收复台湾

郑成功打败西方海上霸主荷兰,收复台湾,是17世纪海权竞逐的重大事件。郑成功崛起,是明清鼎革之际的一个偶然事件。如果清朝无力统一全国,南明继续维持它对江南的统治,郑成功不会离大陆而远走海上。同样,如果没有郑成功的海上抗争,清朝就会消灭南明、统一大陆,也很难想象清朝会把驱荷复台摆上日程。但从明末海洋开放的历史走向看,隆庆开海把鸡笼（基隆）、淡水（今属台北）列入东西洋贸易地点，提升了台湾在海洋贸易网络的地位，促进了闽南沿海渔商的入台开发。在荷兰人侵占大员后，闽南社会发展向台湾延伸的大趋势没有改变，因此又具有必然性。正如郑成功登陆台湾后写信给荷兰殖民头目揆一所说："事实证明隔海两边地区之居民皆系中国人，其处田产自古以来即为彼等所有并垦殖……你应该知道，继续占领他人之土地是不正当的。"

郑成功在厦门建立抗清政权，继承其父郑芝龙的海权力量，"通洋裕国"，平均每年投入 40—50 艘商船，用于对日本、东南亚（今越南、柬埔寨、泰国、马来西亚、印度尼西亚诸地）贸易或从事中国——东南亚——日本三角贸易。海外贸易总额年均 424 万两，获利年均 250 万两，约占政权总支出的 62%强，很明显是一个海洋性的政权。但必须看到，这种以政权形式发号施令的海上权力，已不是郑芝龙时代海防体制代行的公权力，而是明朝中央政权剩余力量赋予的公权力。正如一位外国学者所说："这是中国大陆实体完全转向从事海洋贸易的唯一例证。"

郑成功在中国海权的实践也比郑芝龙进了一步。他用索赔、断航、签订贸易协议等经济制裁和商业谈判的手段解决贸易纠纷，抗议西、荷殖民当局对中国商船和侨民的敲诈勒索，用武装保护海上安全和商业利益，用近代条约的形式结束荷兰殖民统治收回台湾，明显地和海洋世界规则接轨，体现中国传统海洋文化向近代转型。收复台湾的壮举，正如张学良所说："确保台湾入版图"，对中华民族发展海权具有长远和深刻的意义。后人评价历史上的海上英雄，往往把郑和与郑成功并称，"彼二郑者，固中国之一奇也"。其实，从发展中国海权上看，郑成功的历史地位远远高于郑和。

5. 清前期的下南洋与过台湾

清朝统一台湾后，重新开海。到乾隆二十二年（1757）实行广州一口通商制度，直到鸦片战争轰开中国大门，只允许外国商人到中国广州口岸与十三行商交易，不准中国私商与外国人接触，更不准出海贸易，为此做出严格的限制和管理。这就是通常所说的闭关政策。与明末的局部海洋开放相比，这是历史的倒退。海洋区域的海洋发展受到压制，也激起更多人铤而走险。清前期的下南洋与过台湾,是一场悲壮、惨烈的民间海洋移民活动。

海洋移民包括从沿海到海岛的国内移民和从中国到外国的国际移民。这两种移民形式很早就存在了,成为移民潮当在明中叶以后,清前期更是一波高过一波。海洋移民主要来自闽粤两省,移民的主要流向是南洋和台湾。据研究,到鸦片战争前夕,中国海外移民的总数约在 100 万至 150 万之间,而台湾的汉族人口从康熙二十四年(1685)到嘉庆十六年(1811)大约增加 180 万,大部分是移民。南洋中国海洋移民社会(华侨社会)和台湾汉人社会,都是中国向海洋发展的历史结果。

清朝禁止人民出国,移民海外属于偷渡行为。台湾虽属福建省,但清廷对内地人民赴台有种种限制,大多数移民只好通过偷渡。因此,海洋移民活动是民间自发的人口流动,不是官方组织的殖民扩张。下南洋和过台湾是中国人从海岸带移向岛屿和异域,开发利用海洋资源和海洋空间的延伸性、发展性行为。

下南洋与过台湾,两种流向对中国社会发展都产生了影响。下南洋巩固和发展了明代形成的海洋移民散居网络,为中国私人海洋贸易提供支持,这是东南亚沦为西方的殖民地后,中国民间海商依然充满活力的重要原因。海洋移民社会的发展,调适了中国传统文化和西方文化,有新的创造,其中一部分反馈到中国,给闽粤沿海社会注入海洋新风。过台湾巩固和发展了汉族开拓的成果,使台湾社会经济大幅度提升,同时加强了大陆与台湾的联系纽带。

6. 近代海洋观的觉醒

从鸦片战争开始,西方资本主义列强从海上打开中国大门,激起中国从西方寻找真理。

早在鸦片战争前夕,林则徐为了探求外情,组织摘译澳门出版的英文报纸,辑成《澳门新闻纸》,送同僚(少数呈送道光帝)参考,被誉为中国第一种《参考消息》。他又摘译西书《世界地理大全》为《四洲志》,《国际法》为《各国律例》,具有初步的海洋视野。鸦片战争中,他被诬陷革职,仍关心国事,从战败的现实认识到清军专于陆守的失误,提出造船制炮练水军与敌海战的主张:"有船有炮,水军主之,往来海中,追奔逐北,彼所能往者,我亦能往"。这是建立近代海军的最初呼吁。受林则徐嘱托，魏源在《四洲志》基础上编撰《海国图志》，提出"师夷长技以制夷"，学习西方的长处："一战舰，二火器，三养兵练兵之法"，"使中国水师可以驶楼船于海外，可以战洋夷于海中"。体现朦胧、朴素的海权意识。

第二次鸦片战争之后，"借法自强"的洋务运动兴起。洋务派虽转向购造船炮以加强海防，然而是在没有海权理论为指导的情况下进行的，还没有将海洋视为国土，其海防主要限于陆岸防守，没有实行海上交通控制的意识。特别是在西方列强环伺、海权丧失的背景下，重返海洋的努力不可能取得成功。甲午海战争失败，重返海洋遭到重大的挫折。李鸿章晚年曾感叹说："我办了一辈子的事，练兵也，海军也，都是纸糊的老虎！"

20世纪初年，我国知识界开始介绍马汉的"海权论"并掀起了有关海权问题的讨论热潮，反映了我国近代海权意识的群体性觉醒，体现了我国国防观的近代转型。人们通常认为我国读者最初是通过日本人的译著获知马汉著作的，其实严复才是最早接触马汉海权论的人。他在《法意》按语中就明确说："往读美人马翰［即马汉］所著海权论诸书"。他虽然没有直接将马汉的海权论著作译成中文本，但他通过翻译《原富》《法意》以及加按语方式介绍马汉的"海权论"。百日维新时，严复写了《拟上皇帝书》，准备建议光绪帝出国考察英、俄海权，但由于政变发生，没送到光绪帝手中。1908年（光绪三十四年）他在《代北洋大臣杨拟筹办海军奏稿》中，批评当时流行的"弃海从陆之谈"，主张在日本海、渤海、黄海、东海与南中国海海域缔造制海权，要缔造海权就要复兴海军，实行海上交通控制，拒敌于海洋国土之外。严复应是在中国首倡近代海权第一人。

标志近代海洋意识觉醒的代表人物是"伤心问东亚海权"的孙中山。第一次世界大战结束后，孙中山敏锐地察觉到："何谓太平洋问题？即世界海权问题也"，"盖太平洋之中心，即中国也。争太平洋之海权，即争中国之门户权耳"。争中国之门户权，要有强大的海军。1912年创立民国，海军部是临时政府九部之一。孙中山还进一步阐述了建立海军的意义："海军实为富强之基，彼美英人常谓，制海者，可制世界贸易；制世界贸易，可制世界富源；制世界富源者，可制世界，即此故也。"在社会发展路向上，他选择海洋优先,在《实业计划》中,他主张"必先求水运便利",强调港口为"实业计划之策源地"。

严复、孙中山的海洋意识觉醒体现了近代色彩,受马汉海权论的影响而转向海洋。但当时的内外环境的不允许,意识到了也难有作为。直到1978年,邓小平同志提出改革开放,历史才发生根本性的转折。

三、第三个问题:如何以史为鉴,推动中国海洋发展。

当前,中国海洋发展面临的机遇和挑战,比任何历史时期更严峻、更复杂,吸收历史智慧,牢记失败的历史教训,尤为重要。海洋发展是一个具有全局性、前瞻性、战略性的理论问题和实践问题。在我看来,有以下几个重要课题。

第一,陆海平衡发展问题。历史上陆海失衡的发展路向,使我国几次丧失发展机遇期,教训十分深刻。近代海洋意识的觉醒,局限于少数先进分子,对社会心理的触动不大,至今重陆轻海的观念仍严重束缚人们的思想。历史上对海洋产业实行陆地化管理模式,也沿袭下来。目前沿海地区的经济社会发展规划,似乎仍以陆地发展为中心,如沿海地区大城市集群战略,从海洋角度考虑较少。海洋发展规划从属于陆地发展规划,似乎本身也存在陆地思维,如解决渔业、渔民、渔村问题,等同于解决农业、农民、农村问题,解决海岛开发建设的滞后,采取造桥、修海底隧道等使海岛陆地化的办法。这就要求在建设和谐社会的过程,不断创新,妥善处理好陆地发展与海洋发展的平衡。

第二,发展中国海权问题。海权的含义主要指海洋军事力量。许多人担心发展中国海权会对和平崛起产生消极影响。实际上,中国海权的发展并不构成阻碍和平发展的结构性因素。反之,不发展中国海权,不仅会使海洋主权和利益受损,也危及经济、能源、国土的安全,最终损害作为海洋国家的核心利益。中国历史上的海防,大多是守土防御型的,阻挡不了海上的入侵。唯一的特例是郑芝龙、郑成功父子经略海洋,把海洋军事力量和海洋经济力量结合起来,形成制海权,为保护出海通道,大败荷兰舰队,为收回故土,把荷兰逐出台湾。这种不以对外扩张为目的,近海积极防御、适度反击,服务于发展海洋贸易的作为，是中国海洋发展自发产生的海权。构建当代海权发展战略，可以从中吸取历史智慧。

第三，发挥海洋贸易主导作用问题。中国历史上海洋经济发展的主角是海洋贸易，海洋航运业和海洋商业基本上是合一的。航运业与海商业分离以后，两者相互依赖的关系没有改变。西方所指海洋时代，实质上就是海洋贸易时代。现代我国海洋经济处于转型期，海洋贸易的主导作用仍不容忽视。海洋贸易与海洋产业结合，才能科学地体现海洋经济综合实力。在海岸带和海洋综合管理制度建设中，如何做到有机结合，是今后海洋经济发展的课题。

以史为鉴，与时俱进，使中国海洋发展理论和海洋文化成熟起来，势必推动中国海洋发展，并为世界海洋文明作出贡献。

第二节　中华海洋文化与海峡两岸[*]

我今天讲的题目是"中华海洋文化与海峡两岸"。首先要说一下什么是中华海洋文化。所谓中华海洋文化，就是中华民族在海洋和岛屿、海岸带直接或间接地开发利用海洋资源和空间中所创造的物质文化、制度文化和精神文化。为什么称中华海洋文化而不叫中国海洋文化呢？是为了避开概念上和学术上不必要的困扰。中国的疆域经历了从中原向边疆扩展的过程，今天中国的领土范围是清朝奠定的。中国传统文化，一般理解是以儒家思想为核心的，"以农为本"的中原文化。最早从事海洋活动的沿海地区，是海洋民族的天地，属于"东夷""南蛮"的系统，原来不受中原王朝的管辖。海洋民族如"东夷""百越"，由于海洋活动的流动性，文化创造是跨海域的，对周边乃至南岛民族的影响很大，不能以国界为限。后来"东夷""百越"融合到中华民族之中，他们创造的海洋文化，理所当然地属于中华民族文化。传统海洋文化是南移东迁的汉族与当地海洋民

---

* 本节为 2008 年 11 月 8 日在厦门海洋周海峡两岸海洋文化论坛的演讲。

族融合后,走向海洋,在与外国海洋文化的接触、交流中的再创造。所以我用中华海洋文化来称呼,似乎比较符合历史的实际。中华海洋文化,在历史上,它是中华民族文化"多元一体"中的一元,为中国形成多民族统一的国家作出了贡献。作为海洋世界的一部分,它自成一个系统,连接东亚与西亚海域,为近代世界体系的形成创造了历史性前提。所以,中华传统海洋文化,是我国宝贵的文化遗产。

陆地发展与海洋发展都是人类开拓生存空间和资源的行为,两者的互动,就是各民族参与世界发展的进程。海洋文化是世界性的文化现象。人类以自然海洋为基点的行为模式、生产生活方式及交往方式,发源于各民族最初的海洋活动实践,形成和发展于不同的海洋区域。欧洲的地中海、北大西洋沿岸,亚洲的太平洋、印度洋沿岸,南太平洋群岛,美洲的加勒比海沿岸,都产生海洋文化。海洋捕捞、航运、贸易和近岸海产品加工与运销等经济活动,出海建立联系、海战与海盗、海洋移民等社会活动,普遍存在于濒海的地区和民族。传统海洋时代,是区域海洋时代,各民族的海洋文化具有不同的发展模式,各专其美。环中国海是"亚洲地中海",中华传统海洋渔业文化、航海文化、商业文化,曾经走在世界的前列,并以和平的方式与西太平洋、印度洋的亚非各国交流互补。大家都知道的"海上丝绸之路"、郑和七下西洋,就是其中最炫目的光辉篇章。

海洋文化对世界发展的进程产生巨大的影响,当属15世纪末开始的"大航海时代"。自由流动、冒险开拓、进取开放的航海文化与欧洲扩张、征服的野心相结合,实现了新商业航路和海外殖民地的开辟,海洋商业成为连接各大洲的媒介,改变了人类的整体意识,促进世界历史从传统到现代的转型,从农业社会走向工业社会。近代西方大国崛起,都走争夺海上霸权,以海兴国、以海富国、以海强国的道路。以海洋商业能力和军事能力为依托的欧洲资本主义海洋文化,席卷全球,主导了海洋世界。其他民族的海洋文化被剥夺了话语权,成为西方的附庸。海洋的"全球化",演出了海洋帝国的兴衰与交替。在世界历史的这一重要转折关头,中国明清王朝从海上退缩,厉行海禁,把全世界海洋留给了西方的探险事业,也给自己带来百年浩劫,落后挨打。海洋国家地位的丧失,使中华海洋文化蒙羞,造成民众重陆轻海的社会心理，以致被外界视为没有海洋文化，停滞在古代农业文化，愚昧守旧的大陆国家！走向海洋与忽视海洋的选择，关乎国民经济和社会文明的大局，这是我们的先辈们付出沉重的历史代价换取的认识。

海洋文化与大陆文化本来不是对立的。海洋文化与大陆文化都经历从低级形态向高级形态发展的过程。制造海洋与大陆二元对立，宣扬海洋代表开放、进取、自由，大陆代表封闭、保守、专制，是西方海洋霸权的话语。我们今天弘扬海洋文化，不是要否定大陆文化，取而代之，而是强调陆海互补，共同发展。

当代，以缔结《联合国海洋法公约》为标志，世界进入全面开发利用海洋的"立体海洋时代"。21世纪被联合国称为"海洋世纪"。向深海、海底进军的现代海洋资源开发，发展了人类第二生存发展空间的文化概念。作为第一生产力的海洋科技的进步，改变了海洋经济社会的生存、生活基础，从根本上影响了海洋文化。海洋价值观从最初的海面经济价值、交通价值，扩展到今天立体的空间价值、资源价值、安全价值、消费价值、生态价值、审美价值，上升为陆海协调的生态文明。海洋意识从单向的向海洋索取，转为开发、养护、环保并重，人海和谐、科学发展。海洋精神中的控制、掠夺性减弱，代之以沟通、包容，共同参与世界发展。观念的创新，引起人们反思和纠正近代西方主导的海洋文化的缺陷和弊端，从本民族传统海洋文化中汲取有利于现代化的因素，寻找符合本国国情的海洋发展道路，为建构海洋世界公平、公正的政治、经济、文化新秩序而努力。中华海洋文化重新崛起，成为改革开放的发动机，引起世人的普遍关注和重新评价。那种认为中国只有黄土地文化、农牧文化，没有蓝色文化、海洋文化的言论，已经没有多大的市场；那种认为中国从来都不是海洋国家，只是大陆国家的言论，也成了非主流；"中国是一个大陆国家，也是一个海洋国家"，得到越来越多人的认同。北京奥运会开幕式上，表演了中华民族跨海远航的壮举，展示了中华海洋文化的博大精深，吸引了全球的眼光。这是中华民族海洋意识提高的证明。

当代中国还是一个发展中的海洋大国，也是传统与现代海洋文化并存的海洋大国。海洋文化建设，就是要继承中华海洋文化的优良传统，把历史上那些充满智慧的思想理论、行为规则、道德规范、风俗习惯提炼出来,弘扬光大,同时吸收国外海洋文化的成功经验,与现实海洋实践中的精神文化成果相结合,构筑有鲜明民族性又有世界先进性的海洋文化体系,为建设海洋强国的奋斗目标提供精神动力和智力支持。发挥凝聚人心的功能,推动海洋事业和社会的发展。发展海洋文化,改变中华海洋文化停滞在民间文化、地方文化层次的现状,提升为国家文化,更好地满足人们的精神需求,丰富人们的精神世界,增强人们的精神力量,促进人的全面发展。海洋文化的建设,任重而道远。

中国海洋发展的区位在东部沿海地带,海洋发展的实力集中在"两湾"(环北部湾、环渤海湾)、"两角"(珠江三角洲、长江三角洲)、"两岸"(台湾海峡两岸)。台湾海峡是东海的一部分,古称闽海。地处环中国海的中部,是中国乃至东亚地区的海上生命线。由两岸组合的经济区域,是历史形成的,中经几次分离,几次重合,仍然充满生机,成为未来中国海洋发展的关键地区。弘扬两岸海洋文化,促进两岸在海洋文化上的交流和合作,共同发展海洋经济,既为两岸人民造福,也为中华海洋文化建设做出贡献,具有重要的意义。

从陆地看福建,人们大多不看好这块区域,三面高山峻岭包围,没有什么发展前途。"上有浦东,下有广东",被珠三角、长三角挤压,难成气候。从海洋看福建,天地广阔,台湾和南洋都是我们的"腹地"。福建的海洋文化是在这种环境中发展出来的。当你到台湾或国外,特别是马尼拉、新加坡、槟榔屿,走在台湾人、南洋华人华侨当中,便会体认到福建海洋文化的延伸和扩展,具有多么大的亲和力。而福建与台湾更有血肉相连的关系。

台湾的开发,是闽南经济区和海洋文化的延伸与扩展。五代,"闽国"航海家和海商开辟通往菲律宾的"东洋航路",以虎仔山(今台湾高雄)和沙马岐头(今台湾屏东恒春的猫鼻头)为起点。南宋、元代,泉州是"海上丝绸之路"在亚洲东海域的主枢纽港,澎湖列岛作为渔人、船商的补给地,成为泉州的外府,隶属于晋江县。明初,鸡笼山(今台湾基隆和平岛)、钓鱼岛等是中国通琉球的望山,为福建航海家发现和命名。

明中叶,闽南海商开辟月港(今龙海市海澄)——东南亚——台湾——日本的东西洋贸易网络,视台湾为"小东洋",渔商往返频仍。1567年月港开放,北台湾的淡水、基隆是福建官府指定的贸易港口。1624年"海上马车夫"荷兰窃据台湾,进行殖民统治,依靠闽南海商开展两岸贸易,转运中国丝货,闽南移民垦殖,提供米糖,维持从巴达维亚(雅加达)到日本长崎的商路。最迟从郑成功算起,台湾"复制"闽南社会,两岸形成海洋经济文化区和"命运共同体"。

清代,台湾海峡是福建的内海。福建古称"八闽",台湾成为福建一府后,"益一而九",号称"九闽"。两岸多口对渡,直航"三通",连成一体,"台之于闽,如唇之护其齿,如手足之捍卫其头目"。台湾与厦门在清初有43年同属一个行政单位(台厦道),密不可分,厦即台,台即厦,犹如鸟之两翼。西岸提供人力、资金、市场,带动了东岸新开发区的经济起飞。两岸合作对外,发展了传统的海洋贸易网络,海洋特色更加显明。

海峡两岸连成一体,是以海洋文化为先导的。海浪滔天的威胁,跨越黑水沟的壮烈,不能阻挡渡台先民们的前仆后继,反而进一步凝聚了开放、进取的海洋精神。海峡两岸连成一体,也因此成为中国历史上海洋发展最突出的成就。

台湾割让,福建被日本砍去一臂,两岸分离五十年。台湾光复后不久,两岸又一次人为阻隔,东岸与西岸分途发展。但风云变幻,却没有改变两岸海洋文化的底色,两岸文化在不同情境下的发展具有不同的差异和特色,却割不断通用闽南、客家方言,共奉妈祖信仰的联系纽带。这是当代两岸文化认同的基础,具有很强的生命力和影响力。"两门对开","两马先行",两岸海洋文化的对接,必将为未来台湾海峡经济区的重构,写下浓重的一笔。

两岸海洋文化是中华海洋文化的组成部分,也是世界海洋文化的一部分。在今天的海峡两岸海洋文化论坛上,各位嘉宾将从世界海洋文化的视野,或从中国、福建、台湾的角度,发表精彩的讲演,启示我们思考和学习,加深认识海洋文化,热爱海洋文化,实践海洋文化。我的讲话只是一段引言,不当之处,敬请批评指教。感谢大家!

第三节　海洋丝绸之路与海洋文化研究[*]

海洋丝绸之路与海洋文化研究,既是历史的课题,又是现实的课题。

作为历史的课题,这项研究已成为历史学的一个专门的学术领域,在中国学界,历经百年的努力,从南海交通、中西交通史、中国海外交通史,到中外关系史、中国海洋社会经济史、中国海洋文明史,研究的视野、对象和内涵不断拓展深入,而且成为多学科交叉、渗透的热点领域之一,学术影响力日益扩大。如今国际上大体有个共识,海洋丝绸之路或称海上丝绸之路,就是东西方之间通过海洋融合、交流和对话之路,在古代是以海洋中国、海洋东南亚、海洋印度、海洋伊斯兰等海洋亚洲国家和地区的互通、互补、和谐、共赢的海洋经济文化交流体系的概念。可以这样说,"海上丝绸之路"是早于西方资本主义世界体系出现的海洋世界体系。这个世界体系以海洋亚洲各地的海港为节点,自由航海贸易为支柱,经济与文化交往为主流,包容了各地形态各异的海洋文化,形成和平、和谐的海洋秩序。研究"海上丝绸之路"的发生、发展、变迁,实际上也是寻找海洋亚洲海洋文化历史性实证的过程,深化海洋文化和海洋文明研究的过程。

海洋丝绸之路与海洋文化研究又是现实提出的课题。21 世纪是海洋世纪,从韩国到中东的西太平洋沿岸和印度洋沿岸国家,纷纷提出海洋发展战略,中国自中共十八大提出建设海洋强国的重大部署后,经略海洋也进入了新阶段。2013 年 10 月,习近平在印尼国会演讲中提出建设 21 世纪海上丝绸之路的战略构想,2014 年 6 月,李克强在希腊中希海洋合作论坛上提出:"我们愿同世界各国一道,通过发展海洋事业带动经济发展、深化国际

---

[*] 本节为 2014 年 9 月 22 日在"海洋丝绸之路与海港都市"广州学术会议(韩国庆尚北道、韩国海洋大学主办)与 9 月 25 日在中山市"海上丝绸之路与明清时期广东海洋经济"学术研讨会(中国经济史学会、广东省社会科学界联合会等主办)上的主题演讲。载《学术研究》2015 年第 2 期,又载《海洋史研究》第六辑,社会科学文献出版社 2015 年 3 月版。

合作、促进世界和平,努力建设一个和平、合作、和谐的海洋。"也就是说,在经济上共同建设海上通道,维护航行自由,发展海洋经济,利用海洋资源,探索海洋奥秘;在文化上推进不同文明的交流对话、和平共处、和谐共生。中国国内海上丝绸之路沿线省、市、区和涉海部门、行业,抓住机遇,积极行动起来,结合落实海洋经济试验区、自由贸易区建设,就发展海洋经济,如港口开发、海洋运输、海洋贸易、海洋捕捞、海洋环保、海洋文化产业、海洋管理、海洋安全等,提出新举措,推出新项目,编制海上丝绸之路产业规划,加大招商引资力度,深化中外合作,寻找发展的新坐标。这一宏大的伟大实践,如何走向光辉的愿景,需要海上丝绸之路历史的借鉴和海洋文化的理论支撑。同时,中国建设21世纪海上丝绸之路的蓝图举世瞩目,海上丝绸之路沿线国家热烈响应者有之,犹豫观望者亦有之,正如马来西亚谚语所云:"风向变的时候,有的人筑墙,有的人造风车",对中国的意图有多种解释,有的认为这是为应对美国"亚太再平衡",避免被围堵的防御措施,有的认为是重建明代的朝贡体系,寻求18世纪以前的主导地位,追求海上霸权,等等,不一而足。对此,中国的解释还不够到位。有评论说,这是由于中国人对海洋理解不够透彻,不善于说海洋的故事,缺乏文化的影响力。这就为21世纪东方和中国海洋文化的建设提出更高的要求。海上丝绸之路和海洋文化研究再次成为学术界的热点,是时代的需求、社会的需求。

海上丝绸之路和海洋文化研究的核心价值,是论证、阐释、弘扬东方(西太平洋和印度洋沿岸,即今天的韩国到中东之间的沿海地带和海域)的海洋文明、海洋文化,改变东方有航海活动没有海洋文明、海洋文化的旧思想观念。这种旧思想观念是15世纪末开启大航海时代欧洲向东方扩张的产物,那时的西方不知海洋亚洲和海上丝绸之路的存在,把海洋东南亚叫作"前印度",称海洋东亚为"东印度",是他们探险要发现的新大陆。实际上,他们闯入海洋亚洲以后,搭上了海上丝绸之路的顺风车,那时海洋伊斯兰、海洋印度、海洋东南亚式微,海洋中国因明朝实施海禁从印度洋、东南亚退缩,欧洲海洋势力得以轻易地填补海洋权力的真空,用暴力掠夺、征服和殖民的手段,在亚洲海洋上兴风作浪,冲击海洋亚洲世界体系,到19世纪中叶通过发动鸦片战争等暴力手段把亚洲海洋编入西方体制之下,成为西方海洋强国争夺海洋霸权的战场。在掠夺、殖民的扩张过程中,他们编造的海洋文明、海洋文化等同于西方资本主义,是高于大陆文明、农牧文化的先进文明、先进文化的论述,得到广泛的传播,掌控和支配了海洋的国际话语权。日本明治维新,以"脱亚入欧"的形式复制西方资本主义的海洋文明,重新塑造日本的海洋文化,走上海洋帝国主义之路。沿袭西方扩张型海洋文明大陆—海洋二元对立的海洋观,现代日本提出建设"海洋国家日本"的构想,在环中国海第一岛链建设"自由与繁荣之弧",在西太平洋建立"海洋联邦""黑潮同盟"等主张。

现代海洋亚洲的兴起,从韩国、中国台湾、中国香港、新加坡"四小龙",到中国内地、印度、东盟,迎来了亚洲海洋文明复兴的光辉前景。海洋文化的概念从西方发达海洋国家的定义中解放出来,成为新兴海洋国家创新的理念。海洋文化不再只是资本主义的专利,而是所有濒海国家、岛屿国家开发利用海洋进程中产生的文化事象,即人在海洋区域的生活模式,涵盖物质、制度、精神各个层面,从海上和陆地面向海洋的生产、生活的物质创造,到海洋活动群体、民间社会和国家不同主体经略、管理、控制海洋的组织制度、社会秩序,海洋观念、海洋意识、海洋民俗、海洋宗教信仰、海洋文学艺术,无所不包。有海洋交流活动就有海洋文化,海洋文化具有多样性,不存在统一的国际标准。不同民族、不同海域的海洋文化都有自己的特色,有处于不同发展阶段的差别,没有高低优劣之分。新兴海洋国家的出现,固然有国际环境、时代发展潮流或外来海洋文化的推动,但也不乏本身内生动力,包括海洋资源、海洋空间条件、社会经济发展的需要,以及海洋人文历史传承的潜力。

有魅力才有影响力,从这样的高度反思中国对海上丝绸之路和海洋文化研究的现状,我认为还是有一些必要进行反省和改进的地方。现时中国学术界虽然没有反对建设海洋文化的意见,但在文化意识上,还是有分歧的,值得讨论。

第一,对建设海洋文化的历史基础认识不同。海洋对中国发展的重要性,越来越多的人看到了。但遗憾的是,大多数的人,包括学术精英和舆论精英,仍旧抱着中华文明是内陆文明的传统观念,认为当今中国向海洋发展是中华文明从陆地走向海洋,传统内陆文明转向海洋文明。如说:走向海洋,中华文明是后来者。中华传统文明中的海洋基因,只是狭义的"海"的基因,靠海吃海,"洋"的东西是我们没有的,即使有也是不够的。21世纪中国的文明转型,要从传统内陆文明转向海洋文明,或者说,要实现从"大河文明"向"海河文明"再向"海洋文明"的有序过渡。这样的论述,有个共同点,有意无意地绕过中国自己的海洋文明史的问题,没有中华海洋文明的自信,深层次的原因是重陆轻海的社会心理没有根本性的改变。

自信来自历史的深处。海洋史研究告诉我们,中华民族拥有源远流长、辉煌灿烂的海洋文化和勇于探索、崇尚和谐的海洋精神。中华海洋文明是中华原生文明的一支,与中华农业文明的发生几乎同时。在汉武帝平定南越以前,东夷、百越海洋族群创造的海洋文明是一个独立的系统。有学者指出,中国历史文献中的百越族群,与人类学研究的南岛语族,属于同一个范畴,两者存在亲缘的关系。百越族群逐岛漂流航行活动的范围,从东海、南海穿越过第一岛链,到波利尼西亚等南太洋诸岛,是大航海时代以前人类最大规模的海上移民。东夷、百越被纳入华夏文明(即内陆文明、农业文明、大河文明)为主导的王朝统治体系以后,海洋文明被进入沿海地区的汉族移民所承继、涵化,和汉化的百越后裔一道,铸造了中华文明的海洋特性,拉开了海上丝绸之路的帷幕。晚唐陆地丝绸之路受阻后,中外交通、交流的通道转向海洋的说法,被证明是不准确的说法。以后的世代,在内陆强势文明的屏蔽下,海洋文明处于附属乃至边缘的地位,在特定的环境条件下才进入中国历史舞台的中心,展示其魅力和潜力,但我们不能因此而得出中华海洋文明被内陆文明同化,或者海洋文明不适合中国国情的结论。

第二,对中国海上特性认识不同。海上特性是海洋传统、海洋意识、海洋权力、海洋利益的表现。有这样一些流行的说法:大海,在中国没有主体,中国人惯于枕着海涛来做田园之梦;古代航海的中国人,绝对不是靠海吃饭的中国人;郑和下西洋只是黄河文明的海上漂移;等等。也就是说,中国的海上特性是内陆文明向海洋的延伸。这是从中华文明是内陆文明推导出来的,缺乏可信度,但却很少有人站出来质疑和论驳。

其实,中国的海上特性是由"中国是一个大陆国家,也是一个海洋国家"所决定的,是海陆一体架构下的海洋性。大陆中国与海洋中国不是对立的关系。我曾经说过,从国家的角度看历史,宋元明清,王朝统治者几次把经略海洋作为国策,但最终又放弃了,中国作为大陆国家是常态,而作为海洋国家只是"片断"。在王朝大陆性压倒海洋性的时期,其政策是从海洋退缩,与海洋国家一讲海利二讲海权的文化意识背道而驰。而从区域的角度看历史,体现中国作为海洋国家的一面是连续的。海洋给沿海地方带来商贸利益,聚集庞大的以海为生人口,发达的航运连接繁华的港市,激发航海技术、东西洋贸易制度创新的活力,在海上丝绸之路的贸易网络中,扩展自己的海洋权利和利益,与其他文化交流对话,形成延续两千年的海洋传统。正是由于沿海地方和民间的海洋发展具有连续性,才使当代中国具有重新选择海洋发展路向的可能性。

在近年的走向海洋实践中,海洋文化新理念的孕育,带来实践上职能的变化,海洋事业蒸蒸日上。然而,用陆地发展的模式加之于海洋,陆主海从,使海洋陆地化的做法,仍大行其道,令人担忧。如有些地方大规模的填海造地,改变了海岸线和海洋生态环境;在海湾、海岛地区修造跨海桥、隧取代海上交通,已使长三角、珠三角的诸多岛屿连为一体,变为半岛。有人热衷于规划金厦大桥,修建跨越台湾海峡的桥、隧,开通北京到台北的高铁,使金门、台湾变成半岛。甚至设想未来以修建隧道的方式穿过太平洋,建设一条横跨白令海峡、长达上万公里的高铁,连接亚美两个大洲。这种走向海洋的陆地思维,是和海上特性相背离的。有人批评这是"高铁乌托邦",不是没有道理的。

第三,对海洋社会的认识不同。所谓海洋社会,亦即在海洋、海岸带、岛屿形成的区域性人群共同体,"指在直接或间接的各种海洋活动中,海上群体、涉海群体人与人之间形成的亲缘关系、地缘关系、业缘关系、阶级关系、民族关系等各种关系的组合,包括海洋社会群体、海洋区域社会、海洋国家等不同层次的社会组织及其互动的结构系统"。传统时代海洋社会的基层就是渔民、疍户、船工、海商、海盗等群体的组织编成。海洋社会是海洋文明发生发展的前提,没有海洋社会的驱动便没有海洋文明。求动(流动、运动、航行)是海洋社会的生活模式,与农业社会的求稳形成显明的对照。在中国传统社会的话语里,海洋社会群体就是被主流社会抛弃的"流民""奸民""海寇",是社会最不安定的人群,给予否定的评价。20世纪80年代拨乱反正,史学界用"商"代替"寇"的提法,为海上走私除罪化,称之为"私人海上贸易"。海寇商人从"犯罪集团"变为"海商集团",给予正面的评价。这是思想观念的解放,推动了海洋经济史研究的开展。但是,因为海洋社会人群的活动先后被王朝所镇压,未能促成中国社会经济的转型,他们为中华文明创造的海洋因素被屏蔽了,学术主流对海洋社会的认同度不到位,沿袭传统观念的提法还有市场,而这很可能会对培育海洋意识造成障碍。

其实,流动、运动、航行是海洋社会的基本特征,用陆地社会即农牧社会的组织原理强加在海上人群头上,实现陆地化的管理,是一种社会不平等与制度歧视。海洋社会在传统中国社会结构中处于边缘和附属,受到主流社会的排斥,海洋人群在日常生活实践与社会互动中,与陆地人群是不平等的,他们没有土地,生活机会进一步受到剥夺,只有脱离王朝的户籍控制才有发展的机会,而这又被视为非法,是破坏社会稳定的因素,加以排斥。培育海洋意识,就要改变以往的思维定式,逐步消除这种制度歧视和文化排斥。

海洋文化是活态的文化,每个文明时代都充满多元力量、多元价值的竞逐,21世纪的亚洲海洋的海洋文化呈现多样化的特征。振兴海上丝绸之路是一种文化的选择,与海洋连邦论竞争,具有现实的意义。在新的海洋时代,实现思维观念、生产方式的改变,赋予海上丝绸之路的新内涵,东方和中国讲海洋故事的能力就能进入新境界,作出新贡献!

第二章　中华海洋文明的时代划分[*]

　　海洋文明的演进即人类拓展海洋生存与发展空间的历史进程,可划为区域海洋时代、全球海洋时代、立体海洋时代。区域海洋时代萌芽于远古,成长在古代,人类生存与发展的空间主要在欧亚大陆,大陆文明占据优势,海洋文明的发展空间是区域性的。全球海洋时代萌芽于古代的大航海,从近代早期"地理大发现"开始到现在,海洋发展推动西欧的工业化和经济全球化,实现社会和文明的转型,海洋文明的发展空间是全球性的。立体海洋时代萌芽于现代海洋开发技术的突破,海洋文明的发展空间拓展为由海洋水体、海洋上空和海底组成的立体空间,被誉为未来人类文明的出路,21世纪是全球海洋时代向立体海洋时代过渡的"海洋世纪"。

　　中国是一个大陆国家,又是一个海洋国家,陆地与海洋的结合具有特殊的历史文化内涵。以往学界对中华海洋文明史以及各种涉海专门史的时代划分问题鲜有讨论,通常采用中国通史体例,以王朝兴替作为划分时期的标志事件和关键年代,没有体现出海洋发展的内在逻辑;从陆地看海洋,把王朝陆地思维制定和实施的"华夷国际秩序""朝贡体系",当成海洋文明史的主要内容和本质,不能彰显中华海洋文明的特性。因此,打破王朝体系,确立海洋文化共同体是中华文明"多元一体"中的一元的地位,站在世界海洋文明历史发展的高度,审视中华海洋文明的历史嬗变,是十分必要的。

　　中华民族的海洋发展符合人类海洋文明发展的大趋势,我把中华海洋文明的演进划为兴起、繁荣、顿挫、复兴四个阶段,兴起期和繁荣期属于区域

---

　　* 本章原载《海洋史研究》第五辑,社会科学文献出版社 2013 年版。

海洋时代,顿挫期和复兴期属于全球海洋时代。

第一节　东夷百越时代:中华海洋文明的兴起

中华海洋文明不是中原农业民族的发明,而是中华民族中最早的海洋活动实践者——环中国海区域的原始部落族群"两栖类式生存"的文化创造。

迄今5000—8000年前,散布在北方沿海地区的东夷族群和南方沿海地区的百越族群,不畏惊涛骇浪,善于用舟,依赖丰富海洋生物资源,形成中华海洋文明的萌芽形式——以鱼贝为主要食物来源的濒海聚落。新石器时代贝丘、沙丘遗址和独木舟、有段石锛、印纹陶、原始刻符文字、干栏式建筑、土墩墓等遗存,是文明之初的印记。

中华海洋文明的形成是原始海洋文化进步的成果。社会力量的产生,玉制礼器的使用,濒海聚落发展为地域性的国家组织,是步入文明社会的标志。

早期中华海洋文明时代,是东夷、百越族群建立的"海洋国家"(方国、王国)为海洋活动行为主体的时代。秦始皇统一中国前,著名的有齐国(前893—前221年,为秦所灭)、燕国(前864—前221年,为秦所灭)、莱国(前567年为齐所灭)、莒国(前431年为楚所灭)、吴国(前585—前472年,为越所灭)、越国(前334年为楚所灭)。到西汉时,在今浙江南部、福建、广东、广西以至越南沿海,仍有百越族群复立的东瓯国(前192年—前138年)、闽越国(前202年—前110年)、东越国(前135—前110年)、南越国(前207年—前111年),海洋性格突出,不受中央王朝的控制。他们和大海发生积极的关系,大海也深层次地影响了他们的文化。周初,齐太公受封于东夷之地,"因其俗,简其礼,通商工之业,便鱼盐之利"。春秋时,齐国称"海王之国","历心于山海而国富",成为霸主。吴国大夫伍子胥称中原各国是"陆人居陆之国",吴、越是"水人居水之国",点出南方与北方的差异,他们所创造的"珠贝、舟楫、文身"等为特征的海洋人文,有别于北方华夏农耕族群所创造的"金玉、车马、衣冠"为特征的大陆人文。

德国哲学家黑格尔(Georg Wilhelm Friedrich Hegel,1770—1831)在《历史哲学》中说:在海岸区域,"大海给我们以茫茫无定、浩浩无际与渺渺无限之观念,而在海之无限里感到他自己的有限的时候,人类就被激起了勇气,要去超越那有限的一切:海邀请人类从事征服,从事海盗式的掠夺,但同时也鼓励人类从事商业与正当的利润。"以海立国的齐、吴、越诸国,都有类似的表现。吴国"不能一日而废舟楫之用",越国"以船为车,以楫为马,往若飘风,去则难从",发展出适应海洋生活的工具和手段,能够随心所欲地凌波往来,无异于踏陆行走,沟通外部联系。"越人之俗,好相攻击",海上征服、掠夺是平常的生存方式。从一片巩固的陆地上,移到一片不稳定的海面上,吴、越和齐国都有强大的船队和海军,三国之间"率用舟师蹈不测之险,攻人不备,入人要害"。公元前485年,吴国派徐承率舟师自海上攻齐,被齐人所败。这是中国文献记录的首次大海战,与公元前480年地中海地区波斯与希腊间的萨拉米海战差不多同时。公元前473年,"勾践伐吴,霸关东,从琅琊起观台……死士八千人,戈船三百艘"。"初徙琅琊,使楼船卒二千八百人,伐松柏以为桴。"越国把国都从浙江会稽迁到这块北方沿海的"殖民地",直到越王翳三十三年(前379),才被迫退出,迁都于吴。秦汉时,百越叛去,"习于水斗"的闽越与东瓯、南越等国之间互相攻伐,海上征战频繁,其剧烈和惨烈的程度,与地中海的海战不相伯仲。

东夷与百越海洋族群善于经商,他们航海而来,把中国所需的海洋产品运到中原,被目为贡献而零星记录下来,南海的龟甲用于占卜,贝壳用为货币,是其显例。殷墟妇好墓出土大量海贝,还有鲸鱼的胛骨。越灭吴后,范蠡装其轻宝珠玉,自与其私徒属乘舟浮海入齐,隐于海畔,终成富甲一方的巨商。而航运到海域周边国家的商品实物遗存,也有陆陆续续的考古发现。走向渤海的探寻,导致仙山神话和燕齐方士文化的盛行。受"海客谈瀛洲"的影响,齐国阴阳家邹衍提出"大九州说",是一种海洋型地球观。

东夷百越是向太平洋传送海洋文明的族群,先民们分别通过早期的漂流和后来的航海活动,逐岛迁徙,将海洋文明扩散到朝鲜半岛、日本、东南亚与南太平洋岛屿,奠定了"亚洲地中海"文化圈和"南岛语族"文化圈的初期格局。

由此可见,东夷百越时代与古希腊海洋文明的起点相同,具有同一文明类型的共性。中国海岸区域是世界海洋文明的发祥地之一。

第二节 传统海洋时代:中华海洋文明的繁荣

东夷百越时代,以齐、越为代表的海洋社会力量,曾经西进北上,与中原各国陆地社会力量激烈竞逐和争霸。秦、汉统一中国,而不是齐、越统一中国,决定了中华海洋文明进入传统海洋时代屈从于大陆文明的生命风格。

汉武帝平南越,标志东夷百越时代的结束,王朝主导的传统海洋时代开始。传统海洋时代从元鼎六年(前111)汉武帝平南越至宣德八年(1433)郑和下西洋结束,历一千五百四十四年,是中华传统海洋文明的上升阶段。以乾符五年(878)黄巢洗劫广州港市事件为标志,前969年是发展期,后575年是繁荣期。

一、大航海的酝酿与传统海洋文明的积累

秦汉王朝建立后,东夷百越地区先后纳入版图,成为中央王朝扩张的海疆。随着沿海王权国家纳入了以农业文明为主体的王朝体系,一波又一波的北方汉人移入南方沿海地区,代表陆地社会力量的农耕文明在陆海文明整合中占据压倒优势,但由于汉唐对外用力的方向在西北,海洋文明在朝廷权力无暇倾力东顾大局的宽容环境下得以承传、积累和发展。海洋族群逐步从土著向汉人转换。移入海岸区域的汉人在与土著海洋族群的冲突与融合过程中,一部分人保持了"封闭型"农耕文化的性格,另一部分人则承继了"开放型"的海洋文化,逐渐形成了新的社会群体(包括汉化越人和越化汉人),在王朝体系下开创了中国传统社会的海洋时代,推动了中华海洋文明的繁荣。在这一转变过程中,海洋活动主体的转变,以及由此引起的众多的政治、经济、文化的海洋性特征,共同推动了中华海洋文明的进步。

以朝廷为行为主体的海洋活动,除帝王巡海外,主要是派遣使节出使。汉武帝时,派使者乘船从徐闻、日南(今越南中圻)经南海、东印度洋到印度半岛南部和斯里兰卡,随行有译长,通晓当地语言,说明汉朝掌控南中国海至东印度洋海上航路的情况和交往规则。汉末至隋统一前,中原板荡,进入乱世,而处于大陆边缘的沿海王国,则加强了海洋的交往。黄武五年(226年),吴国交州刺史吕岱派遣中郎将康泰和宣化从事朱应出使东南半岛诸国,至林邑(今越南中南部)、扶南(辖境约当今柬埔寨以及老挝南部、越南南部和泰国东南部一带)等国。正始元年(240年),魏国派遣使者东渡日本,封倭王。隋统一后沿袭这一传统,大业三年(607年),隋炀帝派遣屯田主事常骏、虞部主事王君政等从南海郡乘船出海,经林邑、狼牙须、鸡笼岛,出使赤土国。朝廷派遣使节的海洋活动,是宣扬国威、德服四方的陆地思维的产物,是陆地朝贡体系的海上延伸。但是,间或有环中国海岛屿的探险活动,如:黄龙二年(230年),孙吴遣将军卫温、诸葛直,率领将士万人渡海,寻找夷州及亶州。大业三年(607年),隋炀帝派朱宽探寻流求。大业六年(610年),又派陈棱、张镇州率兵击流求。说明沿海王国和隋朝已有走向海洋的冲动。

以民间为行为主体的海洋活动,现存中国古代文献记录主要是求法和弘法的佛教僧人,著名的有东晋时法显从印度、斯里兰卡经海路归国;唐代,有义净浮海赴室利佛逝、印度,鉴真跨海东渡日本。他们对亚洲海域的宗教文明的交流做出了巨大的贡献。

使节和僧人海洋活动的载体是从事运输的帆船,而海上运输和海洋商业是一体的。直接从事海洋活动的主要社会群体是船户、水手、海商和渔民,他们才是真正的民间海洋活动的行为主体。正是他们常年在惊涛骇浪中的实践,航海技术在这一时期取得巨大进步,主要表现为造船技术的重大突破和航海知识的日益丰富。水密舱、橹、舵广泛应用,近海与远海的帆船在这一时期逐步定型;观星象导航等航海知识的运用使海上航行从漫无边际到方向明确。朝廷的航海活动虽然没有发展海洋经济的意图,但汉朝使节走的是原南越国与南海诸番国及印度商人共同开发使用的贸易航线,随行"应募者俱入海市明珠、璧琉璃、奇石异物,赍黄金、杂缯而往"。这就刺激了沿海民众追求海利的商业文化意识。徐闻开港，当地的商民"积货物于此，备其所求，与交易有利"。有谚语说："欲拔贫，诣徐闻。"追求海洋利益成为脱贫致富的门路。印度半岛南部、斯里兰卡是东西方贸易的中心，汉朝的海商多到此交易，汉朝商品经此转运到波斯湾、红海等西亚地区。环中国海周边以至印度洋的许多国家渴望得到中国商品和技术，主动前往中国港口贸易，东汉延熹九载（公元166年），罗马帝国遣使绕过印度、斯里兰卡沿此航线来华，使当时世界上的两大帝国——东方的汉朝和西方的罗马帝国开始直接的贸易和文明对话。汉晋间，徐福入海求仙山不老药一去不复返的故事，演变为徐福到日本繁衍生息的"事迹"，引起跨国度的文化感应，在环黄渤海沿岸地区、韩国、日本出现徐福的传说和遗迹。

唐朝崛起，社会经济文化的中心在西北，大陆文明发展到顶峰，对外开放，社会经济文化的影响力遍及东亚、中亚和东南亚大部分地区。周边国家纷纷主动来华朝贡，或派遣留学，出现"万国来朝"的盛况。在东亚海域，唐初征朝鲜半岛，龙朔三年（663年）平百济，于白江口海战大败日军，重建中国为中心的国际秩序，日本主动学习唐朝制度和文化的遣唐使时代走向高潮。在西亚海域，唐初开辟"广州通海夷道"，远洋航线延伸到了波斯湾及非洲东海岸。唐咸亨年间（670—673年），控制马六甲海峡和巽他海峡的东南亚海上帝国室利佛逝，开始遣使朝贡唐朝。天宝九年（750年），阿拉伯阿巴斯王朝（黑衣大食）崛起，阿拉伯商人实现从波斯湾穿越印度洋、南海到中国的直航贸易。唐朝创设市舶使，管理外国商船来华贸易，接纳朝鲜、越南、日本、南海诸国及印度、波斯、阿拉伯的"番商"和航海人员，加入中华海洋贸易网络系统运作，朝廷还设置番坊允许番商居留，其中一部分番商定居繁衍华化，成为中华海商利益群体的一部分。南方汉人的商船利用番商提供的信息，也不断地前往南海诸国和印度、斯里兰卡港口贸易，唐代福建诗人黄滔"大舟有深利……利深波也深"的感叹，道出海商贾客出海的利益与艰险。唐朝、室利佛逝、阿拉伯三大海洋文明在亚洲海域的和平相遇共处、和谐互动吸引，共同建造亚洲海洋世界秩序，中华海洋文明从室利佛逝、阿拉伯海洋文明中汲取了新的能量和活力。

　　但是,中华传统海洋文明的积累是被主流的正统文化屏蔽的。汉唐社会对海洋文明的宽容和接受,是以陆地为本位的。东夷百越时代的海洋故事和传说,经过汉人陆地思维的阐释,才被接纳入华夏传统文化的话语系统中。如:东海海神禺虢被说成是黄帝之子,神容中本从属于人面鸟身的黄蛇上升到正统地位;首创煮海为盐的宿沙,被说成是黄帝的臣子。黄帝得到入东海七千里的流波山上异兽"夔",以它的皮做成鼓,用它的骨头来击鼓,显示黄帝威震天下。南海海神转化为炎帝祝融兼任,其离宫在扶胥,等等。由此编造出中华海洋文明是炎黄文化延伸的神话系统,成为"中国古代海洋文化的本质是海洋农业文化"论的最初源头。还有"精卫填海"的神话:炎帝的小女儿名叫女娃,游东海时溺死,化为精卫鸟,常衔西山之木石投入海中,恨不得把东海填平。则反映农业文明追求土地的本性,否定海洋对人的积极意义,成为后世向海要地发展思路的最初源头。乾符五年(878年),黄巢洗劫广州港市,在一定意义上反映陆地社会力量对海洋社会力量的排拒,广州港衰落,阿拉伯番商遭重创后不再至,亚洲海洋贸易中心转移到马来半岛。这些使海洋文明在进入中国历史的过程中,产生了异化和负面的影响。

二、海上丝绸之路与传统海洋文明的繁荣

　　10世纪前后,指南针应用于航海,标志计量航海时代到来。五代十国时期,广东南汉国、福建闽国、浙江吴越国、江苏南唐国向海洋开放,以海洋贸易立国,招徕海外番商,经济繁华。南汉重启南海贸易,号称"小南强",闽国为避开南汉的竞争,另辟蹊径,开发通菲律宾的东洋航路。吴越主要发展对日贸易。到了宋代以后,中国经济重心南移东倾,北方不如南方,西部不如东部。东南沿海地区经济起飞,商品经济活跃,成为向海洋发展的内在驱动力。造船水平的提高、指南针等科学技术在航海中的运用,促使海上力量不断壮大。经略海洋成为南宋和元朝的国策,朝廷寓管制于开放之中,官民合力走向海洋。宋室南移临安(杭州)后,倚重海洋利益,采取开放海洋的措施,招徕番商(主要是阿拉伯商人)来华贸易,鼓励中国海商出海贸易。泉州成为东方第一大港和世界宗教文化博

物馆。元灭南宋后，在草原民族扩张意识的指导下，曾驱使强大的水师征讨日本、爪哇，因遭遇飓风袭击而失败。后来虽有倭患的困扰，实行过海禁，海洋基本上是开放的。大德五年（1301年）和大德八年（1304），杨枢两次航往西洋，抵忽鲁谟斯。"中国之往复商贩于殊庭异域之中者，如东西州焉。"泰定四年（1327）和至顺三年（1332），汪大渊从泉州两次附舶游历东西洋地区九十余处。至正六年（1346）突尼斯人伊本·白图泰游历中国所见，从印度洋到南中国海，往来都是中国船。丰富的航海贸易实践，培育了沿海人民的冒险精神和海洋人文气息，带动了东西方之间联系和交流通道"海上丝绸之路"的繁荣。

永乐三年（1405）开始的"郑和下西洋"，是明成祖朱棣创意和发动的一次大航海活动，也是传统王朝体制下中央政权经略海洋最为开放的一次。"郑和下西洋"所集结的人员和船只之多，航行范围之广，持续时间之长，都证明了中国已经拥有了当时世界上最强大的海上力量。

从11世纪到14世纪初的300多年间，中国头枕东南、面向海洋，既是陆地国家，又是海洋国家。凭借长期领先世界的海上技术优势，在东亚至西亚，以至非洲东海岸之间的广阔海域，形成了以中国海商为主导的贸易网络。渔民利用航海发现，在黄海、东海、南海等海域形成了渔场，并开发了部分海岛。海水养殖业、外向型手工业、商品农业等也得到发展。湄州女林默由人而神，逐渐发展成为渔民、海商等航海者的保护神，朝廷出使、缉盗等海上公务活动的保护神，沿海民众防灾抗灾的保护神，屡受朝廷的封赐，从北宋的顺济庙神升格为南宋的圣妃、元明的天妃，列入国家的祭典。随着海洋活动的频繁，妈祖信仰传到华人所至的海外地区，形成和海洋贸易网络相重叠的妈祖文化网络。

宋元王朝"经略海洋"，比汉唐王朝更为主动和开放，在宗藩关系向海外国家的推广上，更加注重经济利益，促进海洋贸易的繁盛和"商业革命"，发挥了王朝作为"国家海洋行为主体"的贸易导向功能，对中华海洋文明的繁荣具有重要的意义。

传统海洋时代创造了亚洲海洋的和平和谐、互补共赢的文明模式，形成中华海洋文明开放、多元、和谐、包容的优秀文化传统。

第三节　海国竞逐时代:中华海洋文明的顿挫

从 1433 年罢下西洋,到 1949 年建立新中国,共 516 年,是中华海洋文明从传统向现代转型跌宕坎坷的下降阶段。以 1662 年郑成功收复台湾为界,前期 229 年,中华海洋文明出现向近代转型的发展机遇期,在中西海洋文明相遇和角逐中,产生新的海洋文明因素和海上社会力量,维持"亚洲地中海"的稳定,但海洋发展却因王朝国家力量的压制裹足不前,陷于停顿。后期 287 年,中华海洋文明在内有锁国禁锢、外有列强入侵的不利条件下,转型艰难,曲折前进,遭受一次又一次的挫折,陷入低潮。

一、重出外洋与中华海洋文明转型机遇期的丧失

宣德八年(1433 年),明廷罢下西洋,停止了国家主体 300 多年来向海洋开放的历程。以内陆汉族农民为主力打下的大明江山,重陆轻海的观念强大而不可抗拒,皇权庇护下从大陆土地经济上榨取巨大既得利益的官僚体制,贯彻朱元璋片板不许下海的祖训,扼杀了中国通往海洋国家的道路。

明中叶,中华海洋文明在王朝即国家层次上出现断裂,而在沿海地方和民间层次上保存下来,一批批海商违禁下番,为南方沿海社会发展注入了活力,还谈不上中国拱手"将全世界海洋留给了西方的冒险事业"。在朝贡体制下,琉球久米村闽人三十六姓的航海家造就了琉球王国的大航海时代,填补了明朝退出的空白;失去母国支持的华商建立海外移民社会,在经济上促进了东南亚的开发,在文化上承继了中国传统海洋文化,并使东亚伊斯兰文化的中心从中国转移到印尼。东西洋上海洋秩序激荡不定,以倭寇为代表的周边各国海盗和武装化的海商集团扰动了海上的和平,在环中国海上挑战大陆中国的权威地位。

16 世纪中叶,澳门被葡萄牙人租住,成为中西经济文化交流的窗口。隆庆年间明朝开放漳州月港,允许商民出海,前往日本除外的东西洋各地贸易。"市舶之设始于唐宋,大率夷人入市中国,中国而商于夷,未有今日之

夥者也。"漳泉海商以合法的身份重返东西洋贸易，取代衰落的官方朝贡贸易，协调和利用不同国家的各种制度，创造海洋生存空间，在东西洋海域构建了以港口城市为联结点的华人贸易网络，与东来的葡萄牙、西班牙海洋势力在"亚洲地中海"相遇和竞逐。中华海洋文明出现从传统向近代转型的发展机遇期。

17 世纪上半叶，郑芝龙统一海上势力，进入明朝权力体制，发展了东西洋贸易网络，成为环中国海的主宰。明清鼎革，郑成功坚持抗清，建立海上政权，在与海上霸主荷兰东印度公司的对抗中，郑成功创新海洋制度，发展海权意识，建立东亚海域最强大的海军，收复台湾，维护南中国海的主权，阻止了西方海洋势力的东进。

二、被动对外开放与传统海洋文明的衰微

清朝统一台湾后，从外向的海洋体制退缩为内向的海防体制，不准华民出洋贸易，断送了利用海洋实现文明转型和社会转型的历史机遇，丧失了海洋国家的地位。

清代前期，对外通商口岸从多口收缩为一口，广州成为中西海洋文明交汇的焦点。广东十三行文化，在一定意义上是闽粤海洋文化与西方海洋文化折冲樽俎的产物。民间以闽南语系漳、泉、潮海商为主角运作的东西洋贸易网络仍充满生机，蓬勃发展；没有大清帝国支持的闽粤旅外商人和移民在航线重要港埠落户，继承中华海洋文明，适应侨居地环境的变化创新生存模式，并向近代转型，在荷兰和英国海洋霸权统治的东南亚殖民地，获得自治的地位。到19世代初叶，闽粤商人在东亚海域始终扮演主要海商群的角色，掌握海洋贸易的优势。

19 世纪中叶至 20 世纪中叶，是中国海洋被纳入西方世界体系的时代。工业革命使英国崛起为海洋霸主，并在鸦片战争中打败了清朝，海洋局势发生根本性的改变，朝贡体制崩塌，代之以西方主导的条约体制，传统海洋产业受到极大的冲击，导致了中华海洋文明传统的停滞、扭曲和变态。轮船时代来临，中国帆船失去领先的优势，走向衰落。随着西方一次又一次的海上入侵，引发了中国人的海洋危机意识，在不屈抗争的同时，有识之士的海洋探索,在充满挫败和误解的尝试中,逐渐地有了海洋意识的觉醒;吸纳西方海洋文明,兴办新式企业和海军,探索海洋发展的近代化。1894 年,日本发动甲午战争,北洋水师覆灭。1895 年,清朝被迫与日签订丧权辱国的《马关条约》,割让台湾。20 世纪上半叶,中国为挽救东亚海权,发展海洋经济和科学技术、重建海军、兴办海洋科学研究机构和海洋教育,但这些努力,又一次被日本发动的侵华战争所打断。第二次世界大战结束,中国收复台湾和南海诸岛,海洋事业百废待兴,不久因陷入内战而再次受挫。

海国竞逐时代,中华海洋文明从传统向现代转型跌宕坎坷,屡屡受挫,但海洋文明的存在往往在意想不到的边角展现,不被王朝君臣和大陆文明维护者看好的航海人家(海商、海寇、弃民),延续着传统海洋文明的香火,创造了中华海洋文明与西方接轨的文化形式,发展了海外华人的海洋文化,蕴含了有利于现代化的文明因素,为中华海洋文明的复兴打下基础,发挥了承上启下的作用。

第四节　重返海洋时代:中华海洋文明的复兴

1949 年新中国成立,中国海洋事业从新的起点出发,在重返海洋的实践中,逐渐地改变重陆轻海的观念,继承优秀的海洋文化传统,借鉴和吸收世界海洋文化的现代成果,创新发展模式,中华海洋文明走上复兴之路。

从历史长时段看,过去的 60 年,是中华海洋文明复兴的初级阶段:社会主义中国特色海洋文明的探索阶段。以 1978 年改革开放为标志,前三十年国家发展重心在陆地,海洋经济以传统产业为主,海洋管理以行业分散管理为主,海防以近岸近海防御为主,海洋实力处于恢复和积蓄能量的阶段。后三十年,国家发展重心向海洋转移,朝融入海洋时代的全球化而努力调整,发展观念从重陆轻海到陆海统筹转换,海洋经济从传统产业逐渐向现代化新型产业转变,海洋管理从行业分散管理向综合管理逐步过渡,海防向发展海权逐步转变,海军由黄水走向绿水、蓝水,海洋实力迅速壮大,恢复海洋大国的地位。

东部沿海地区面向海洋,发展外向型经济,成为推动中国经济现代化的火车头。沿海地区产业集聚水平显著提高,海洋产业从构成简单的海洋渔业、海洋盐业为主,发展到以交通运输、滨海旅游、海洋油气、海洋船舶等传统产业为主导,以海洋电力、海水利用、海洋工程建筑、生物医药、海洋科教服务等新兴产业为重要支撑,优势突出、相对完整的产业体系。港口等重大海洋基础设施建设取得突破性进展,海洋产业的国际地位和影响力不断提升,海洋经济多年保持高于同期国民经济的增长速度,成为国民经济新的增长点。不断提高科学考察能力,开展国际合作和交流,走入海洋的力度加大,由近海挺进深海、极地、大洋,提高了在国际海洋事务中的话语权。国家海洋局的职能和地位逐步提升,海洋综合管理体制逐步改善。为维护国家海洋权益,海上执法队伍和海军建设稳步前进。然而,要实现从大陆国家到海洋国家的华丽转身,铸造现代海洋文明,进入世界海洋文明先进行列,还有很长的路要走。

2012年,建设海洋强国成为国家发展的战略目标,中华海洋文明的复兴进入新的历史阶段。

由于中华海洋文明进入中国历史的过程,被中华陆地传统文明屏蔽和边缘化,停留在地方和民间文化的层次,没有形成自己的文化体系,更缺乏自身的理论和思想的概括,失去了话语主导权,留下的文献是经过大陆文明的标准筛选过的,或是局外人用陆地的思维和言语描述解说的,远非本来面目,甚至充满对海洋文明的曲解、贬低或敌意,否认中国有海洋文明的观念长期支配了史学界的主流意识,现代学术界的研究明显滞后。在这种状态下,我尝试提出宏观的论述,犹如大浪中弄潮,自不量力。但想到探讨中华海洋文明的基因根脉,体悟过去的中华海洋历史,定义当下的海洋发展,从传统与变革的连续性中产生凝聚民心和社会行动的力量,是时代的召唤,民族的需要,中国历史学家负有不可推卸的社会责任。故胆敢进言,若能得到能人智者的指教和批评,不胜荣幸之至!

第三章　中国古代的海界与海洋历史权利[*]

现代海界的概念,对外指国家管辖海域范围(领海、毗邻区、专属经济区、大陆架)的界限,对内指沿海地方行政单位和军事单位管辖海域的界限和海洋活动群体或个人利用海域空间和资源的界限。前者是一个国家主权或主权权利的标志,后者是地方、民间、个人开发利用海域的权属的标志。现代海界从古代海界发展而来,伴随海域使用制度的萌芽与发展,经历漫长的演变过程,法学界是从西方海洋国家的海洋法律及其实践来阐述这一历史过程的,没有提及中国和其他濒海国家、岛国的历史实践经验,而历史学界也少有这方面的考察和研究,因而产生一些认识的误区和片面性。中国是一个大陆国家,也是一个海洋国家,在中国历史上,早就有关于海界的记述,蕴含着中国人对海界的自主认知。这是中国开发利用海洋的文明成果之一。了解中国古代海界的观念,以及与此相关联的海洋历史权利,对研究中国海疆史和分析现在海疆问题均有重大的理论意义和现实意义。

第一节　国境海界不等于海岸线

中国古代的国境海界,向来为史家所忽视。一般认为,历代王朝是把大陆和海岛的海岸线(包括海湾和入海河口)作为自然疆界,而不及于海域。但这一说法,缺乏史料依据,并不妥当。诚然,历代王朝没有现代领海的主

＊　本章原载《云南师范大学学报(哲学社会科学版)》2010年第3期,与周志明合写。

权概念,但也从未明确宣示海疆边界止于海岸线。相反,在管辖权逐渐向海岛延伸的实践过程中,也扩展着利用和控制海域的能力和权利。先秦时的濒海诸侯国,势力已及于海上。刘向《说苑》中记:"齐景公游于海上而乐之,六月不归,令左右曰:'敢有先言归者,致死不赦。'"①司马迁《史记》中说,"楚威王兴兵而伐之,大败越,杀王无强,尽取故吴地至浙江,北破齐于徐州。而越以此散,诸族子争立,或为王,或为君,滨于江南海上,服朝于楚"。②所谓"海上",既指海中的岛屿,又指连接大陆与岛屿之间的海域,也就是齐、越的统治范围,包括了海表之民赖以生产生活的海域。秦汉王朝逐渐统一沿海地区之后,海域的开发利用活动渐向环中国海周边延伸,但在相当漫长的历史时期内,都是依据自然权利进行的,没有划分界限的权利意识。

晚唐以降,南海成为中外交通的主要通道,王朝加强对南海诸岛的管辖后,区分中外的海界观念便逐渐明晰起来。北宋周去非的《岭外代答》有载:"三佛齐之来也,正北行舟,历上下竺与交洋,乃至中国之境";"阇婆之来也,稍西北行,舟过十二子石,与三佛齐海道合于竺屿之下"。③南宋时,赵汝适《诸蕃志序》记所见《诸蕃图》,有"所谓石床、石塘之险,交洋、竺屿之限"④,即指以南海西边的交趾洋、南边的竺屿为中外海洋分界。明代,黄衷在《海语》卷下《分水》中指出:"分水,在占城外罗海中,沙屿隐隐,为门限……天地设险,以域华夷者也。"⑤有清一代,广东地志均记载"长沙海""石塘海"为万州辖内海域。颜斯综的《南洋蠡测》亦载:"南洋之间,有万里石塘,俗名万里长沙,向无人居。塘之南为外大洋,塘之东为闽洋,夷船由外

---

① [汉]刘向:《说苑》,卷9,《正谏》,《丛书集成初编》(0528),中华书局1985年版,第83页。
② [汉]司马迁:《史记》,卷41,《越王句践世家》,(影印)文渊阁四库全书(244),第153页。
③ [宋]周去非:《岭外代答》,卷3,《航海外夷》,(影印)文渊阁四库全书(589),第416页。
④ [宋]赵汝适:《诸蕃志序》。
⑤ [明]黄衷:《海语》,卷3,《分水》,(影印)文渊阁四库全书(594),第130—131页。

大洋向东,望见台湾山,转而北,入粤洋,历老万山由澳门入虎门,皆以此塘分华夷中外之界。"①

这一国境海界,得到周边国家和航海东来的西方国家的承认,如乾隆四十六年(1781)暹罗吞武里王朝使团赴中国,使团成员披耶摩诃奴婆在《广东纪行诗》中说:"前进复二日,始达外罗洋。自此通粤道,远城迷渺茫"②。西方航海者则把南海通称为"南中国海"(South China Sea)。

在黄海,北宋就有与高丽海界的记载。徐兢在《宣和奉使高丽图经》中详细地记述出使高丽的航程,云:宣和四年(1122)六月初二日,"西南风作,未后激霁,正东望山如屏,即夹界山(今小黑山岛)也,高丽以此为界限"③。

在东海,琉球"毗连福建,壤绵一脉,天造地设,界水分遥"④。自明初与琉球王国建立封贡关系后,双方往返之海道,以黑水沟为中外之界。嘉靖十三年(1534)册封使陈侃云:"过赤屿……见古米山,乃属琉球者。"⑤嘉靖四十年(1561),册封使郭汝霖、李际春亦曰:"赤屿者,界琉球地方山也。"⑥康熙二年(1663)册封使张学礼记:五月初九日,"舟子曰:过分水洋矣,此天之所以界中外者"。⑦康熙二十二年(1683)六月二十五日册封使汪楫乘封舟过赤屿(即赤尾屿)时载,"薄暮过郊(或作沟),风涛大作,投生猪羊各一,泼五斗米粥,焚纸船,鸣钲击鼓"。"问:郊之义何取? 曰:中外之界也。界于何辩? 曰:悬揣耳。然顷者恰当其处,非臆度也。"⑧康熙五十八年(1719)册封使徐葆光言:姑米山为"琉球西南方界上镇山","由闽中至国,必针取此山为准。"⑨并撰《琉球三十六岛图歌》曰:"琉球属岛三十六,画海为界如

---

① [清]颜斯综:《南洋蠡测》,《小方壶舆地丛抄》再补编第十帙。
② 姚楠、许钰:《古代南洋史地从考》,商务印书馆1958年版,第89—90页。
③ [宋]徐兢:《宣和奉使高丽图经》,卷35,(影印)文渊阁四库全书(593),第896页。
④ 《历代宝案》第一集卷20,校订本第一册,冲绳县教育委员会刊1992年版,第678页。
⑤ [明]陈侃:《使琉球录》,《续修四库全书》(742),第506页。
⑥ [明]郭汝霖、李际春:《琉球奉使录》。
⑦ [清]张学礼:《使琉球记》,《小方壶舆地丛抄》(第十帙),第301页。
⑧ [清]汪楫:《使琉球杂录》,日本京都大学文学部藏本。
⑨ [清]徐葆光:《中山传信录》,卷4,《续修四库全书》(745),第504页。

分疆。……琉球弹丸缀闽海,得此可补东南荒。"①乾隆二十一年(1756)册封使周煌注曰:琉球"环岛皆海也。海面西距黑水沟,与闽海界。福建开洋至琉球,必经沧水,过黑水。……海固不可以道里计,而球阳之海则实有无形之区限在焉。"②并于《海上即事四首》中注:"舟过黑水沟,投牲以祭,相传中外分界处。"③

由此可见,古代中国的国境海界不等于海岸线,是明确无误的。而且,中国在宋代开始形成中外海域分界的海洋主权意识,在事实上行使了界内巡航等主权权利。

第二节 中国海内的海界

古代王朝由地方官府和水军对"边海"海域行使管辖权和制海权,而有行政区域和军事区域的洋面海界划分,如北宋张嵲(1049—1148)《紫微集》有记:"广东潮州海界有贼船作"。④ 南宋真德秀(1178—1235)在其《西山文集》中亦载:"内丘全一名,人材事艺颇出诸校之左。曾于去年十一月内,带领兵船,到漳州海界沙涛洲亲获强盗徐十一等一十五名。今年三月,到潮州海界蛇州洋亲获强盗陈十五等一十四名,解赴本州,送狱根勘。"⑤但海界之分,远早于此,故南宋绍兴八年(1138)闰三月十三日,新知建康府范成大有言:"海道荒查,界分不明,时有寇攘,并无任责。臣昨将明州管下诸寨,各考古来海界,绘成图本。"⑥

明时,有关海界的明确记载甚多。俞大猷《正气堂集》卷16记载,嘉靖

---

① ［清］徐葆光:《琉球三十六岛图歌》,载潘相:《琉球入学见闻录》,卷4,清乾隆刻本。

② ［清］周煌:《琉球国志略》,卷5,《续修四库全书》(745),第652页。

③ ［清］周煌:《海山存稿》,卷11,《四库未收书辑刊》(九辑,二十九册)。

④ ［宋］张嵲:《紫微集》,卷13,(影印)文渊阁四库全书(1131),第451页。

⑤ ［宋］真德秀:《西山文集》,卷8,《泉州申枢密院乞推海盗赏状》,四部丛刊景明正德刊本。

⑥ ［清］徐松:《宋会要辑稿》,兵一三。

三十七年(1558)十一月,"贼果由本处遁走……臣彼时仍欲自行穷追,但思臣职任浙直总兵,自有地方重寄。一则沈家门递向东南,即系福建海界,非奉军门号令,不敢擅离"。① 万历年间,都督金事万公邦孚"晋参将,守温处。闽盗诈称商人,入浙地杀掠,扬帆而去,莫可诘。邦孚命分闽浙海界,商舶不得越境,闽商入浙则乘浙舟,浙商入闽亦如之,遂著为令"②。另据广东总兵官麻镇揭报,"有闽贼袁进号、袁八老等拥众千余,驾船数十艘,突自福建铜山越入惠潮海界,乘风西下碣石地方"③。

有清一代,自北而南皆有海界的相关记载。黑龙江地区,清顺治十年(1653)在宁古塔副督统之上,设宁古塔昂邦章京镇守,康熙元年(1662)升为镇守宁古塔等处将军,五年(1666)驻地迁到今宁安县,辖区包括东至日本海,东南到希咯塔山(锡霍特山脉)海界,东北达飞牙喀海界(鄂霍茨克海),直到库页岛的广大地区。④ 山东洋面,水师有明确的管辖范围,"水师洋面,胶州南汛管辖一千六百八十里,成山东汛管辖三百九十里,登州北汛,管辖一千七百七十里"⑤。江浙海域,《中衢一勺》中记有江苏浙江的洋面界限,"小洋山,江苏浙江洋面交界处,大洋山在小洋山东南入浙洋界。马迹山在崇明南,上有都司营。鹰游门在海州与山东洋面交界处"⑥。闽台地区,除上述有关闽浙等洋面分界外,明末在澎湖设置游兵时,蔡献臣就明确指出"澎湖,闽南之界石;浯洲、嘉禾,泉南之捍门也"⑦。乾隆《重修台湾县志》亦指出:"黑水沟有二:其在澎湖之西者,广可八十余里,为澎厦分界处,水黑如墨,名曰大洋。其在澎湖之东者,广亦八十余里,则为台、澎分界处,名曰小洋。"⑧乾隆《重修台湾府志》中也载:"台海西界于漳,南邻于粤,而

---

① [明]俞大猷:《正气堂全集》,福建人民出版社2007年版,第404页。

② [清]嵇曾筠:《浙江通志》,卷172,《万邦孚》,(影印)文渊阁四库全书(523),第523页。

③ [明]许弘纲:《题报海寇归抚疏》,《群玉山房疏草》卷下,清康熙百城楼刻本。

④ 黑龙江文物考古工作队:《黑龙江古代官印集》,黑龙江人民出版社1981年版,第136页。

⑤ [清]福趾:《户部漕运全书》,卷91,《海运事宜》,清光绪刻本。

⑥ [清]包世臣:《中衢一勺》卷1上卷,清光绪安吴四种本。

⑦ [明]蔡献臣:《浯洲建料罗城及二铳议》,载《厦门志》卷9,《艺文略》,第230页。

⑧ 乾隆《重修台湾县志》,卷1。

北则闽安对峙。"①广东海域，《乐会县志》云："博敖港南一里有圣石，二十里有乌石，三十里有新潭港，又三十里至东澳港，于万县洋面交界。《府志》详载海界昭然。"②道光《肇庆府志》载，乾隆九年（1744）"勘定阳江海界"③。

明代边海的海界划分与当时的海洋社会环境息息相关，为应对倭寇侵扰与海盗活动等安全威胁，在沿海岛屿设置水寨和游兵以巡哨海上，各水寨皆有信地，如"三亚寨，分总大小兵舡二十七只，官兵七百七十四员名，如文昌、清澜、会同、乐会、澄迈、临高、儋州、昌化、陵水、万州、感恩、鱼鳞洲等海洋，皆其信地，东接白鸽，西接涠洲各海界"④，水寨会哨之处即为巡防区的海界。

会哨有跨省会哨和省内会哨两种。跨省会哨即两省相邻水寨往来会哨，如浙江镇下门水寨南会福建之烽火门、流江，福建烽火门水寨北会浙江之松口；在闽广交界的南澳设官建镇，将福建的铜山水寨与广东的柘林水寨防区合二为一；省内会哨即一省中各个相邻水寨往来会哨，以福洋会哨为例，据《福洋五寨会哨论》载："烽火门水寨，设于福宁州地方，以所辖官井、沙埕、罗浮为南北中三哨，其后官井洋添设水寨，则又以罗江、古镇分为二哨，是在烽火、官井寨，当会哨者有五。小埕水寨，设于福州府连江县地方，以所辖闽安镇、北茭、焦山等七巡司为南北中三哨，是在小埕寨，当会哨者有三。南日水寨，设于兴化府莆田县地方，以所辖冲心、莆禧、崇武等所司为三哨，而文湾港水哨，则近添设于平海之后，是在南日寨，当会哨者有四。浯屿水寨，设于泉州府同安县地方，上自围头，以至南日；下自井尾，以抵铜山，大约当会哨者有二。铜山水寨，设于漳州府漳浦县地方，北自金山，以接浯屿；南自梅岭，以达广东，大约当会哨者有二。由南而哨北，则铜山会之浯屿，浯屿会之南日，南日会之小埕，小埕会之烽火，而北来者无不备矣。由北而哨南则烽火会之小埕，小埕会之南日，南日会之浯屿，浯屿会之铜山，而南来者无不备矣。哨道联络，势如常山，会捕合并，阵如鱼丽，防御之法，无踰于此。"⑤

---

① 乾隆《重修台湾府志》，卷1，《封域》。

② ［清］林子兰等纂修：《乐会县志三种》，《宣统乐会县志》，第424页。

③ ［清］江藩：《肇庆府志》，卷22，清光绪重刻本。

④ ［明］王鸣鹤：《登坛必究》，卷10，清刻本。

⑤ ［明］郑若曾：《筹海图编》，中华书局2007年版，第776—777页。

这些会哨海域,不仅仅是从一个岛屿到另一个岛屿,最主要部分乃是岛屿之间的洋面海域。明清之际,郑成功崛起海上,控制了东南沿海的制海权,清廷实施严厉的迁界措施。到平定三藩后,才把统治区域重新扩展到海域,并沿袭明代旧制,实行了巡洋会哨制度,即按照水师布防的位置和力量划分一定的海域为其巡逻范围,设定界标,规定相邻的两支巡洋船队按期相会,交换令箭,以防官兵退避不巡等弊病。因此,在后来的海图中,就有关于各营巡防区域的绘制,如道光二十年(1840)的"福建全省洋图"①(见右图)。

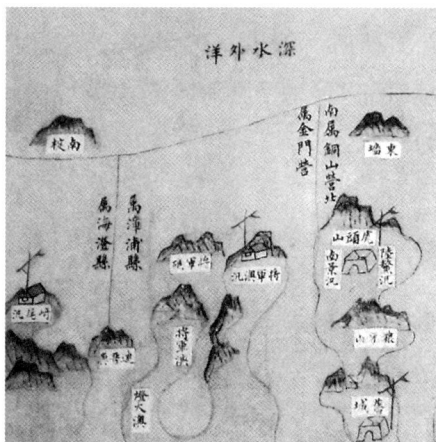

同时,清廷还规定水师对巡防海域(洋面)负有安全保障的责任,查勘迟延要受处分。《兵部处分则例》规定:"洋面失事,经事主呈报该管协巡等官,能赶赴失事洋面,查勘被劫情形,实系本境洋界,即速禀报总巡官,转详将军等。一面行查各口,将税簿赃单较核呈验,一面即严饬水师各营,勒限缉拿。……若系巡洋员弁查勘迟延,将巡洋员弁降一级调用,私罪;或总巡官转报职名及将军等题参迟延均降一级留任,公罪。"②

在濒海社会,海洋渔业资源是百姓的一个重要生活物质来源,基层社会的海界观念,主要与海洋捕捞和滩涂养殖相关联。

作为近海捕捞权、养殖权在海域空间界限的海界,至迟在明代出现。汪洋大海的渔场,自古都是各地渔船自由进入的海域。明朝的禁海,把滨海人民以海为生的空间压缩到近海海域和海岸带上的滩涂,引发民间对海洋资源和空间的争夺。最初是民间的自发行为,"以力自疆界",当成私有或宗族共有的产业,可以继承或买卖。如:福建漳浦县浅海的"网"

---

① 北京大学图书馆编:《皇舆遐览——北京大学图书馆藏清代彩绘地图》,中国人民大学出版社 2008 年版,第 260 页。

② [清]伯麟:《兵部处分则例》,卷36,《八旗》、《巡洋》,清道光刻本。

和滩涂的"泊"，"以水涨涸为限，各有主者。往百年，滨海民以力自疆界为己业有之，于今必以资直转相鬻质，非可徒手博之矣"；①嘉靖甲辰年（1593）《古雷海沪碑》记王公庙辖海界："东至红屿，西至石头与五屿，南至柑桔岛，北至溜仔巷半湖水沟龙，有滩土利值，由对庙所属"；②崇祯三年（1630），海澄县海沧渐美芦坑谢氏，在所立世饗堂业产碑中将海泊视为族产：

> 本衙置有海泊一所……东至屿仔，西至岸，南至鸡冊石壕钉港，北至埭仔下为界。日后不许孙子灭公肥私、盗行典卖等弊，如违呈究。③

但民间海界划分常有争端，即所谓"滨海之乡，画海为界，非其界者不可过而问焉；越澳以渔，争竞立起"，④宗族之海洋资源亦因兼并或械斗，而由地方官府判断定界。如万历辛巳（1581），泉州陈埭丁氏分得海荡作为族产，后因瞿园黄姓占夺，引起诉讼，蒙府主梁批："照原断"，蒙布政司高批："饬各照原断遵守。委东衙姚督同乡老立石定界。"清康熙四十四年（1705），有李姓擅毁官定石界，洗采蛏苗。后又有岸兜乡林、张五姓劫荡，泉州知府孙朝让审语云：

> 审得海滨之民，皆以海为田，如潮至而采捕鱼鲑，则有鱼课；如土现而种植蛏苗，则有荡米，其界限原自截然也……今断各有其所有：在丁，而以荡粮为业，不得越而问修渔；在林、张五姓，各以渔为业，鼓棹大海，扳网所至，不得稍入丁家荡业。⑤

---

① ［清］顾炎武：《天下郡国利病书》，卷94，福建4。
② 《古雷海沪碑》。
③ 碑存世饗堂前院内。
④ ［清］林焜熿：《金门志》，台北大通书局1984年版，第394页。
⑤ 《陈埭丁氏回族宗谱》，香港绿叶教育出版社1996年版，第305—306页。

再如长屿社三面环海,西南转东周围海泊,"界自大埭迄□,南抵陈宫屿,西乌斯港,过嵩屿、乌礁、白屿、斯坑洲、象屿等处",俱属长民柯姓课业。万历间"被豪强侵占……控巡海道陶批分府沈,断还旧掌",乾隆十二、十三年(1748、1749),复被石塘社谢氏占围控府,"其海泊仍照原断归材柯姓执掌"。十四年(1750),照案勒石。①

民间划海为界,视为己业,在闽台以外的南北沿海地区都存在。如山东,据《古今图书集成》记载:"文登之靖海,海中水面各有生业,若田之有畔"②;再如广东,宣统《乐会县志》记载,"博敖港北二十里有赤石,三十里有潭门港,乐民与会民每年控海利。光绪三十年(1904),经会同县主林振光断批,准潭门港中流迤南为乐会海界,海门以南海利归乐会承收。又排港浪沙地一片,上流溪水两条,一由会同一由乐流下,归并为一溪入海,两县海船均是处停泊,两县以溪港中流分界"。③ 同时也存在越界纠纷事件,如"自明末至国朝,万民与乐民屡以越界捕鱼构讼不休。事经两朝案缠数十,至乾隆年间,经上宪断以乌石界。嗣后咸、同、光间,又以越界捕鱼争控。案经上宪札县办理,县主萧文辉出示晓谕云:'博敖乡绅民及秉信、南港二处诸邑人等知悉:尔等均宜照旧各管渔埠安业营生,不得逞蛮侵越,亦不得恃智塞河,致滋事端。倘敢仍前越界捕鱼,塞窒河道,许尔该乡首事人等指名禀报,以凭分别首从,照详情究办'"。④

海盗的海界是民间海界的一种,本是海盗间划分势力范围的概念,在其控制的海域实施抢劫或对过往船只征收"报水"(保护费)。这是脱离法外用暴力取得的海洋权利。明清两代,这方面的事例甚多,在此不作赘述。

以上各类的海界资料,说明海域物权的观念在中国民间形成,延续至今有数百年之久。亦即在海域使用制度的创设上,中国远早于其他海洋国家,而有自己的定义和特色。

---

① 碑存东屿柯氏享德堂外。
② 《古今图书集成》,《职方典》,卷278,《登州府部》。
③ 乾隆《重修台湾府志》,卷1,《封域》。
④ 乾隆《重修台湾府志》,卷1,《封域》。

第三节　海界观念与海洋权利

中国古代的海界观念与中国的海洋历史权利是有一定的联系的。

宋代海上中外分界的形成，是自古以来民间自发利用和开发海洋空间和资源，发现和命名海岛、海域和渔场，开辟东西洋航路，并世代反复利用，取得界内捕捞和航行先占权利，进而得到官府的承认和保护的必然结果。而国境海界观念的确立，又为王朝行使海域主权提供有效的依据。宋代以后水军巡航南海，明代水军巡航闽海及于琉球大洋，均在国境海界之内。出兵或出使海外，均有跨越国境海界的记录，如至元二十九年十二月（1293 年 1 月），史弼以五千人，合诸军，发泉州，讨瓜哇，"过七洲洋、万里石塘，历交趾、占城界"。[1] 正统六年（1441）吴惠出使占城，"十二月廿三日发东莞县……廿五日过七洲洋，瞭见铜鼓山，廿六日至独猪山，瞭见大周山，廿七日至交趾界"。[2] 又如：明清册封使过黑水沟后进入琉球洋面，同治五年（1866）赵新奉命差往琉球，"于五年六月十九日舟抵球界之姑米山外洋"。[3] 因此，明确提出中外分界的观念，是海域主权意识的意思表示。

沿海地方行政单位（省、府、县）的海界和军事单位的海界，是地方官府和水军管辖海域的界限。在管辖海界范围内，有处理海上安全和海事纠纷的权力。这是海域主权派生的公权力。明代后期海洋失控，官方无力在管辖海域内完全行使权力，把渔船作业限制在近海海域，如万历十九年（1591）《渔船禁约》规定："目下各船，俱听州县查籍在官，一面照常采捕为活，但不许在海非为……其发汛之后，各船止许内地驾驶，如烽火之台山、礌山、小埕之东涌，浯屿之澎湖、料罗，南日之东沪、乌坵，铜山之沙洲，诸如此

---

① ［明］宋濂：《元史》，卷 162，《史弼传》。
② ［明］慎懋赏：《海国广记》，《占城国》。玄览堂丛书续集第 14 册。
③ 中国第一历史档案馆藏宫中朱批奏折，转引自吴天颖：《甲午战前钓鱼列屿归属考》，社会科学文献出版社 1994 年版，第 60 页。

类紧要海洋,皆孤悬岛外,为夷寇必由之地,并不许只船片网在彼往来,致难瞭哨。"① 就是这种公权力的表现。此外,地方海界内的渔场,虽不禁止外地渔船进入采捕,但其属于官海,固需在县报备后方可作业,如乾隆四十年(1775),"福建渔船每年春汛捕鱼,冬汛钓带,来到定海、镇海、象山三县地方,投行赴县缴牌换单,群赴定海洋面网捕"。② 这种做法,似乎可以看作是捕鱼准入制度的先声了。

沿海民间占海形成的海界,体现私人或宗族占有使用一定范围海域的捕捞权、养殖权。对使用的海域主张权属,享有使用、收益和处分的权利,至迟到明末成了沿海地方的习惯法,而且得到地方官府的承认,并进行管理。只是渔民自由采捕的海域,乃自然公共之利,属于官海,不允许占为己业。如万历三十二年(1604)福建同安县禁谕碑云:

> 据本县石浔澳渔民王应状告……审得同安之海有二米。潮至为水,潮退为地,产蛏蛤者,塘米也;塘之水深处,鱼虾出没,网□□渔,不分塘荡,听民下网者,课米也。若夫汪洋大海,非惟民不得而禁之,即官亦不得而取之矣。今东滞洋大海一处,卖与李次廉,次廉又转于柯进,凡渔□□,渔民不安,故有是告。细查苏君恒所费契书云:海坐东散洋等处,并无都图界址,止说翔风里……黄册不载米,明系官海,听民自取而无禁者也。……合断君恒备原价还柯进,其海任泛渔民照旧取渔,宜置石碑禁示。……蒙[带管兴泉道右参政俞]批:苏君恒所以官海卖价,奸民之尤也,退出与公,其之立石为记。③

因此,康熙二十九年(1690),漳浦县以"听民采捕鱼虾"的海泥官濠,是"自然公共之利",不容"劣绅巨族占为己业,勒民纳税",经闽浙部院批示,勒石永禁。④ 此等事件,在台湾亦多有出现,如乾隆二十五年(1760)诸罗县

---

①　[明]《倭志》上册,玄览堂丛书续集第 16 册。
②　[清]《福建省例》,台湾文献丛刊第 199 种。
③　碑存石浔村昭惠宫内。
④　《北江海滩禁示碑》,碑存漳浦霞美镇北江村祠堂。

严禁霸占海坪示告碑记云：

诸罗县民蔡华仁等具控方凤等争占海坪一案，缘邑属安定里一带海坪，历来听民公众采捕，本无竞端。嗣因陈闳德于乾隆十二年（1747）认课报升，请给县示；乃有方凤等在该地搭寮，聚伙开筑蚶埕三十余丘，复分作六十余丘，附会闳德名下，插标定界。致蔡华仁上控，并赴府呈，批行查勘闳德，遂将原示缴销，经前令徐德峻录案申详。迨至前钟守据署县稽璇勘拟核转，蒙前道宪德批驳，转行叠催，案悬未结。旋据蔡华仁等赴宪辕叠控，批府亲提查讯，并发台湾县录供摺覆，奉檄提讯，经即先后转行。续据诸邑李令详解方凤等到府，遂发台邑夏令吊齐讯议，具详前来。本府查：蔡华仁等具控方凤等不休，实因海坪被占起见；至此海坪，历无认课纳饷，本系天地自然之利，原听乡民采捕营生；既据夏令议请归公，并二比已各具有遵依，应如所议，将方凤等所占海坪概行归公，悉听该地乡民公全采捕。永杜觊觎，以清讼源。嗣后敢于挟嫌滋衅，立即严拿，通详从重案拟，分别惩究。①

又如乾隆五十三年（1788）嘉义邑奉宪示禁碑云：

据嘉义邑向忠里衿耆吴积善等具呈前事词称："善等东西两保二十二庄，居住海滨，田园稀少，民无糊生；幸有一带海坪，□庄采捕度活，因天地自然之利，救万民之命。乾隆十二年（1747），地棍方凤、陈淘德占筑肥私，呈请输饷，致乡宾蔡□□维仁等出控。经前道杨批府，亲提转发台邑主夏，讯归各庄公□采捕……讵贼乱甫平，邱方二大姓邱朝远、邱体、邱天、邱辙、方连、方财源、方体、方元明等，串同蚶寮庄之巨族黄佛、黄禹、黄世、黄岁、黄乡、□□□□□□□之正堂等，群雄同谋，沿海插标，聚匪搭寮，截夺各庄采捕……台湾县知县夏瑚讯明此项海坪向例并未纳赋，听近海居民采捕谋生，因民之利，实属惠而不费；但相沿

① 碑存台南县西港乡八份村园中。

日久,其中即有贪狠之徒,若冀□□□□□□□既不为后,惟我欲为。该令究出确情,将海坪断令全数归公,悉凭众姓采捕,……为此,示仰向忠里安定东西二堡乡民人等知悉:尔等务须凛遵宪令,即将该处沿海一带海坪,听民公众采捕;并将现搭海寮全行拆去,毋许少有存留,以杜争端。倘有不法奸民,敢于仍前□段筑围聚□搭寮,冀图霸占,及不将海寮登时拆毁,并阻截各庄民采捕致生事端者,许尔等庄民指名具告,以凭严拿从重究办;该地乡保纵容不报,一经查出,或被告发,定行一并严究。①

中国使用海域的历史悠久,产生的海洋历史权利内涵十分丰富,需要做不同时段、不同海域的实证研究。树立以海洋本位的思维,把海疆史扩展到海洋史,为维护国家海洋权益、加强海洋文明建设服务,是新世纪的使命。将大陆和岛屿的海岸线及其之间的海洋水体视为一个整体,对古代海界资料做全面的整理和分析,只是其中的一个角度。虽然中国古代"渡海者多,著书者少。登舟不呕,日坐将台亲书其所见者尤少"。② 但仍有不少散见于遗存的官私文献、档案、海图中的涉海资料,有待发掘利用,值得进一步深化研究。

① 碑存台南县佳里镇建南里金唐殿。
② ［清］李鼎元:《使琉球记》,十月初六日。

第四章　明初琉球洋海战与
后世的社会反响[*]

　　明朝开国功臣中,有两位海上立功的英雄:靖海侯吴祯与航海侯张赫。他们奉命率领水军舰队巡海,追击倭寇至琉球大洋,取得海战的胜利,俘获日本人船若干,显示了中国舟师强大的海上作战能力,并受到朱元璋的嘉奖。吴祯、张赫生前声名显赫,死后追封海国公、恩国公,不久却因受到"胡蓝之狱"的牵连,销声匿迹。明清两代,琉球洋海战叙事经历了遗忘、重提、再遗忘的过程,这背后究竟隐藏着什么样的历史内涵? 又能给我们怎样的现实启示呢?

第一节　不征日本与琉球洋海战事迹的遗忘

　　吴祯(1328 — 1379),初名国宝,后赐名祯,字干臣,安徽凤阳定远人。他与其兄吴良随太祖起兵濠梁,累立战功,明建国以前由帐前都先锋,升至吴王左相兼金大都督府事。明朝建立后,于"洪武元年戊申,进破延平擒陈友定,闽海平。公归次昌国,会海寇叶陈二姓聚劫兰、秀山,公调兵立剿之。三年庚戌,朝廷定功行赏,进开国辅运推诚宣力武臣荣禄大夫柱国吴相府左相靖海侯,食禄一千五百石,赐以铁券使子孙世袭焉。五年壬子,诏大发兵东戍定辽,命分总舟师数万,由登州转运以饷之。海道险远,人用艰虞,公调

---

　　* 本章原载《中国社会经济史研究》2015 年第 4 期,与刘璐璐合写。

度有方,兵食充羡,折冲风涛,如履如达。寻,召还。七年甲寅,海上警闻,公复领沿海各卫兵出捕,至琉球大洋,获倭寇人船若干,俘于京,上益嘉赖之"。① 自是常往来海道总理军务,洪武十一年(1378),吴祯奉诏出定辽,秋得病不愈,返回南京,朱元璋车驾幸其第,问劳有加。十二年(1379)五月二十一日卒,享年五十二。讣闻,朱元璋为之震悼,辍朝二日,诏赠特进光禄大夫柱国,追封海国公,谥襄毅,赐窆钟山之阴。闰五月十三日下葬,朱元璋车驾临奠,并加赠赙。十三年(1380),朱元璋追念其劳,敕命礼部侍郎刘崧作《海国襄毅吴公神道碑》。刘崧"乃考公牍纪载,第而书之"②。1983年9月,南京市博物馆发掘了埋于太平门外岗子村的吴祯墓,内有墓志一合,志文仅下部一百余字尚存,是否有击倭琉球洋的文字,惜已漫没无法辨识了。

张赫(1323—1390),安徽凤阳临淮人,亦是明朝开国功臣之一。据南京市博物馆于2007年4月在南郊雨花台区刘家村发掘出土的航海侯张赫墓志铭记载,"开国辅运推诚宣力武臣柱国航海侯张公,讳赫,凤阳临淮人也……甲辰,克武昌,平苏、湖等州,授福州卫指挥副使,阶进明威将军。庚戌,升指挥同知,阶进怀远将军。巡海捕倭,杀获甚多。戊午,赴京,升为大都督金事。己未,命督辽东漕运,有功,赐以侯爵,食禄二千石,仍令子孙世袭。至庚午八月初五日以疾终,赠恩国公,谥庄简,享年六十七岁"③。墓志铭中只记其"巡海捕倭,杀获甚多",没有明确指出张赫追击倭寇至琉球大洋,但《明太祖实录》在张赫卒条录有其生平传记,明确记述:"洪武元年授福州卫指挥使,二年率兵备倭寇于海上,三年升福建都司都指挥同知,六年率舟师巡海上,遇倭寇,追及于琉球大洋中,杀戮甚众,获其弓刀以还。九年调兴化卫,十一年升大都督府金事,总督辽东海运,二十年九月封航海侯,赐号开国辅运推诚宣力武臣阶荣禄大夫勋柱国。二十一年复督运辽东。"④

① [明]徐纮:《皇明名臣琬琰录》前集卷五,《海国襄毅吴公神道碑》,文海出版社1870年版,第142页。
② [明]徐纮:《皇明名臣琬琰录》前集卷五,《海国襄毅吴公神道碑》,第139页。
③ 引自岳涌:《南京出土明初海运官员航海侯张赫墓志》,"中国历代涉海碑刻学术研讨会"论文,南京大学中国南海研究协作创新中心,2014年8月。
④ 《明太祖实录》,卷203,洪武二十三年七月甲子。

明朝建立之初,就出现倭寇侵扰的安全威胁。洪武二年(1369)正月,倭人入寇山东海滨郡县,掠民男女而去。朱元璋决定御敌于国门之外,命舟师在海上对敌实施进攻作战,甚至不惜渡海征讨,于二月诏谕日本:"……间者山东来奏,倭兵数寇海边,生离人妻子,损害物命,故修书特报正统之事,兼谕倭兵越海之由。诏书到日,如臣奉表来庭,不臣则修兵自固,永安境土,以应天休。如必为寇盗,朕当命舟师扬帆诸岛,捕绝其徒,直抵其国,缚其王,岂不代天伐不仁者哉!惟王图之。"①这虽充满天朝上国的虚矫口气,却是有现实的军事力量做后盾的。四月,倭寇出没海岛侵掠苏州、崇明一带时,太仓卫指挥佥事翁德"率官军出海捕之,遂败其众,获倭寇九十二人,得其兵器海艘。"②朱元璋即诏令升翁德为太仓卫指挥副使。同时遣使祭东海神:"今命将统帅舟师,扬帆海岛,乘机征剿,以靖边氓。特备牲醴,用告神知。"③洪武三年(1370)三月,朱元璋遣莱州府同知赵秩持诏谕日本国王良怀,再次表达了若日本不约束其倭寇,明朝将不惜出兵征日的想法:"蠢尔倭夷,出没海滨为寇,已尝遣人往问,久而不答,朕疑王使之故扰我民。今中国奠安,猛将无用武之地,智士无所施其谋。二十年鏖战,精锐饱食,终日投石,超距方将,整饬巨舟,致罚于尔邦。俄闻被寇来归,始知前日之寇,非王之意,乃命有司暂停造舟之役。呜呼……征讨之师,控弦以待。果能革心顺命,共保承平,不亦美乎?"④六月,倭寇福建沿海郡县,"福州卫出军捕之,获倭船一十三艘,擒三百余人。"⑤七月,明朝置水军等二十四卫,每卫船五十艘,军士三百五十人。四年(1371)六月,倭夷寇胶州。五年(1372)五月,倭夷寇海盐之澉浦。六月,倭夷寇福州之宁德县。羽林卫指挥使毛骧,"败倭寇于温州下湖山,追至石塘大洋,获倭船十二艘,生擒一百三十余人,及倭弓等器送京师"。⑥ 八月,诏浙江福建濒海九卫造海舟六百六十艘,以御倭寇。

① 《明太祖实录》,卷39,洪武二年二月辛未。
② 《明太祖实录》,卷4,洪武二年四月戊子。
③ 《明太祖实录》,卷4,洪武二年四月戊子。
④ 《明太祖实录》,卷50,洪武三年三月是月条。
⑤ 《明太祖实录》,卷53,洪武三年六月乙酉。
⑥ 《明太祖实录》,卷74,洪武五年六月癸卯。

十一月,诏浙江福建濒海诸卫改造多橹快船,以备倭寇。六年(1373)正月,鉴于倭寇"其来如奔狼,其去如惊鸟,来或莫知,去不易捕",①朱元璋采纳德庆侯廖永忠上言:"请令广洋、江阴、横海、水军四卫添造多橹快船,命将领之。无事则沿海巡徼,以备不虞;若倭夷之来,则大船薄之,快船逐之。彼欲战不能敌,欲退不可走,庶乎可以剿捕也。"②决定多造战船,组建一支中央直属的巡洋舰队,与倭寇决胜于海上。三月,诏以广洋卫指挥使于显为总兵官,横海卫指挥使朱寿为副总兵,出海巡倭。③ 五月,"台州卫兵出海捕倭,获倭夷七十四人,船二艘,追还被掠男女四人"。④

在这种主动击倭海上的方针指导下,洪武七年(1374)正月初八日,朱元璋命靖海侯吴祯为总兵官,都督金事于显为副总兵官,"领江阴、广洋、横海、水军四卫舟师出海巡捕海寇,所统在京各卫,及太仓、杭州、温、台、明、福、泉、潮州沿海诸卫官兵,悉听节制"。⑤ 九月"庚子,靖海侯吴祯总兵巡海还朝"⑥。洪武八年九月又记"己卯,靖海侯吴祯,都督金事于显,率备倭舟师自海道还京"⑦。《海国襄毅吴公神道碑》记述的"七年甲寅,海上警闻,公复领沿海各卫兵出捕,至琉球大洋,获倭寇人船若干,俘于京,上益嘉赖之"。⑧ 就是这次出海巡捕的战果。

吴祯张赫击倭琉球洋是否是同一件事,今人有关明实录和海防史的研究中,未有解说。吴天颖先生对张赫击倭琉球洋的路线是"由牛山洋东行到小琉球(台湾)以北,顺着黑潮支流,历经花瓶屿、彭佳山、钓鱼屿、黄尾屿、赤尾屿之后,横渡黑潮主流,方能到达'琉球大洋'",他认为"此役《实录》系于张赫传记中洪武六年至九年之间",与洪武七年吴祯追击倭寇是同一件事。⑨

① 《明太祖实录》,卷78,洪武六年正月庚戌。
② 《明太祖实录》卷78,洪武六年正月庚戌。
③ 《明太祖实录》卷80,洪武六年三月甲子。
④ 《明太祖实录》卷83,洪武六年五月丙寅。
⑤ 《明太祖实录》,卷87,洪武七年正月甲戌。
⑥ 《明太祖实录》,卷87,洪武七年九月庚子。
⑦ 《明太祖实录》,卷93,洪武八年九月己卯。
⑧ [明]徐纮:《皇明名臣琬琰录》前集卷五,《海国襄毅吴公神道碑》,第142页。
⑨ 吴天颖:《甲午战前钓鱼列屿归属考》,社会科学文献出版社1994年版,第70—71页。

但若实录记载无误的话，则为两事。罗荣邦指出"1373 和 1374 年中国战船两次追击日本海盗一直到琉球群岛"。① 万明则在她有关钓鱼岛的文章中将张赫、吴祯击倭琉球洋当作洪武六年和七年两件不同的事件提及②。

吴祯死后十一年，即洪武二十三年（1390），朱元璋追论胡惟庸党案，吴祯被列为胡党，爵除。张赫死后三年，即洪武二十六年（1393），因追论蓝党，也被除其爵。③ 有关吴祯、张赫的公牍纪载、官私文献，也神秘地消失了。钱谦益在考"洪武十一年靖海侯吴祯卒"时曾发出这样的感叹："靖海之功，不减于江阴。其殁也，恩礼备至，而实录不为立传，仅附数语于江阴之后而已，今考庚午诏书，靖海死后亦坐胡党，国史之阙传，岂为是耶？"④

吴祯、张赫如何卷入胡蓝党案，现存史料阙如，历来研究者鲜有涉及，谜团难解。但洪武后期吴祯张赫故事的遗忘，显然与朱元璋对日态度的转变有关。如上所述，针对明初倭患，朱元璋一方面积极备倭、在海上主动出击追捕，另一方面多次诏谕日本，试图通过外交方式解决。⑤ 在吴祯死后一年，洪武十三年（1380）十二月，朱元璋遣使诏谕日本国王，曰：

> 蠢尔东夷，君臣非道，四扰邻邦。前年浮辞生衅，今年人来匿诚，问其所以，果然欲较胜负。于戏！渺居沧溟，罔知帝赐，傲慢不恭，纵民为非，将必自殃乎！⑥

洪武十四年（1381）七月，日本国王良怀遣僧如瑶来朝时，朱元璋命却

① ［美］罗荣邦：《明初海军的衰落》，《南洋资料译丛》1990 年第 3 期。
② 万明：《明人笔下的钓鱼岛：东海海上疆域形成的历史轨迹》，《北京联合大学学报（人文社会科学版）》2013 年第 2 期。
③ ［明］王世贞：《弇山堂别集》，卷 37，《航海侯张赫》，中华书局 1985 年版，第 668 页。
④ ［清］钱谦益：《牧斋初学集》，卷 103，《太祖实录辨证三》，上海古籍出版社 1985 年版，第 2125 页。
⑤ 从洪武朝具体对日的外交诏令文书来看，基本集中在洪武十四年以前，共计 8 通：分别是洪武二年（1369）一通、洪武三年一通、洪武五年一通、洪武七年一通、洪武九年一通、洪武十三年一通、洪武十四年两通。
⑥ 《明太祖实录》，卷 134，洪武十三年十二月丙戌。

其贡,并令礼部移书分别责问日本国王与幕府将军,《设礼部问日本国王》曰:

> 大明礼部尚书致意日本国王,王居沧溟之中,传世长民,今不奉上帝之命,不守己分,但知环海为险,限山为固,妄自尊大,肆侮邻邦,纵民为盗,帝将假手于人,祸有日矣!……若夫叛服不常,构隙中国,则必受祸。如吴大帝、晋慕容廆、元世祖皆遣兵往伐,俘获男女以归。千数百年间,往事可鉴也,王其审之!①

《设礼部问日本将军》曰:

> 日本天造地设,隔崇山、限大海……群臣又奏曰:"今日本君臣,以沧海小国,诡诈不诚,纵民为盗,四寇邻邦,为良民害,无乃天将更其君臣,而弭其患乎?"我至尊又不允曰:"人事虽见,天道幽远,奚敢擅专?若以舳舻数千,泊彼环海,使彼东西趋战,四向弗继,固可灭矣,然于生民何罪?"……惟尔日本渺居沧溟,得地不足以广疆,得人不足为元用,所以微失利而不争,所以畏天命而弭兵祸,以存日本之良民也。今乃以败元为长胜,以蕞尔之疆为大。以余观之,海中之舟,截长补短,周匝不过万里。以元之蹄轮长驱而较之,吾不知孰巨孰细者耶?今日本迩年以来,自夸强盛,纵民为盗,贼害邻邦,若必欲较胜负,见是非,辩强弱,恐非将军利也,将军审之!②

这三则外交文书,与洪武二年(1369)和洪武三年(1370)诏谕日本国王书相比,语气含蓄不少,但仍多有武力威胁的口气,希望日本约束其倭寇,否则必自受其祸,尤其《设礼部问日本将军》中还表明元朝征伐日本失利,并不代表元之兵力不足以灭日本,元不能灭日本并不代表明朝无能力灭日本。

---

① 《明太祖实录》,卷138,洪武十四年七月甲申。
② 《明太祖实录》,卷38,洪武十四年七月甲申。又可见《明太祖御制文集》卷十八《设礼部问日本国将军》,台北学生书局1965年版,第541页。

虽然,这些言辞或只因外交的需要,朱元璋并未真正做出兵征讨的准备,但也说明至少在洪武朝前期,直至洪武十四年(1379),朱元璋对日外交声明和军事战略中并未奠定为"不征"。在实际行动上洪武十四年以前也没迹象表明朱元璋不再实施主动出击的海上军事行动,按照此时期为保障辽东海道通畅的实际情形考虑,也仍需要在海上的主动军事出击。

大概是在洪武十四年后,朱元璋的海洋战略发生转变,一是不再试图通过外交途径解决倭患问题,洪武十四年后基本与日断绝正式的外交往来,也不再对日颁布带武力威慑的文书;二是抗倭思路从御海洋转向御海岸,从谋求海战转向谋求海防,在沿海建立以守护海岸为中心的防御工程,并以倭寇仍不稍敛足迹,下令"禁濒海民私通海外诸国"。① 一改以往鼓励造船练兵、主动海上征战出击倭寇的战略。洪武十五年(1382)一月,"山东都指挥使司言:每岁春发,舟师出海巡倭,今宜及时发遣。上曰:海道险、勿出兵,但令诸卫严饬军士防御之"。② 十一月,"福州左、右、中三卫奏请造战船,上曰:今天下无事,造战船将何施耶? 不听"。③ 洪武十七年(1384)命信国公汤和视浙江、福建要地,二十年(1387)令江夏侯周德兴往福建择要地筑城,添设沿海防御卫所。④ 当海上长城蔚然成形时,海上主动追击倭寇也不再如初期般得到积极鼓励,海防战略由主动出击转变到以被动防守为主的"防海",水军退缩为近岸禁查人民下海贸易的缉私队。洪武二十八年(1395),朱元璋正式告谕天下,"四方诸夷,皆限山隔海,僻在一隅,得其地不足以供给,得其民不足以使令。若其自不揣至,来扰我边,则彼为不详。彼既不为中国患,而我兴兵轻伐,亦不详也。吾恐后世子孙,倚中国富强,贪一时战功,无故兴兵,致伤人命,切记不可",将日本、朝鲜、大小琉球、安南等列为"十五不征之国"。⑤ 朱元璋将此写入《皇明祖训》的首章,并刊行颁布于

---

① 《明太祖实录》,卷139,洪武十四年十月己巳。

② 《明太祖实录》,卷141,洪武十五年正月辛丑。

③ 《明太祖实录》,卷150,洪武十五年十一月癸酉。

④ 关于洪武朝停止巡倭,海上军事防线的退缩,可参考杨国桢:《东亚海域漳州时代的发端——明代倭乱前的海上闽商与葡萄牙(1368—1549)》,[澳门]《RC文化杂志》中文版第42期,2002年春。

⑤ 《皇明祖训》首章,《四库全书存目丛书》史部第264册,第167页。

世。至此,对日"不征"的基调正式确定。根据万明的研究①,将"不征"写入家法的还可追溯到洪武六年(1373),早在《祖训录》修成时已有类似言论。② 甚至更早的"不征"之说,据《明太祖实录》所载,早在洪武四年(1371),朱元璋就有"朕以诸蛮夷小国阻山越海,僻在一隅。彼不为中国患者,朕决不伐之"之说。③ 比较这三则"不征"材料中有关日本的内容,在洪武六年不征之海外国家名单中并未列日本,而在洪武二十八年则将日本明确列入"不征"之列,这也说明了从"主动出击"到"被动设防"的转变,对日不征是在洪武十四年到洪武二十八年(1395)期间得以确定的。洪武三十年(1397),诏停辽东海运,随着海运在第二年废止,相应的主动追捕倭寇也更加废弛。

　　洪武朝后期"不征""防海"的确立,是中国海洋战略灾难性转机的开始,作为祖宗成法对后世产生很大的影响,吴祯、张赫主动出击追捕倭寇至琉球大洋的故事,也就被渐渐遗忘了。

第二节　嘉靖倭乱与琉球洋海战叙事的重提

　　成化、弘治年间,吴祯击倭琉球洋叙事因程敏政《皇明文衡》④、徐纮《皇明名臣琬琰录》⑤的编纂,收录了刘崧《海国襄毅吴公神道碑》,得以存世,张赫击倭琉球洋叙事则因《明太祖实录》保留了张赫传记流传下来。

　　① 万明主要通过洪武朝对周边国家的外交诏令文书来探讨明初外交格局,认为"不征"政策的最终奠定是在洪武十九年(1386)至洪武三十一年(1398)。参考氏著《明代中外关系史论稿》,中国社会科学出版社 2011 年版,第 12、71、141—145 页。

　　② 《祖训录》首章《箴戒》,洪武六年五月,《明朝开国文献》第三册,台湾书局 1966 年版。

　　③ 《明太祖实录》,卷 68,洪武四年九月辛末。

　　④ [明]程敏政:《皇明文衡》,卷 72,《神道碑》,《四部丛刊初编》,上海书店 1989 年版。

　　⑤ [明]徐纮:《皇明名臣琬琰录》前集卷 5,《海国襄毅吴公神道碑》,第 142 页。

嘉靖年间，倭乱连绵，东南屡遭蹂躏。当时的抗倭官员已经认识到，倭寇之所以猖獗，是放弃"御海洋"的恶果。唐顺之指出："御倭上策，自来无人不言御之于海，而竟罕有能御之于海者。何也？文臣无下海者，则将领畏避潮险，不肯出洋。将领不肯出洋，而责之小校水卒，则亦躲泊近港，不肯远哨，是以贼惟不来，来则登岸，则破地方。"①兵部尚书杨博云："平倭长策，不欲鏖战于海上，直欲邀击于海中；比之制御北狄，守大边，而不守次边者，事体相同，诚得先发制人之意。国初更番出洋者，极为至善。至于列船港次，犹之弃门户而守堂室，寖失初意，宜复祖宗出洋之旧制。"②归有光云："国家祖宗之制，沿海自山东、淮、浙、闽、广，卫所络绎，都司、备倭指挥使俟贼之来，于海中截杀之。贼在海中，舟船火器皆不能敌我，又多饥乏。惟是上岸，则不可御矣。不御之于外海，而御之于内海；不御之于海中，而御之于海口；不御之于海口，而御之于陆；不御之于陆，则婴城而已，此其所出愈下也。宜丕复祖宗之旧，责成将领，严立格条，御贼于外海者，乃为上功。"③俞大猷认为：倭寇长于陆战，"征召陆兵已尽天下之选，卒未见有实效，莫若备之于海为得策也……近有有识之士，谓海运复则战船多，战船多则倭患息"。④"倭贼之来必由海，海舟防之于海，其首务也。"⑤又说："防倭以兵船为急"，"倭贼矫悍，攻之洋中，我得上策"，"合用兵船十大枝，分伏于马迹、瞿山、阳山、石牛港、沈家门、海闸门、九山、潭头、玉环、南麂等海岛，乘其初至而击之，不使得以相待合势而猖獗也"。⑥俞大猷的主张，可以说代表了嘉靖时官员总结制倭的最上策，就是希望建立足够强大的舰队，更番巡哨，"倭奴入寇，来则就洋攻之，去则出洋追之，屡来屡攻，屡去屡追，日久则自惊畏，而不敢复来矣"，⑦换

①　[明]唐顺之：《条陈海防经略事疏》，《明经世文编》，卷260，中华书局1962年版，第2745页。

②　[明]郑若曾著，李致忠点校：《筹海图编》，卷12上，《御海洋》，中华书局2007年版，第764页。

③　[明]郑若曾著，李致忠点校：《筹海图编》，卷12上，《御海洋》，第764页。

④　[明]俞大猷：《与汤武河书》，《正气堂全集》，福建人民出版社2007年版，第203页。

⑤　[明]俞大猷：《议水陆战备事宜》，《正气堂全集》，第197页。

⑥　[明]俞大猷：《条议防倭事宜》，《正气堂全集》，第182—183页。

⑦　[明]俞大猷：《论海势宜知海防宜密》，《正气堂全集》，第195页。

句话说,就是要主动在海上进攻,取得制海权。

在这种情境下,吴祯击倭琉球洋被作为抗倭海战成功的案例,重新被提及。俞大猷在呈揭胡宗宪《请多调战船》时说:

> 倭贼虽勇悍,然用功海上,定靖可期。国初靖海侯吴祯追而捕之于琉球大洋,由是不敢复来。想当日之患,无异于今日。彼乃能建封侯之功,岂非借多船之力?①

此外,在胡宗宪授意下,由其幕僚郑若曾编纂的《筹海图编》,在嘉靖四十年(1561)成书,并在次年刊刻,其中的《浙江倭变纪》亦追溯了洪武七年吴祯故事,"七年,靖海侯吴祯败倭于琉球洋。倭扰海边,祯遣舟师追逐之,及于琉球洋中,斩甚众,悉送京师"②。郑若曾另著的《江南经略》一书,也同样提及,"洪武七年甲寅八月,倭寇海滨,命靖海侯吴祯率沿海各卫兵出捕至琉球大洋,获倭人船送京师"。③

但可惜的是,俞大猷等人所热心的主动出海击倭的想法并未得到明廷的认可。在"不征"祖训的笼罩下,对海战持反对和怀疑态度的官员们大有人在,俞大猷的主张未能上升为国家战略,也就不可能得以持续地推行。直到崇祯时期,陈祖授主张海运之利可助击倭海上,直言"且海中得如吴祯、张赫辈以总舟师,又可以断绝东南扬波之寇"。④ 也得不到响应。

在晚明朝野议论海乱、海防、海战的氛围中,吴祯击倭琉球洋的事迹引起文人学士的关注,为新刊刻的一批图书文献所记录,我们查找到的就有20种,包括成书嘉靖年间的佚名《秘阁元龟政要》⑤、郑晓《吾学编》⑥、陈建

① [明]俞大猷:《请多调战船》,《正气堂全集》,第214—215页。
② [明]郑若曾:《筹海图编》,卷5,《浙江倭变纪》,第320页。
③ [明]郑若曾:《江南经略》,卷3下,影印文渊阁四库全书本,第728册,台湾商务印书馆1986年版,第213页。
④ [明]陈祖授:《皇明职方地图》,《玄览堂丛书》第15册,广陵书社2010年版,第30b页。
⑤ [明]《秘阁元龟政要》,卷9,第513页。
⑥ [明]郑晓:《吾学编》,卷18,《异姓诸侯传》卷上,第380页。

《皇明通纪集要》①、雷礼《皇明大政记》②《江阴县志》③，万历年间的郑汝璧《皇明功臣封爵考》④、严从简《殊域周咨录》⑤、焦竑《国朝献征录》⑥《温州府志》⑦《应天府志》⑧、谢杰《虔台倭纂》⑨、钟薇《倭奴遗事》⑩，天启年间的过庭训《本朝分省人物考》⑪、何乔远《名山藏》⑫，崇祯年间的方孔照《全边略记》⑬、徐昌治《昭代芳摹》⑭、张萱《西园闻见录》⑮等。

这些文献中的内容大致相同，除《全边略记》将吴祯击倭之事记载为洪武六年七月外，其余涉及年月的记载多是指明在洪武七年或洪武七年八月；其史料陈述与《海国襄毅吴公神道碑》和《明太祖实录》中的记载，略有差异。如"海上警闻"，有的指"倭扰海边""倭寇海滨"，有的说"寇我胶州"；又如"出捕至琉球大洋"，有的称"追剿至琉球洋"，有的说"遇贼于琉球大洋中"。"寇我胶州"和"遇贼于琉球大洋中"是新的提法，不知是作者主观猜

---

① ［明］陈建著，江旭奇补：《皇明通纪集要》，文海出版社 1988 年版，第 344 页。

② ［明］雷礼：《皇明大政记》，卷 3，《四库全书存目丛书》，史部第 16 册，第 382 页。

③ ［明］张衮等：嘉靖《江阴县志》，卷 16，天一阁藏明代方志选刊。

④ ［明］郑汝璧：《皇明功臣封爵考》，卷 6，《靖海侯吴祯》，《四库全书存目丛书》，史部第 258 册，第 565 页。

⑤ ［明］严从简著，余思黎点校：《殊域周咨录》，卷 2，《东夷》，中华书局 1993 年版，第 52 页。

⑥ ［明］焦竑：《献征录》，卷 8，《靖海侯谥襄毅吴祯神道碑》，上海书店 1986 年版，第 266 页。

⑦ ［明］汤日昭等：万历《温州府志》，卷 6，《四库全书存目丛书》，史部第 210 册，第 579 页。

⑧ ［明］程嗣功等：万历《应天府志》，卷 22，《四库全书存目丛书》，史部第 203 册，第 579 页。

⑨ ［明］谢杰：《虔台倭纂·倭变》，《玄览堂丛书》第六册，第 4429 页。

⑩ ［明］钟薇：《倭奴遗事》，卷 1，《玄览堂丛书》第六册，第 4559 页。

⑪ ［明］过庭训：《本朝分省人物考》，卷 15，《吴祯》，《续修四库全书》，史部第 536 册，第 322 页。

⑫ ［明］何乔远：《名山藏》，卷 57，《吴良吴祯合传》，福建人民出版社 2010 年版，第 3070 页。

⑬ ［明］方孔照：《全边略记》，卷 9《海略》，《续修四库全书》，第 738 册，第 491 页。

⑭ ［明］徐昌治：《昭代芳摹》，卷 10，《四库禁毁书丛刊》，史部第 43 册，北京出版社 1998 年版，第 149 页。

⑮ ［明］张萱：《西园闻见录》，卷 56，《防倭》，文海出版社 1940 年版，第 4391 页。

测还是另有史料来源。

张赫击倭琉球洋事迹仅在嘉靖年间成书的《秘阁元龟政要》①《吾学编》②《皇明功臣封爵考》③中有所提及。据《秘阁元龟政要》记,张赫任福建都指挥使司期间,在洪武八年六月,"赫督军哨船入牛屿海洋,遇有倭寇,追至琉球大洋,亲同士卒与贼交战,生擒贼首一十八名,斩首数十级,获倭船数艘及腰刀军器。事闻,其功赐制奖谕降印与掌"。④ 郑汝璧《皇明功臣封爵考》、郑晓《吾学编》在张赫的小传中有类似记载,"……捕倭功,升同知署都司事,坐捕倭无功,夺俸,统哨出海,入牛山洋遇倭,追至琉球大洋,擒倭酋,调兴化卫,还俸"。⑤ 即在海坛岛(今福州市平潭县)以东的牛山洋海域遭遇倭寇,奋勇出击,追至琉球大洋。对照《明太祖实录》中的张赫传记,虽然张赫巡海的时间和原因有不同说法,但增加了遇倭地点、出击路线、击毙和俘获人数等具体细节,使海战形象更为丰满。

通过这些文献,吴祯、张赫击倭琉球洋的事迹再次被阅读、讨论,且保留流传下来。

第三节　日本吞并琉球与琉球洋海战故事的再提及

在清朝"重防其出"的海洋战略指导下,历康熙、雍正、乾隆三朝后,形成以海岸、海岛为依托,水陆相维的陆基海防体制。⑥ 中日间海上贸易频繁,清朝帆船占有主导地位,未曾受到日本方面的威胁。但其水师

---

① ［明］《秘阁元龟政要》,卷5,第544页。
② ［明］郑晓:《吾学编》,卷18,《异姓诸侯传》卷上,第309页。
③ ［明］郑汝璧:《皇明功臣封爵考》,卷7,《海运·航海侯张赫》,第602页。
④ ［明］《秘阁元龟政要》,卷5,第544页。
⑤ ［明］郑汝璧:《皇明功臣封爵考》,卷7,《海运·航海侯张赫》,第602页;［明］郑晓:《吾学编》,卷18,《异姓诸侯传》卷上,第309页。
⑥ 王宏斌:《清代前期海防:思想与制度》,社会科学文献出版社2002年版,第60—72页。

的布防是比较分散的,由于未曾遭遇强大的外国舰队的挑战,水师战备废弛,腐败丛生。在海洋晏平的情况下,"有海防无海战",将士不谈海战之事,不练海战之法,明初主动追击倭寇于琉球洋的记忆也渐渐淡忘。

　　有清一代提到吴祯击倭琉球洋的文献并不多,我们看到的只有 10种,如成书于顺治年间傅维鳞《明书》①,康熙年间顾炎武《天下郡国利病书》②,雍正年间任启运《史要》③,乾隆年间《明史》④《通鉴纲目三编》⑤《通鉴辑览》⑥,嘉庆年间《直隶仓州志》⑦,道光年间《江阴县志》⑧,光绪年间王先谦《日本源流考》⑨、朱克敬《边事汇抄》⑩《重修安徽通志》⑪等。但这些多半是文献上的沿袭,仍未超出《神道碑》和《明实录》的内容,多如《明史》所载,"七年,海上有警,复充总兵官,同都督金事于显总江阴四卫舟师出捕倭,至琉球大洋,获其兵船,献俘京师"。⑫ 时间是在洪武七年无疑,但所记"出捕倭,至琉球大洋",细节依旧含糊,不知到底在何处遇到倭寇的,是追剿至琉球大洋还是遇倭琉球洋而剿之。例外的是,顾炎武在《天下郡国利病书》中指出,"七年,倭贼至近海,靖海侯

　　① ［清］傅维鳞:《明书》,卷95,第1919页。
　　② ［清］顾炎武:《九边四夷备录·日本》,《天下郡国利病书》,上海古籍出版社2012年版,第3906页。
　　③ ［清］任启运:《史要》,卷7,《四库未收书辑刊》,叁辑第16册,第496页。
　　④ ［清］张廷玉:《明史》,卷131,《吴祯传》,第3841页。
　　⑤ ［清］张廷玉:《御定资治通鉴纲目三编》卷2,影印文渊阁四库全书本,第340册,第40页。
　　⑥ ［清］傅恒:《通鉴辑览》,卷100,影印文渊阁四库全书本,第697册,第203页。
　　⑦ ［清］王昶等:嘉庆《直隶仓州志》,卷24,《兵防》,续修四库全书,第385页。
　　⑧ ［清］陈廷恩等:道光《江阴县志》,卷15,《无锡文库》第一辑,凤凰出版社2011年版,第379页。
　　⑨ ［清］王先谦:《日本源流考》,卷14,《四库未收书辑刊》,捌辑第4册,第339页。
　　⑩ ［清］朱克敬:《边事汇抄》,卷12,《四库未收书辑刊》,叁辑第15册,第697页。
　　⑪ ［清］何绍基:《光绪重修安徽通志》,卷232,《中国地方志集成》省志辑,凤凰出版社等2011年版,第86页。
　　⑫ ［清］张廷玉:《明史》,卷131,《吴祯传》,第3841页。

吴祯督率舟师追剿至琉球洋,多所斩获,俘送京师",①王先谦在《日本源流考》中指出,"洪武七年八月,倭犯苏州海滨,命靖海侯吴祯率沿海各卫兵出捕至琉球大洋,获倭人船送京师"。② 而记载张赫击倭琉球洋的文献则少之又少,仅《明纪》《明书》《明史》等书可见。《明纪》中记载是在洪武五年,"倭寇福宁,明州卫指挥佥事张亿讨之,中流矢卒。福州卫指挥同知张赫追寇至琉球大洋,与战,禽其魁十八人,斩首数十级,获倭船十余艘,收弓刀器械无算"。③ 而《明书》则沿袭《秘阁元龟政要》所说,张赫是"入牛山洋,遇倭,追至琉球大洋,擒倭酋,俘获多人"。④ 未明其时间。《明史》所记,"赫在海上久,所捕倭不可胜计。最后追寇至琉球大洋,与战,擒其魁十八人,斩首数十级,获倭船十余艘,收弓刀器械无算。帝伟赫功,命掌都指挥印"。⑤ 亦不明其时间。在这些记载中,除了顾炎武、王先谦个别人士外,很少有如明嘉靖万历时期主动自觉去思考,更未将明初事件与防御日本之战略联系起来。清道光以前官方对日本国情缺乏关注,对其认识也多停留在前史记载,也并未将日本看做海上之威胁,直至同治光绪以来日本在中国周边海域侵夺意图愈益明显,才开始有日本方面的专著。

在置办船务的早期,李鸿章认为日本是"安心向化"的邻居:"伏查日本古倭国,在东洋诸岛中,夙称强大,距苏、浙、闽界均不过数日程。元世祖以后与中国不通朝贡,终明之世,倭患甚长,东南各省屡遭蹂躏。史称倭性桀黠,初由中土禁绝互市,明世宗时尽撤浙中市舶提举司,又不置巡抚者四年,濒海奸人得操其利,勾结引导,倭寇遂始剧。自国初朝鲜内附,声威震詟,倭人固不敢越朝鲜而窥犯北边,亦从未勾内奸而侵掠东南,实缘制驭得宜,畏怀已久。顺治迄嘉道年间,常与通市,江浙设官商额船,每岁赴日本办铜数百万斤。咸丰以后,粤匪据扰,此事遂废。然苏、浙、闽商民往日本长崎岛贸

---

① [清]顾炎武:《九边四夷备录·日本》,《天下郡国利病书》,第3906页。
② [清]王先谦:《日本源流考》,卷14,第339页。
③ [清]陈鹤:《明纪》,卷3,《四库未收书辑刊》,陆辑第7册,第59页。
④ [清]傅维麟:《明书》,卷95,《张赫传》,第1927页。
⑤ [清]《明史》,卷130,《张赫传》,中华书局2012年版,第3831页。

迁寄居者络绎不绝,日本商人游历中土者亦多。庚申、辛酉后苏浙糜烂,西人胁迫,日本不于此时,乘机内寇,又未乘乱要求立约,亦可见其安心向化矣"①。同治十三年(1874)日本侵犯台湾,显示向东海扩张的野心后,"海防紧要"的危机感弥漫朝野,方对之警惕。李鸿章从西书《防海新论》知道建设海军、主动进攻,掌握制海权的重要性,而"防守本国海岸之上策",就是"将本国所有兵船径往守住敌国各海口,不容其船出入";其次才是自守,"聚积精锐,只保护紧要数处,即可固守"。但他认为"惟各国皆系岛夷,以水为家,船炮精炼已久,非中国水师所能骤及","中国兵船甚少,岂能往堵敌国海口? 上策固办不到,欲求自守亦非易言"。主张"中国土陆多于水,仍以陆军为立国根基。若陆军训练得力,敌兵登岸后,尚可鏖战。炮台布置得法,敌船进口时,尚可拒守"。② 他也强调外洋水师、铁甲船的重要,战术上实行"守定不动之法"与"挪移泛应之法",水陆结合,以炮台陆军于港口设重防,再加上海岸驰骋游击之铁甲水师,但他的战略中并没有主动出击,集中力量歼敌于外海的意思,仅是岸守的辅助,并非进攻型的海军。思维仍是以陆看海,以陆制海。

光绪元年(1875),李鸿章受命督办北洋海防事宜,开始着手组建北洋海军。虽组建海军的第一目标就是"制驭日本",但李鸿章依旧采取固守京畿门户的态势,并不求主动出击,歼敌于外海。

光绪五年闰三月初三日(1879 年 5 月 12 日),日本内务大臣松田道之率领官员数十名、兵丁数百名到琉球,包围王城,宣布"处分"琉球:废除琉球国,改置冲绳县,禁止琉球再向清国朝贡、再受清国册封,命国王赴东京"谢恩"等九条。琉球国王尚泰病重不起,由世子尚典代往东京,即被扣为人质。四月十七日,滞留福州的琉球陈情使、紫巾大夫向德宏,收到琉球王世子从东京托闽商带回的密函,饬其迅速北上,向清廷求援,"沥血呼天,万勿刻缓"③。向德宏等接到密函后,恐先禀明闽省官员再行启程,枉需时日,

---

① [清]李鸿章:《奏稿》,卷 17,《遵议日本通商事宜片》,载吴汝纶编,《李文忠公(鸿章)全集》,文海出版社 1984 年版,第 600 页。

② [清]李鸿章:《奏稿》,卷 24,《筹议海防折》,第 829—830 页。

③ [清]李鸿章:《译署函稿》,卷 9,《琉球国紫巾官向德宏初次禀稿》,第 3066 页。

缓不济急,遂薙发改装,扮成商贩,自马尾搭轮船离闽北上,航海经上海到天津。五月十四日(7月3日),向德宏向北洋大臣李鸿章号泣求救,呈交救国请愿书,"请据情密奏,速赐拯救之策,立兴问罪之师"。① 李鸿章再四抚慰,属其回闽候信,向德宏不肯遽返。在津期间,向德宏从美国领事交阅西报中,得知国王尚泰已被俘至东京,革去王号。六月初五日(7月23日),又上禀李鸿章,援引明靖海侯吴祯击倭琉球洋故事,恳请出兵解救琉球亡国危机:

> 如可兴兵问罪,即以敝国为响导,宏愿充先锋,使日本不敢逞其凶顽。宏于日国地图、言语、文字诸颇详悉,甘愿效力军前,以泄其戴天之愤。或颁兵敝国,堵御日本,如前明洪武七年间命臣吴祯率沿海兵至琉球防守故事,使日本不得萌其窥伺。②

对此,李鸿章并未直接回复,但他在前年向德宏到闽陈情日本阻贡请求救援后,就认为"琉球地处偏隅,尚属可有可无","即使从此不贡不封,亦无关于国家之轻重,原可以大度包之"。琉球地理位置,孤悬海外,与中国陆地接壤的朝鲜、安南不同,"若春秋时卫人灭邢,莒人灭鄫,以齐晋之强大不能过问,盖虽欲恤邻救患,而地势足以阻之"。批评驻日公使何如璋"所陈上中下三策,遣兵舶,责问及约球人以必救,似皆小题大做,转涉张皇"。③ 收到向德宏禀文之前不久,李鸿章接待了来华游历的美国前总统格兰忒,并奏准请格兰忒出面调停琉球事宜,当然不可能采纳向德宏兴兵问罪的建议。

七月,格兰忒提出分岛方案,此后中日开始谈判琉球归属事,朝中大员们纷纷提出自己的主张。他们基本都认为并非用兵之时,讨论多是认为日本提出的分岛方案不可行,球案签约宜缓。出兵征讨日本曾被作为一个选项提出,如右庶子陈宝琛在光绪六年(1880)九月二十六日的奏折中指出:"虽目下铁舰冲船尚未购齐,水师未成,沙线未习,犹未能张皇六师以规复

---

① [清]李鸿章:《译署函稿》,卷9,《琉球国紫巾官向德宏初次禀稿》,第3067页。
② [清]李鸿章:《译署函稿》,卷9,《琉球国紫巾官向德宏二次禀稿》,第3068页。
③ [清]李鸿章:《译署函稿》,卷8,《密议日本争琉球事》,第3031—3033页。

琉球为取威定霸之举，而我不能往寇，彼亦不敢来，莫如暂用羁縻推宕之法……如其不应则闭关绝市以困之……如此犹不应，则仗义进讨以创之，三五年后我兵益精，我器益备，以恢复琉球为名，宣示中外沿海各镇，分路并进，抵隙攻瑕，师数出而倭必举。"①又如光绪七年（1881）二月三十日翰林院编修陆廷黻奏请征日本以张国威而弭敌患，提出五条不可不征、三条可征的理由②，但这只是朝中少数人的主张，也并未有具体的征讨方案，对前代击倭战略也没有深入思考总结，吴祯故事及其主动出击控制海域的战略，被有意或无意地回避了。其他人多不赞同征讨之举，刘坤一说："如陈宝琛所言中国声罪致讨，跨海东征，以今日之整练水师亦决无元初覆军之惧。然以日本二千余年之国，此举未必扫穴犁庭，倘使设伏以邀我，固守以老我，彼熟我生，彼主我客，悬军深入，大属可虞。即便日本慑我兵威，一战而败，请受约束，许复琉球，而琉球近在日本卧榻之侧，我能留兵守之否？我归而彼复夺之，岂能再为出师以蹈波涛之险？"③在普遍主张不出兵的情况下，李鸿章等人对向德宏提及的吴祯率沿海兵至琉球防守故事选择了遗忘。

明初追击倭寇至琉球洋，本是朝廷有意遗忘的事件，然而之后的520年间，每当东海有事，这一历史记忆就会被激活，引起社会的反响，重新提出和讨论，反映了中国海洋危机日益加重和海洋意识的觉醒。而明清统治者对这一叙事的遗忘、再遗忘，反映了明清王朝的海洋战略从进取到退缩、从海战到海防的转变，体现大陆海洋观与重陆轻海的思维定式和行为定式的强大。这一历史教训值得深思和反省。

---

① ［清］陈宝琛：《日讲起居注官右春坊右庶子陈宝琛奏为倭案不宜遽结倭约不宜轻许事折》，载《清代中琉关系档案七编》，中国第一历史档案馆，2009年，第421—422页。
② ［清］陆廷黻：《翰林院编修陆廷黻奏为陈请征日本以张国威等管见事折》，《清代中琉关系档案七编》，第509—512页。
③ ［清］刘坤一：《两江总督刘坤一奏为密陈球案宜妥速议结倭约宜慎重图维外杜纷纭内严防范事折》，《清代中琉关系档案七编》，第4520—4523页。

第五章　从中国海洋传统看郑和远航*

　　1405 年开始的郑和远航,是古代海洋世界的一页辉煌,但它的基础和内涵是一个纠缠不清的历史之谜。我试图站在海洋史学的立场,进行观察和思考。这里,我要表述的,只是一个思考的方向,提请方家的指教。

第一节　理论的反思

　　在人类文明史上,海洋发展是人的一种生存方式,又是一种文明的历史进程。但海洋在人类文明史上的定位,却是悬而未决的问题。

　　长期以来,世界历史体系和结构是以陆地为中心的,海洋的历史被解读为各大洲陆地文明之间通过海洋进行的撞碰、冲突和交流。古代世界被分为农耕与游牧两个世界,古代世界史是农耕世界与游牧世界之间从原始、孤立、分散走向一体的历史进程,近代世界史则是工业世界征服农牧世界的过程。他们承认大海影响了世界文明,如地中海世界为古希腊、古罗马古典文明提供了必要的地理舞台,为奴隶制经济的商品化提供了条件;"地理大发现"引起全球性的商业大革命和海外殖民扩张,导致世界市场的开始形成和资本主义时代的到来。那是因为海洋成为各个大陆文明间联系的大通道,促进了各大陆文明的一体化进程。

　　* 本章原载《郑和远航与世界文明——纪念郑和下西洋六百周年论文集》,北京大学出版社 2005 年版。

中国是东方文明古国,以灿烂的农业文明著称于世,长期以来,被视为大陆国家,传统文化被形象化地称为"黄土地文化"。当代研究的进展,承认中国既是大陆国家,又是海洋国家,但在中国历史文本和教科书里,中国古代社会仍是农耕世界与游牧世界的二元结构。他们也关照到海洋,叙述过古代中国有发达的航海,"海上丝绸之路"、郑和下西洋的辉煌,但那是中国农耕世界与海外的政治、经济、文化交往。

人类是陆栖动物,陆地是人类文明的主要载体,大陆文明的发展进程是世界历史的主流,这是真实的。农耕世界与游牧世界的对立统一关系是人类文明的主题,也是正确的。问题是:人类从陆地走向海洋后,海洋究竟只是大陆文明间交往的一条通道,还是人类生存发展的一个空间? 在农耕世界与游牧世界之外,是否还存在一个海洋世界?

考古学和人类学的新进展告诉我们,人类的海洋活动和陆地活动同样古老,海洋文明有独特的起源、发展的过程。历史学家发现,不仅地中海周边地区的历史是与在地中海中航行的船只和海员的历史同步发展的,古代亚洲、美洲也有"地中海",也是海上民族的摇篮。在"地理大发现"以前,海上文明早已有了洲际的传播。海洋作为不同陆地文明跨界交流的通道,是各种海上文明先行接触和互动的结果。如果承认这些历史事实的话,我们就应该把海洋世界当作人类生存与发展的另一类人群和区域,作为另一种文明形态的存在来对待。按照我的理解,海洋世界应该包含多层的意义:

第一,海洋世界是人类海洋性实践活动和文化创造的空间。海洋性实践活动包括直接的和间接的开发和利用海洋的活动,舟船是它的主要载体。舟船把它航行的所有起点和终点的陆地(包括海中陆地——岛屿)的海岸区域相连接,形成海洋区域的社会网络,因此海洋世界的空间结构,是由大陆海岸区域、岛屿与海域组合而成的。我们以往理解的,只是越洋到新大陆开辟新的生存发展空间,忽略了海上本身就是一种生存发展空间,事实上没有海上生存能力,就没有海上力量,就谈不上跨越海洋。海上空间没有具体的边界,作为个体和群体而言,航海能力决定它的海上空间的大小;作为区域和国家而言,海上空间的大小取决于民间和官方的综合海上力量。

第二,海洋世界指海洋人文世界。海洋文化是海岸区域和海域涉海的群体对海洋自然的"人化"。各种海洋活动群体组合的"船上社会",如渔民社会、海商社会、海盗社会等,都有自己的组织制度、行为方式,与陆地社会有显著的区别。海岸区域间接进行海洋性实践活动的群体,是"船上社会"的支持和后援力量,与"船上社会"构成联动的系统。他们与海洋发生积极的关系,海洋因素渗透在他们的物质生活与精神生活中,成为生命的一部分。不适合人群居住和发展航海的海岸区域、岛屿和海域,没有海洋活动,自然也就不会有海洋人文世界。

第三,海洋世界是人类社会大系统下的一个小系统,与农耕世界、游牧世界相同,也有一个从原始、孤立、分散走向一体的历史进程。人类对海洋认识的不断深化,开发和利用海洋能力的不断提高,海洋世界便逐渐地从低级形态到高级形态演进,从区域海洋向全球海洋发展,从表层海洋向立体海洋纵深推进。古往今来,海洋活动与大海一样,有高潮有低潮,但这一进程没有中断过,并且会继续延续下去。大致而言,海洋世界自身的发展和演变,可分为区域海洋(古代)、全球海洋(近代)、立体海洋(当代)三大阶段。

如果这样的理解可以成立的话,海洋在世界历史(包括中国历史)体系和结构中不应该只是一个陆地文明之间交往联系的场所,而且还是一个与农耕世界、游牧世界对话、交流、互动的角色。这使得历史学家有必要和可能去重新发现海洋的历史,观察海洋世界自身的发展和演变。

第二节　中国的海洋传统

中国的海洋传统,按照上面的反思,应指中国古代海洋活动群体的传统,海洋区域的文化传统。中国古代海洋活动群体所依托的海洋区域,包括今天的朝鲜、韩国、日本和东盟国家的海岸区域在内的环中国海,并向印度洋和东太平洋延伸。海上接触的对象,包括东亚与西亚之间不同民族的海洋活动群体。

海洋活动群体的产生早于国家的形成。海洋活动群体之间的互相接触,早于国与国之间的海洋联系。在有文字记载以前的史前时代,环中国海周边的族群已通过舟筏漂流的海洋探险活动持续接触和交流,形成互动的文化和语言圈。上古时代在今属中国的大陆边缘带上的东夷、百越,与西太平洋岛屿带上的部族具有亲缘关系。环中国海因而被认为是"亚洲地中海",海洋文化的发源地之一。① 中国在国家形成的过程中,不只是农业民族的共同体,而是多元一体的,包含了游牧民族、海洋民族的成分。公元前2世纪以后,移入海岸区域的汉人与夷人、越人融合,一部分人保持了海洋民族的性格(如疍民),一部分人变为海陆两栖(如渔民、海商、海盗),善于用舟是海岸区域文化的传统。

过去讨论中国传统海洋文化,是以陆地为本位,以农业文化为坐标,与西方进行比较的。如黑格尔是以中国等于大陆中国、古代中国人等于农业民族为立论基础的。虽然现在没有人公开否认中国古代有海洋文化,但什么是海洋文化,说法不一,不少人赞同中国古代海洋文化是海洋农业文化,把它划归农耕世界的范畴,还没有摆脱黑格尔的影响。其实,黑格尔所谓古代中国人和海"不发生积极的关系",是指大陆中国以农为本的汉人和海不发生积极的关系,航海"没有影响于他们的文化",是指没有深层次地影响汉民族的核心文化、精英文化。从这样的理解去看,我们不能简单地说黑格尔否认中国有海洋文化,但必须指出,黑格尔这样的概括至少是偏颇的,因为说古代中国人的海洋观念是属于农业民族的,不能等于中国海洋活动群体的海洋观念也是农业性的。说海洋对中国文化没有产生深层次影响,不等于海洋对海岸区域文化没有产生这种影响。

首先,中国海洋活动群体与其他海域、国家的海洋活动群体并没有本质的差别,同属海洋人文类型。他们以海为生,船上社会组织运作的流动性,社会价值取向的趋利性,都是相同或相似的。8世纪以来,由于欧亚大草原交通的式微,阿拉伯、波斯商人航海东来的刺激,远洋海舶的制造和指南针等航海技术的进步,中国海洋商业活动群体开始逐利于西洋,宋代已形成往返东西洋的航海网络。他们的海上生存能力和冒险精神向来都被低估,他

<hr/>

① 凌纯声:《中国边疆民族与环太平洋文化》,载《中国古代海洋文化与亚洲地中海》,台北联经出版公司1979年版,第335—344页。

们进行非农业性的海外开拓被当作海外奇谈受到主流社会精英的排斥,更谈不上影响王朝统治者的思维。但在中国海洋活动群体之间,海洋社会系统内部,这种冒险和开拓精神的传播不仅存在,而且得到效法和继承。比如,当代有学者考证宋代古籍出现澳洲的地名,指出宋代中国航海者最早发现到澳洲的航线。与此巧合的是,最近有报道称,英国加德士石油公司退休海事工程师贝尔从个人兴趣出发,利用电子扫描测定等现代科技手段,对今天新西兰南岛的历史遗迹,包括因为海啸而被冲上海边悬崖的沉船残骸遗物进行考察,结果认定:早在 1000 年前,在今天新西兰南岛的基督城植物公园一带,曾经存在过一个"中国城",居民可能多达 4000 人。如果这些考古遗迹得到进一步证实,我们势必要重新认识中国人的海洋世界,重新评价传统中国海洋活动群体。其实,以获取利润为目标的海商经营方式和船上劳动组合,宋代已有片断的记载,与中国海洋活动群体相遇的外国航海家、旅行家,也有一些生动的记录。海洋活动群体如果没有适应海上风浪变幻的生存能力,没有了解中国与外域商业规则或习惯的跨国知识,取得生存和发展的空间是不可想象的。

其次,海洋是影响中国海岸区域政治格局和生活样式的因素。过去的研究偏重于揭示中央王朝政治动荡时期在海岸区域建立的割据政权与海洋的关系,其实在中央王朝政治稳定时期,通过海洋与外国的互动也很频繁,东亚汉文化圈就是在盛唐时期形成的。中央王朝以"德被四海"树立天下共主地位,招徕海上周边各国来朝,对中外民间海洋贸易往来也持开放的态度。辽东半岛、山东半岛和朝鲜半岛环绕的黄渤海地区,从山东浮海逐岛沿岸航行至辽东、朝鲜半岛,并延伸至日本列岛,是秦汉时航海贸易与移民的重要通道。隋唐时,跨越黄海,对渡山东与百济是中日使节和商人常走的航线。东海海岸地区,唐代开通了衔接广州往印度洋航线,以及从江南对渡日本九州西岸的航线,扬州、宁波、福州是对外开放的港口。南海海岸地区与海外诸番交往密切,汉代有徐闻、合浦道,唐代有广州通海夷道,广州是最重要的国际性港口。海洋交往熏陶了海岸地区百姓趋利重商的心理,虽然早期海洋活动群体没有留下自己的记录,但沿海官员留下的只言片语,仍可感受到海上中外文化接触对上述海岸地区社会风气的影响。

正是因为在中国海岸区域始终存在海洋利益驱动的海洋活动群体和航海传统，才有可能产生造船航海技术的大突破，指南针成为中国领先世界的四大发明之一。才有 11 — 14 世纪朝廷开放、民间参与的海通盛况，以广州、泉州为枢纽的东南海岸区域，成为东亚与西亚海洋世界互动的国际商品集散地。

第三节　关于郑和远航

14 世纪下半叶，明太祖建立明朝之后，虽遣使四出，恢复以中国为天下共主的朝贡体制，但基于海上反明残余势力的存在和倭寇的侵扰，采取从海洋退缩的对策，虚空东南一批易为反叛力量聚集的岛屿，6 次颁布禁海令，禁濒海民不得私出海，堵塞了传统朝贡体制下允许中外民间贸易的渠道。中国沿海生存发展空间紧缩，海洋活动群体分崩离析，一部分被强制迁往陆地为农民，一部分被强制收编籍入沿海卫所，一部分则逃往僻远海岛以至海外。主导元代海外贸易的阿拉伯裔海商群体撤往爪哇、苏门答腊等地，出海不归的闽粤民人在杜板（Tuban）、新村、苏鲁巴益（Sarabaya）、旧港（Palembang）等地建立华人移民社区。15 世纪初，明成祖即位后，在不违背明太祖朝贡体制的前提下，对海洋采取积极进取的态度，发动了郑和下西洋的惊世之举。

不管明成祖的主观动机如何，他采取海洋进取的积极态度，是传统王朝体制下中央政权经略海洋最为开放的一次。派遣使节宣谕天威，招徕海番入朝臣服进贡，并予以回赐，是历代常用的礼仪程序，而明成祖采用大型船队护使远赴海外宣谕诏书，颁赐印绶、冠服、礼物，并接送海上各国君主或使臣进贡的逆向形式，却是前所未有的。这就把官方垄断的朝贡贸易发挥到极致，中国的声威远播到西亚东非，造成有利于明朝安全的国际环境。以后的明清帝王都没有他的胸襟和眼界，难以望其项背。

郑和下西洋巧妙运用朝贡体制中附搭贸易的传统，在停泊间隙直接与当地商民或分艨到其他港口货用交易，既解决沿途淡水和食物补给，又收购回程宝物、商货,展示国家海上力量,而不掠土殖民,促进了停泊港贸易的繁盛,打开东西方海上交往的新局面。马六甲因作为郑和船队的中转、补给基地,兴起为南海与印度洋间贸易的枢纽。红海与印度洋贸易也因郑和分𫸩船队的到来更形活跃。郑和船队所经的南海和印度洋海岸地区留存的遗物遗迹和传说,显示这历时 28 年的和平之旅,为亚非共享繁荣的国际海洋秩序作出不可磨灭的贡献。这也是当代建立国际海洋新秩序最值得借鉴和学习的先例。

郑和下西洋是世界航海史上第一次大规模的越洋远航。其所集结的船只和人员之多,航行范围之广,持续时间之长,证明中国是当时世界最大的海上力量。但要看到,郑和乘坐的宝船,是宋元时代远洋船舶的改进型,精密的罗盘针、丰富的航海知识,都是宋元时代船家的积累。运用中央集权体制调集的南北沿海卫所官兵,原本都有海上的经历。他们的父兄不少就是民间海洋活动群体的成员,明初被编入军籍应役的。福建海岸区域是宋元远洋海舶制造、通洋人才辈出之地,郑和出洋基地选择福建的长乐,应是修造装备船只、招募火长、水手、通译等综合因素的考量。没有发达的海洋生产力为基础与航海技术人才的储备,短期内组建一支 2 万多人远涉沧溟的水军,是办不到的。长乐基地的存在,对释放被压制的民间海上力量,让那些失去本业的海民在国家征调下重返海洋,也有正面的效益。可惜下西洋的基本内涵是一种国家政治行为,国家海上力量的扩张是以挤压民间海洋发展空间为代价的。最终,下西洋被当作“弊政”而放弃,远洋海舶制造停止了,远洋船队解散了,连航海档案也被销毁了。郑和下西洋没有成为中国海洋发展的新起点,反而成了中国传统海洋时代落幕的回光返照,这是最值得吸取的历史教训。

郑和下西洋主力船队的活动范围没有超出宋元船家已知的东西洋海洋世界,但分𫸩船队为寻找新的贸易地点,有新的开拓,扩大了对印度洋沿岸特别是东部非洲海岸的认识。这是现存史料可以证明的。至于绕过好望角,发现西南非洲,或跨越大西洋发现美洲,虽缺乏实证的支持,但竞逐海利是海洋活动群体的本性,我们不宜低估中国航海者的智慧,予以全盘否定。因为我们现在能掌握到的实证,并没有分𫸩船队的直接记录。没有记录流传下来，并不等于历史上没有发生过。然而，我们也要清醒地看到，即使1421年郑和分综船队发现了美洲，但那时明成祖已把精力集中于亲征漠北，失去了经略海洋的热情，中国与打通各大洲文明交流大通道的历史机遇失之交臂是不可避免的。而民间海洋活动群体出海通番属于非法行为，即使冲破禁令，走入海洋，也无能力重复郑和分综船队的航程再走一遍了。

第六章　从海洋社会权力解读
清中叶的海盗与水师*

　　海洋社会是国家与社会各种海上力量的载体。海洋社会权力即海上力量利用和控制海洋的权力。广义的海上力量,包括开发和利用、管理和控制海洋空间和资源的经济力量、政治力量、军事力量和文化力量,即海洋的综合国力。狭义则仅指国家(官方)和民间的海上军事力量。

　　中国濒临西太平洋,面对环中国海,具有向海洋发展的优越条件。但是,在漫长的历史岁月里,中华民族生存和发展的重心在黄河流域、长江流域,开拓生存空间的主要方向在欧亚大草原,海洋发展受到压制,滞留在沿海地方和民间的层次。传统海洋时代,宋元王朝向外用力的方向一度向海洋倾斜,但被视为一时权宜之计,而非根本性的选择。大航海时代,中国海洋社会经历了一次发展战略机遇期,明末海洋社会权力从民间——地方官府——海上政权的整合,代表了中国沿海社会从大陆向海洋的转向①,但终因郑氏海上势力的败亡,戛然而止。

　　清朝在平定台湾后开放海禁,海洋社会被整合到以陆制海的海防体制内。代表民间海上力量的是渔民社会、船民社会、海商社会的群体。渔民社会,一般由居住沿海渔村的陆居渔民,与居住船上的水居渔民组成。陆居渔民,属渔港澳甲或渔村保甲的编户齐民,一部分是农民的兼业转化而来的专

　　* 本章原载《海港·海难·海盗:海洋文化论集》,台北里仁书局2012年版。
　　① 杨国桢:《郑成功与明末海洋社会权力的整合》,载《中国近代文化的解构与重建(郑成功、刘铭传——第五届中国近代文化问题学术研讨会文集,(台北:政治大学文学院),2003年4月。

业渔户,一部分是水居渔民被纳入官府统治体系内,上陆居住,仍保留原有的生计。水居渔民主要指世代以舟楫为家的疍户,也有一部分是沿海失去土地的农民下海谋生,或因犯法、械斗等原因无法在陆地立足,逃亡下海,以渔为生的。船民社会,一般指从事海上运输为生计的人员组合,通贩外国之船,每船船主一名,通常是造船置货的财东(出资人或合伙人),或财东推举的代理人,掌管货物出国买卖及船务。财副一名,司货物钱财。总管(总捍)一名,分理事件。火长一正一副,掌船中更漏及驶船针路。亚班、舵工各一正一副。大缭、二缭各一,管船中缭索。头碇、二碇各一,司碇。一仟、二仟、三仟各一,司桅索。杉板船一正一副,司杉板及头缭。押工一名,修理船中器物。择库(直库)一名,清理船舱。香工(香公)一名,朝夕焚香楮祀神。总铺一名,司火食。水手数十名。南北通商之船,每船出海一名,即船主。舵工一名、亚班一名、大缭一名、头碇一名、司杉板船一名,总铺一名,水手20余名或十余名。其中,舵、缭、斗、椗属于航海技术人员。海商社会,即从事海上贸易的商人组合。广义包括陆地出资造船的船主和置货的货主(通常是巨族大姓或绅衿富户多人投资合股的"公司"),以及经销海船进口货物的商人。狭义指奔波海上的船主即船长,又称出海,通常是船货的合伙人之一或委托代理人,负责海上航运和贸易的营运。附搭的客商,即租舱位置货随船出海的货主。他们在官方对海洋行业、人口、港澳、渔村、岛屿、船舶设施、进出口货物等实施控制和管理的前提下,得到有限的发展空间。

渔民社会、船民社会、海商社会的活动空间包括沿海地带和海上,而海上活动的流动性是官方按陆地行政区划实施的管理难以掌控的。"海上无王法,舟中无国公",船上自行制订的规矩、传统习俗维持海洋社会的运作,成为民间的海洋社会权力。一般地说,在太平的海洋经济环境下,即捕鱼、航运和贸易顺利进行时,官方的海洋社会权力与民间的海洋社会权力并行不悖,处于相对平衡与和谐状态;反之,就会产生激烈的震荡,引起海洋社会的分裂。

清中叶海盗与水师拼杀的历史,是海洋社会矛盾总爆发的结果。海上渔民社会、船民社会、海商社会视海洋为生存发展的空间,以流动为命根,而清朝则视其为社会动乱和危害农业社会的隐患和根源,存在观念和利益上的巨大反差。官府对海洋活动的种种限制,一方面把一部分海洋群体逼回陆地,加剧沿海地带资源和空间利用的陆地化与海洋化发展路径的争夺,另一方面削弱海洋渔业、海洋航运业、海洋商业的活力和应付海洋事变的能力,往往陷入生存危机的窘境,这就导致民间海上力量与官方海上力量的对立以不可调和的形式展现。

关于清中叶海盗的研究,已有众多优秀成果。围绕广东、福建、浙江海盗崛起的原因、海盗集团活动的性质、海盗成员的身份和组织结构、广东海盗与安南(越南)西山政权的关系、蔡牵、朱濆进攻台湾等方面展开,并延伸到海洋世界的生态、经济与文化、疍民、渔商等海洋族群与海盗的关系、清廷与地方官府、沿海士绅的应对、水师与海防等问题,见仁见智,名篇迭出。①但由于史料的解读不同,亦有不少分歧,值得进一步研究。本文试从海洋社会权力的角度解读清中叶的海盗与水师,敬祈方家教正。

第一节　海盗的民间海洋社会权力

海盗是海洋社会中分化出来的民间海洋军事力量,与渔民社会、船民社会、海商社会分享民间海洋社会权力,挑战官府的海洋社会权力。"海盗,非别有种类,即商渔船是。商渔非盗也,而盗在其中,我有备则欲为海盗者,不得不勉为商渔;我无备则勉为商渔者,难保不阳为商渔而阴为海盗,久之而潜滋暗长,啸聚既多,遂立帮名抗官军,居然自别于商渔。"②

---

① 如张中训的《清嘉庆年间闽浙海盗组织研究》(收入《中国海洋发展史论文集》(二),台北"中央研究院"三民主义研究所,1986 年)陈孔立的《蔡牵起义及其性质》(收入氏著《清代台湾移民社会研究》,厦门大学出版社,1990 年);秦宝琦的《蔡牵领导的渔民、船民起义》(收入喻松青、张小林主编:《清代全史》第六卷第四章,辽宁人民出版社1993 年版);刘平的《清中叶广东海盗问题探索》,《清史研究》,1998 年第 1 期;穆黛安(Dian Murray)的《华南海盗,1790—1810》(Pirates of the South China Coast,1790—1810,Stanford University Press,1987);安乐博(Roberf J.Antony)的《浮沤着水:中华帝国晚期南方的海盗与水手世界》(Like Froth Floating on the Sea:The World of Pirates and Seafarers in Late Imperial South China Sea)等。

② 嘉庆《雷州府志》卷 13,《海防志》上。

　　海盗的主要来源是渔民、疍户和水手，为清朝剿匪档案所证实。穆黛安分析了在 1794 年到 1803 年之间自愿走上海盗生涯的 93 人的职业背景情况，"其半数以上或者是渔民，或者是水手"①。安乐博对 1795 年到 1810 年间广东海盗刑案档案进行了研究，指出："被虏的受害人和核心海盗的背景，其实都几乎一样，多是疍民、渔夫、水手。""多数牵涉海盗刑案的人，并不是真正的海盗。""那些被迫参与海盗活动的人，也都是被害者而不是罪犯。甚至于多数的核心海盗，最初也是受害者而非主动者。"②张中训分析了 1785 年至 1810 年闽浙海盗入盗前的职业，可考的 109 人，其中 88 人是渔民。③

　　海盗结帮，从商渔船只"连艍互保"制度脱胎而出。据张中训的研究，官方文书记载的"本船盗首""管船盗首"，就是商渔组织的船主（船长），海盗内部称之为"老板"或"头人"。"小盗首""盗首"即连艍（通常不超过 12 艘）而成的分帮主，海盗内部称之为"某大哥"。"首逆""总盗首""盗首""盗酋"或"贼酋"即帮主，海盗内部以绰号或头衔称之，如称蔡牵为"大出海"、"大老板"，称朱濆为"老大哥"④。而"朱濆见蔡牵称呼大出海，蔡牵叫朱濆为头脑"⑤。广东海盗各大帮主亦自称"各支大老板"⑥。

　　海盗结帮，又是连艍互保的商渔组织脱离水师监管的结果。"洋面无兵船，则洋面皆盗船"。海盗帮群兴起后，从平日临时起意的海上抢劫，变为有组织的，靠收取商税、渔规及赎金为主要经济来源的海洋群体，以暴力

　　①　穆黛安著、刘平译：《华南海盗》，中国社会科学出版社 1997 年版，第 6 页。
　　②　安乐博：《罪犯或受害者：试析 1795 年至 1810 年广东省海盗集团之成因及其成员的社会背景》，《中国海洋发展史论文集》（第 7 辑下册，台北"中研院"中山人文社会科学研究所，1999 年 3 月），第 448 页。
　　③　张中训：《清嘉庆年间闽浙海盗组织研究》，载《中国海洋发展史论文集》（第 2 辑，台北"中研院"三民主义研究所，1986 年 12 月），第 186 页。
　　④　张中训：《清嘉庆年间闽浙海盗组织研究》，载《中国海洋发展史论文集》（第 2 辑，台北"中研院"三民主义研究所，1986 年 12 月），第 189、170 页。
　　⑤　玉德，嘉庆年四月十一月奏，《剿平蔡牵奏稿》（全国图书馆文献缩微复制中心，2004 年 7 月）第 2 册，第 753 页。
　　⑥　中国第一历史档案馆，《嘉庆十年广东海上武装公立约单》，《历史档案》1989 年第 4 期。

为手段,强行改变官府制定的海上经济秩序,在其控制的海域行使保护商渔的海洋社会权力。蔡牵(1762—1809)自封"镇海王"与朱濆(1749—1809)为"南海王",其自我定位就是海域秩序的控制者和保护者。这从他们的行为和"盗规"可以证实。"洋盗蔡牵私造票单,卖给出洋商渔船只,如遇该匪盗帮,见有单据,即不劫掠,及领单去后,装载货物回来,又须分别船只大小,明立货物粗细,抽分银两。""出洋商船,买取蔡牵执照一张,盖有该匪图记,随船携带,遇盗给验,即不劫夺,名曰打单。"[1]"海口各商船出洋,要费用洋钱四百块,回内地者加倍","给则无事,不给则财命俱失"[2]。收了钱就要保证航行安全,海盗内部也有纪律约束。广东海盗的公立约单规定:"快艇不遵例禁阻断有单之船,甚至毁卖船货以及抢夺银两、衣裳,计脏填偿,船艇炮火一概充公,行纲分别轻重议处。""不拘何支快艇牵取有单之船,旁观者出首拿捉者,赏银一百大员。对打兄弟被伤者,系众议医调治,另听公议酌偿。从旁坐视不首者,以串同论罪。""有私自驶往各港口海面,劫掠顺校贩卖之小船,以及带银领照之商客者,一经各支巡哨之船拿获,将船烧毁,炮火器械归众,该老板处死。""不拘水陆客商,平日于海内有大仇者来,有不潜综远遁及其放胆出入卖买者,虽略有口气亦可相忘,不得恃势架端板害,以及藉以同乡亲属波连,拿酷赎水。如违察出真情,则以诬陷议罪。"[3]

捕鱼和航运繁忙的季节,也是海盗船帮"丰收"的季节。海上抢劫案件大减的奥秘,有学者认为是海盗转为商渔所致,即"亦盗亦渔""亦盗亦商"。但这一说法仅适用于无组织的兼职海盗或零星小股海盗,而不适用海盗帮群。因为海盗帮群作为职业海盗,已与商渔分离,不靠海上生产为生,海盗帮群之所以抢劫行为减少,在于商税、渔规和赎金收入丰厚。如蔡牵帮被官方视为最富有的海盗帮群,"勒索商船,重载须番银八千元,轻载五千元,方听取赎"[4]。攻打台湾,"招聚亡命,用去番银一百余万两"。台湾地方人士

---

① 军录:嘉庆八年三月三十日闽浙总督玉德折。
② 嘉庆八年二月上谕。
③ 中国第一历史档案馆:《嘉庆十年广东海上武装公立约单》,《历史档案》1989年第4期。
④ 《剿平蔡牵奏稿》第2册,第516页。

亦这样认为，如郑兼才诗《蔡骞逸出鹿耳门闻信感作》有"不悔空挥百万金"之句。广东蓝旗帮主乌石二（麦有金）自供："每年收取打单银五六万两不等。"①

在官方和水师无力提供保护的条件下，交了商税、渔规和赎金可以免劫，客观上有利于正常的商渔活动，故"愚民无知，相率牟利避害，纷纷转行散买"。"沿海商渔多纳贿于牟，领其旗以自保"②。官方文书中的海盗口供也有零星的记录，如"凡有商渔船只致送银物，向买免劫盗单，俱系蔡三来经管，盖用图记"。嘉庆六年（1801）九月间，同安县人黄奇托晋江县首饰店商人王宾代为散卖蔡牟票单五张，王宾转交王海代售，"适有不识姓名舡户三人赴王海店内打造首饰，道及海洋难行，王海即代黄奇将单卖给舡户，共得番银二百七十圆，黄奇当送王海谢银十五圆、王宾四圆"。嘉庆七年（1802）十月间，王海乏本歇业，起领卖盗单渔利，浼王湖引至蔡牟舡上，"领单二十张，单内注明一年为期，分别舡只大小、货物粗细，每张番银一二百圆及二三十圆不等。王海散卖不知姓名商舡，共得番银一千五百圆，扣留一百圆，余银交王湖转送蔡牟收受"。嘉庆八年（1803）九月间，"王海自至蔡牟舡上领单一百张，陆续散卖二十四张，得番银一千六百圆，扣留一百圆余银连剩单送还蔡牟舡上"。九年（1804）三月间，"王海又向蔡牟领单五十张，散卖四十四张，共得番银七百圆，剩单六张转交现获之邱麻花代售，得番银一百圆。王海一并送交蔡牟舡上，蔡牟分给王海七十圆，王海转给邱麻花十圆"。邱麻花驶舡度日。嘉庆八年（1803）十一月间，"舡户李灯月惧被劫掳，因知邱麻花向与代蔡牟卖单之同安县人吕偏老熟识，托邱麻花邀同吕偏老赴蔡牟舡上，用番银三十圆买单一张。邱麻花又代李灯月同帮舡户陈雷、林孔等，用番银二百七十圆至蔡牟舡上买单三张，蔡牟分给邱麻花番银四十圆，并送给该犯本舡票单一张"。渔户李孝贵、李孝灼、林必幅"图免行劫，知庄可应有蔡牟盗单未卖"，托许成"向庄可应各买单一张"③。王元超"买

---

① 《明清史料》庚编上册，第48页。
② 《澎湖厅志》卷11，《旧事·纪兵》。
③ 嘉庆九年十一月刑部奏，中国历史第一档案馆藏军机处录副奏折 3—41，2188—8，缩微 2646—2647。

受盗单"①，黄顺"为方两代买盗单一次"②，陈阿讲替渔户鲍加兴"买盗舡免劫票八张"③。苏雁、陈猴仔"代洋盗蔡牵索取渔船番银，并得渔户谢礼分用"④。闽台民间都有蔡牵赠旗保护船只航行无阻的传说。嘉庆八年（1803）署福建布政使裴行简奏称："闻蔡牵私收商税，任意挥霍，与沿海居民久相浃洽。"浙江水师提督李长庚（1751—1808）认为"民多无行"，感叹"可怜沿海诸村落，尽作犯科罔法家"⑤。不过，与官方关系密切的富裕商渔，不愿向海盗交纳保护费，不满被强行勒索，和上述"愚民"的态度相反：

> 嘉庆间鲸窟纵横，半为渔户。而屡与之抗，能稍折其锋者，亦惟渔户。其为盗也，有所迫也，袵席封套，所得者不足以供汛兵、巡丁之索取，故生计日绌，稍强者即愤而为盗。若其与盗抗者，大抵生殖有资，自家身重，故往往请于官，以渔为捕焉。⑥

> 每当四、五月间，南风盛发，糖船北上，则有红篷遍海角（贼船多以红篷为号），炮生振川岳（贼船之炮，大者重三千斤，小者五六百斤），风送水涌，瞥然而至者，乃洋盗勒索之期也。大船七千，中者五千，小则三千，七日之内，满其欲而去。否则，纵火烧船为乐。故凡盗至之日，无知贸易之小民有喜色焉，喜其有利于己也。裕国通商之大贾有惧色焉，惧其有害于己也。⑦

所以海盗帮群对他们采取扣船货扣人勒索的办法，"稍不遂意，纵火焚烧，其船坚固者辄行占驾，桅篷杠棋任意选用"⑧。对不听赎者采取极端残

---

①　《剿平蔡牵奏稿》第 2 册，第 646 页。
②　《剿平蔡牵奏稿》第 2 册，第 644—645 页。
③　《明清史料》戊编上册，第 1033 页。
④　《清宫宫中档奏折台湾史料》第 11 册，第 488 页。
⑤　李长庚：《舟中偶成》，《李忠毅公遗诗》，《台湾文献汇刊》第 4 辑第 7 册，第 27—28 页。
⑥　《香山县志》。
⑦　翟灏：《台阳笔记》，第 27—28 页。
⑧　嘉庆十一年六月初九日温承惠奏，《剿平蔡牵奏稿》第 2 册，第 516 页。

忍的手段，甚至祸及无辜。前者通常能达到目的，后者只是辅助性的。因为商渔经是他们的衣食父母，一律采用灭绝的手段，等于断绝自己的经济来源。这正如海盗丁兴所供：盗帮扣留粮船、糖船、渔船、棉船、木船等客商船只，均系勒银取赎，放行后进行俵分①。郑凤租借郑正新渔船被劫，"代觅火药刀炮方准取赎，如或失约，定加杀害"②。清朝地方官吏为了替自己的贪腐失职开脱责任，或是为自己捕获海盗请功，往往在上报的官文书中大肆渲染海盗无时无日无恶不作，突出商渔不听赎被残忍杀害的一面，文人也听信其言，写入自己的著作中，其实是不能完全采信的。对照官文书所附海盗的口供，可以看出：许多人只是参与抢劫一两次，有的只是在"盗船"服役，并未参与抢劫，一律被从复位罪处置。地方官员为掩饰失责，报告蔡牵"盗船食米不全资内地偷运，只需将台湾商贩劫掠一船，即可用之不尽"③，连嘉庆帝也相信无疑，在上谕中引用。时人也说蔡牵造大船，"遂能渡横洋，劫台湾米数千石及大横洋台湾船"④。其实这种说法并不可靠。据嘉庆十五年（1810）正月闽浙总督方维甸、福建巡抚张师诚（1762—1830）报告："乾隆十六年至嘉庆十四年十月，在洋被劫带谷商船一百四十六案，共米三千余石、谷一万七千余石"。⑤ 59 年总共被劫米三千余石！说蔡牵劫台湾米数千石显然是夸大其词。这一时期台湾运往福建的米谷，仅兵、眷米谷，每年八万五千余石，各项官运和私运合计，每年可达八十万至一百万石。嘉庆元年（1796）十月十三日闽浙总督魁伦、护福建巡抚姚棻奏："本年九个月内台湾内运之米，已有四十二万五千余石"⑥。嘉庆十一年（1806）蔡牵船帮撤出台湾后，三月十二日闽浙总督玉德奏："蚶江厦门二口，本年入春以来，各商贩运到台米共有八万余石。"⑦可见，被劫的数量所占份额甚微。

---

① 嘉庆三年二月二十八日玉德奏。

② 《明清史料》戊编上册，第 1033 页。

③ 嘉庆十四年正月初十日上谕。

④ 焦循：《神风荡寇后记》，《雕菰集》卷 19。

⑤ 方维甸、张师诚折，嘉庆十五年正月二十八日，中国第一历史档案馆藏军机处录副奏折。

⑥ 《清宫宫中档奏折台湾史料》第 11 册（台北"故宫博物院"，2005 年），第 389 页。

⑦ 《剿平蔡牵奏稿》第 2 册，第 626 页。

海盗所需米、水、火药器械、船只等物资,主要依靠沿海陆地和岛屿民众的接济。在广东,"附海各村多有勾通接济之人,亦间有图利愚民,以该匪肯出重价,竟有非其同类,私用小船卖米粮者"①。在闽浙,"闻蔡牵等不惜重价向内地民人私买米石,是以奸民趋之若鹜"②,"往往有奸民私挑淡水卖给盗船,希图获利,屡经严密查禁,一年之内,拿获办理者亦复不少。现在……荒僻之区,小民趋利若鹜,仍不能免"③。嘉庆八年(1803),"渔山之役,牵几获,牵畏霆船,厚赂闽商,更造船大于霆,令商载货出洋济牵用,而伪以初劫报官"④。嘉庆十一年(1806)三月御史陈兰畴奏,"蔡逆盗船名为横洋,船高约数丈,大可容二三百人,官兵米艇、梭船不过容七八十人、四五十人,船身短小,以下仰攻,其势较难"。嘉庆十一年(1806)五月十九日上谕:"洪教等供:前在台湾时,蔡牵每船给发大药一二百觔,自台窜回后,每船给火药三四十觔……试思盗船火药至如许之多,岂在洋面所能猝办?……若非内地奸民私运接济,即系营汛不肖弁兵牟利营私,暗中售卖"。五月,李长庚奏:"蔡逆此次在鹿耳门窜出时,篷索破烂,火药缺乏,一回内地,在水澳、大金装篷燂洗,现在盗船无一非系新篷,火药无不充足。"八月十六日,李长庚在渔山洋面追及蔡牵,"所坐之船为通帮最大,及并拢蔡逆之船,尚低至五、六尺,是以不能上船擒捕"。又云:"予与蔡逆并船,大战二时,伤毙贼匪数百,予身受六伤,随师镇将不能相机擒渠,失此机会,大军为可惜"⑤。九月,清军捣毁蔡牵在竿塘山内芹角地方的棚厂,起获火药并窖存米粮等项。"竿塘本是外洋禁山,人迹罕到,是以蔡逆遣伙大目金在芹角地方私搭寮厂,赴各处购买硝磺,偷运赴彼,合造火药,并零星收买米石囤积,及制办篷索。"⑥

由此可见,清中叶海盗帮群在广东、福建、浙江海上生成的军事力量,一

---

① 那彦成,嘉庆十年二月二十一日奏,《那文毅公两广总督奏议》卷11。
② 嘉庆十一年五月十二日上谕。
③ 嘉庆十一年二月二十五日玉德片,《剿平蔡牵奏稿》第1册,第184—185页。
④ 焦循:《神风荡寇后记》,《雕菰楼集》卷19。
⑤ 《李忠毅公遗诗》,《台湾文献汇刊》第4辑第7册,第37页。
⑥ 嘉庆十一十二月二十五日年刑部移会,《明清史料》戊编第6本,第525—526页。

度掌握了制海权,改变了海洋渔业、航运贸易的秩序。就渔民社会、船民社会、海商社会而言,这种以非法的暴力手段形成的海洋社会权力,根植于贫渔穷疍阶层,为他们创造了众多就业机会,并被一部分海商所接受,开辟新的贸易系统,体现海洋利益再分配的要求,具有一定的社会合理性。这种脱离官方管控的"影子经济"(shadow economy)行为,在当时的海洋经济生活中占有重要的地位,否则难于解释清朝在陆上严密封锁,在海上强力追击的情况下,海盗帮群仍有顽强的生存能力和再生能力。有些论者轻信官方史料的描述,往往把这种行为与农业社会见财抢劫、滥杀无辜的盗匪等量齐观,视为"仇恨社会、报复社会,制造动乱",加以否定,是不符合海洋社会的实际情况的。说他们是"渔民起义",也过于简单化。

第二节　水师的官方海洋社会权力

水师是清朝控制海洋社会的主要军事力量,体现官方的海洋社会权力。与郑成功的水师依靠航海贸易而生存恰恰相反,清朝水师建立伊始就是执行海禁的工具之一,站在海洋经济和海洋社会发展的对立面。平定台湾、解除海禁之后,清朝在限制民间造船和商渔出海活动能力和范围的基础上,完善了以岸防为主的海防体制,水师执行海上警察的功能,根据布防的位置,在规定的海界范围内,实行巡洋会哨制度,保护合法商船、渔船的安全,取缔走私、偷渡、抢劫等犯罪活动。由于荷兰海洋势力退出中国海域之后,在较长的时期内未再出现来自外国的海上威胁,养成清朝统治者"有海防而无海战"①的观念,水师制海能力不断弱化出现名为舟师,实不谙水务,如马兵不能乘骑的笑话。

清中叶由于安南(越南)艇匪的支持而兴起的海盗活动进入高潮,水师的弱点暴露无遗,海洋重新进入清朝最高统治者视野,出现发展海权的又一

①　《宫中档嘉庆朝奏折》第23辑,第492页,第013513号,嘉庆十四年三月初五日,暂署两广总督广东巡抚韩崶奏。

契机。

一、造船制炮

沿海各省水师原为捕盗缉私而设,主力战船规格比清初水师兵船要小,适用于内洋而不便于外洋;且各省分别巡洋,船式不同,适用于本省近岸浅海而不便于外省海域。在与安南艇船的交锋中处于劣势,不得不思更张。

乾隆五十八年(1793),广东布政使吴俊上《请造米艇状》,经两广总督长麟奏准,将广东水师主力战船赶缯船改造为米艇。乾隆六十年(1795),闽浙总督、福建巡抚奏请将应行拆造修造之赶缯船,俱照同安商式一律改小。嘉庆五年(1800)正月,浙江提督苍保奏请另造大同安梭船六十号,适广东按察使吴俊到京陛见,面奏广东捐办米艇,用之甚有成效。三十日,嘉庆帝(1796—1810在位)谕令闽浙两省仿照广东米艇之例成造十分之三四。两省遂遵旨各造米艇三十只,并添设二三千觔大炮配用。新任浙江巡抚阮元(1764—1849)另谋筹资建造大艇,改变战船修造由文员承修的做法,以造大艇船银巨万全付时任定海镇的李长庚,曰:"船乃兵将所寄命,文官不善于工,请公自造之。"长庚命守备黄飞鹏及族人赍银入闽造艇。六年(1801),新艇成,名曰"霆船"[1]。每船统兵八十人,各载红衣、洗笨等炮,在追捕浙江盗船中发挥了重要的作用。"霆船"造于长庚故乡闽南同安,但闽浙总督玉德不以为然,借口嘉庆五年秋间造竣米艇出洋,"据水师镇将禀称,米艇船身高大,驾驶灵活,出洋缉捕较同安梭船尤见得力"[2],抵制建造"霆船",福建水师兵船因此并未依此船式仿造或改造。

嘉庆八年(1803),"渔山之役,牵几获,牵畏霆船,厚赂闽商,更造船大于霆,令商载货出洋济牵用,而伪以初劫报官。牵遂能渡横洋,劫台湾米数千石及大横洋台湾船"[3]。李长庚写信向玉德建议:"蔡牵现在劫坐大商船,比我们的兵船还大,如何能抵敌制胜,必须另造横洋大商船,方可以资剿捕,

---

① 阮元:《壮烈伯李忠毅公传》。
② 据嘉庆十一年九月二十二日刑部奏附玉德供,《嘉庆道光两朝上谕档》第11册。
③ 焦循:《神风荡寇后记》,《雕菰楼集》卷19。

伊与闽浙各镇愿捐廉造大船 30 只"。但玉德以"缓不济急"反对而未能实现①。

嘉庆九年（1804），两广总督倭什布以乾隆末改造的广东战船米艇朽废二十余只，奏造米艇三十只，连旧艇可用者达 87 只。十年（1805）二月，那彦成到两广总督任不久，又奏请再为赶造 33 只，使其规模达到 120 只，得到嘉庆帝的批准。十四年（1809），程含章向百龄（1748—1816）建议添造米艇，使其规模达到 180 只②。

嘉庆十一年（1806）三月初四日，闽浙总督玉德奏："动项添造战船四十只，每船各铸一千觔重大炮四门，一百觔重劈山炮四门"③。十八日，嘉庆帝以粤省米艇一项捕盗得力，指示玉德："其船只须照米艇式样"仿照办理。四月十六日，玉德又奏：以许松年等建议，"将前议每船所铸大炮四门，改铸二千斤者二门，一千五百斤者二门"④。五月初九日，福建巡抚温承惠奏：米艇一项于闽省洋面驶驾不宜，蔡牵"初时窃劫止能强夺小船，迨后日肆鸥张，又劫大号同安梭以资抗拒，遂致兵船小于贼船，不能得力"⑤。必须成造大同安梭船方能应用。温承惠在厦门会晤李长庚，李长庚言："此时欲造同安梭，非梁头二丈六尺者不能御贼取胜，非若商人船只如式选料制造者，亦不能得力。"⑥又说："大同安梭船实可冲风破浪，驾驶处处得力，但须六十号为一帮，方不单弱。"⑦询之商人，依此造船，非四千两不可。⑧已奉旨制造艇船，每只应销银二千六百余两，改造大同安梭，尚不敷一千三百余两⑨。五月二十三日，嘉庆帝批准造大同安梭船六十只，梁头以二丈六尺为度，不

① 据嘉庆十一年九月二十二日刑部奏附玉德供，《嘉庆道光两朝上谕档》第 11 册。
② 程含章：《上百制军筹办海匪书》，《岭南集·江右集》卷 5。
③ 《剿平蔡牵奏稿》第 2 册，第 588 页。
④ 《剿平蔡牵奏稿》第 2 册，第 777 页。
⑤ 《剿平蔡牵奏稿》第 2 册，第 481 页。
⑥ 《剿平蔡牵奏稿》第 2 册，第 482—483 页。
⑦ 《台湾道任内剿办逆匪蔡牵督抚奏稿》（二），《台湾文献汇刊》（九州岛出版社、厦门大学出版社 2004 年版）第 6 辑第 3 册，第 556 页。
⑧ 《剿平蔡牵奏稿》第 2 册，第 484 页。
⑨ 《剿平蔡牵奏稿》第 2 册，第 487 页。

敷经费先于司库借项动用。二十六日,又谕:"添造一二千斤红衣炮并劈山炮,再配火攻船十只,照大号同安梭成造,亦着照所请办理。"①六月十八日,兼署总督温承惠奏:"李'长庚'前与臣尚商,每船须铸造二千四百斤重红衣炮二位,二千斤重红衣炮二位,一千五百斤重红衣炮四位,一百四十斤劈山炮十六位。"②七月初三日,嘉庆帝以浙省并无横洋之险,不必添造大同安梭船,令温承惠于闽省承造三十船,或照前议,仍凑足四十号。造船不及,"该处商船似此坚固宽大者自复不少……或向商民雇用,或用价购买归公,先得若干号,交与李长庚应用"。其所需炮位,照与李长庚面商斤重、位数铸造。温承惠查明闽省大同安梭船止须制造四十号即可敷用,嘉庆帝于九月二十五日着温承惠督饬厂员如式赶办四十号,并即勒限造竣。即雇用大号商船40只,年内可造大船20只。十月初七日上谕:"其所雇商船四十只内,将来即择其坚固高大者,给予价值,购买20只,以抵续造二十只之数。"并准动项铸造笨炮六十门,交李长庚(四十门)、许松年(二十门)兵船应用,并配制连环铁子、铁蒺藜等项。所雇商船,经副将王得禄挑选,有五船过形笨重,不适于用③。至十二月,新造大船20只,经李长庚验明换驾出洋,另挑米艇、同安梭船20只,及另雇商船35只,交王得禄、许松年统带归帮,水师战船的劣势从而得到扭转。

这一时期的造船制炮,几经波折,在嘉庆帝的支持下,有了初步的成果。嘉庆帝认为"兵船出洋捕盗,总应比贼船高大,或与贼船相等,方能得手。即使蔡牵早晚擒获,而水师营伍亦必应有此高大兵船随时巡缉"④。炮位"必须镕铸如式,不可稍任偷减。此系水师经久利用,即蔡逆早晚就擒,而海洋缉捕之事亦所时有,不特为目前计也"⑤是正确的。虽战船和炮位的规格仍为追捕海盗而设计,但提出了适应横渡台湾海峡和在外洋作战的要求,符合海战发展的方向。

① 《剿平蔡牵奏稿》第2册,第564页。
② 《剿平蔡牵奏稿》第2册,第568—569页。
③ 嘉庆十一月二十四日上谕。
④ 嘉庆十一年九月初一日上谕。
⑤ 嘉庆十一年七月初三日上谕。

二、李长庚总统闽浙水师

李长庚总统闽浙水师，是突破水师分巡制度，整合跨省水师兵力的一次尝试。李长庚最初的设想是："闽浙两省必须各立大帮兵船，属之两提督，使不分畛域，彼此呼应。"①即闽浙两省各建一支海战的大帮舰队，直属于两省水师提督，协同作战。浙江巡抚阮元与闽浙总督玉德会商，奏请以李长庚为总统，一提两镇不分闽浙，专征蔡牵。一提即浙江水师提督李长庚，两镇即浙江温州镇总兵胡振声，福建海坛镇总兵孙大刚，各率兵船二十只，整合为一支舰队。嘉庆九年（1804）六月二十七日，嘉庆帝决策："所有捕盗舟师，应即派提督李长庚总统。"这支由闽浙水师抽调编成的舰队，具有较高的机动能力，可以不分畛域，在海上追逐，展开海战。

关于"总统"的权限，嘉庆十年（1805）二月十二日上谕："提督李长庚本系督领舟师在洋截击，着即派为水师总统，令各镇将等听其调度"。"其水师镇将等有不听调遣者，准令李长庚据实指参"。各镇将涵盖了闽浙两省水师，实际上仍各守汛地，有事时听从调度，配合行动。李长庚身为浙江水师提督，调度浙江各镇不在话下，而如何与福建水师提督协调，调度福建水师各镇，并无明确指示。三月十二日，嘉庆帝以福建水师提督倪定得患风痰，令李长庚兼署福建水师提督印务。四月十七日，将李长庚调补福建水师提督，"镇将皆其统辖，呼应较灵"。但到闰六月初八日，嘉庆帝又将李长庚调补浙江水师提督，"李长庚仍当留闽速靖海洋，俟剿捕蔡牵事宜办理完竣，再赴浙江本任"。随着海战范围的扩大，嘉庆帝于十一年（1806）三月二十六日又授权："蔡朱二逆被官兵剿急，或仍合帮窜至台郡一带，李长庚固当跟踪急追，即或驶向粤东、江浙邻省洋面，李长庚亦当不分畛域，带兵直前。"

尽管闽浙水师是否统一指挥的问题一直得不到解决，李长庚凭借自己在闽浙水师中的威信和人脉关系，充分运用嘉庆帝的授权，发挥了专征舰队的海上机动能力，突破"海上之兵无风不战，大风不战，大雨不战，逆风逆潮

---

① ［清］焦循，《神风荡寇后记》，《雕菰楼集》卷19。

不战,阴云蒙雾不战,日晚夜黑不战,飓期将至,沙路不熟,贼众我寡,前无泊地,皆不战"①的禁忌,长途追奔,横渡台湾海峡,北至江苏马迹洋,南达广东琼州洋,积累了在外洋海战的经验。

嘉庆十二年十二月二十五日(1808年1月22日),李长庚在南澳黑水洋战殁,嘉庆帝不再设立水师总统,但闽浙水师凭借追随李长庚在外洋海战积累的经验,最终于嘉庆十四年(1809)八月十八日歼灭了蔡牵。

李长庚总统闽浙水师只是历史的一瞬,但他重整官方海洋军事力量,夺取东南海域控制权的努力,提升了清朝官方的海洋社会权力。专征蔡牵是清朝水师在平定台湾郑氏之后的一次海战的实践。

第三节　海洋社会分裂的历史恶果

清中叶海盗与水师对海洋社会权力的争夺,最后以水师的胜出告终。从发展海权的角度看,这是一场民间与官方海上力量的内耗,扭曲了中国海洋发展的方向。

正常的海洋社会,官方海上力量(国家海上力量)是保护海洋经济发展、维护海洋秩序和海洋利益的中坚力量,民间海上力量(国民海上力量)即民间自我防卫力量,是官方海上力量的补充,两者相互依存,构成海上力量的整体。在清代中国,王朝统治的根基在大陆,维护农业社会体制的稳定是最大的国家利益,流动性的海洋社会难于掌控,被王朝当做反体制的异己力量。虽然因为台湾和沿海岛屿的开发,统治疆域扩展到海洋,建立了官方海上力量,但其目的是掌控海洋社会,而不是保护海洋经济发展。海洋经济虽然关系沿海地方的民生,但在财政上无足轻重。一旦海上有事,便实行海禁,牺牲海洋经济和海民的利益以保护陆地社会的稳定,水师成了执行海禁的工具,官方海上力量与民间海上力量从利益抵触走向对立冲突。水师与海盗的争锋,又加剧了海洋社会的内耗,消解了向海洋发展的能力。

---

① (清)安泰奏,引自(清)魏源:《圣武记》,卷5,《嘉庆东南靖海匪记》。

清中叶海盗帮群的崛起，在一定意义上是官方抑制海洋经济发展、海洋社会边缘化逼出来的，是对清朝陆地体制的反叛，但他们以法外暴力的形式争取权力，又是以海洋社会分裂为代价的，不利于海洋渔业、航海贸易经济的正常发展，也就不能使他们争取海洋权力的合理性变为海洋社会的合法性，无助于穷渔贫疍等弱势群体经济地位和政治地位的改善。海盗帮群聚合的渔民、疍户、舵工、水手，都是掌握航海技术的人才，他们被从重以叛逆罪处死，或投诚后被发配内地，削弱了民间海洋力量，更无法赢得内陆民众的同情，培养出支持海上活动的思想，反而加深了海上活动是社会乱源的社会心理，清朝海洋政策因而进一步退缩。如民间海船规格和性能，在清初开放海禁以后略有放宽，允许制造大船，用于出洋贸易。此时为防蔡牵劫取，嘉庆帝于十一年（1806）五月二十三日下令："嗣后新造、拆造商船，梁头均以一丈八尺为率，不许制造大船。"限制海船制造和驾驶技术的提升，影响海洋经济的发展，也不利于战船质量和水师航海技能的提高。严禁商船配带炮械出洋问题，乾隆末年起也有所放宽，嘉庆四年（1799），以刘炌奏，准闽省商船出洋配带炮械。如嘉庆六年（1801）四月初四日，同安县商人、船主徐三贯起程赴广东、天津贸易，就"因海上有洋匪，在厦门当官领配大铁炮二门、中铁炮一门、鸟枪六杆、械十把、火药铳子"①。到了嘉庆九年（1804）七月十六日，裘行简奏请仍申旧例禁止。嘉庆帝发交闽浙总督玉德、福建巡抚李殿图详议，"所有出洋各船内有何项船只必须携带炮械之处，亦当酌定章程，严其限制。其寻常商船携带炮械之处，自应概令停止"②。这就限制了出洋民船的自我防卫能力，进一步削弱了沿海人民向海洋发展的活力。当海上有事时，水师难于直接征集民船投入战斗。

这些既是清朝行使公权力，剥夺民间私权力的后果，也是海盗社会从渔民社会、海商社会分离，海洋社会分裂的历史恶果。

海盗纵横东南海域，给东南海防造成巨大压力，使沿海疆臣认识到"夫船者，官兵之城郭、营垒、车马也。船诚得力，以战则勇，以守则固，以追则

---

① 《历代宝案》校订本第八册（冲绳县教育委员会，1999年3月）第二集卷94，第308页，卷95，第336页。

② 《嘉庆道光两朝上谕档》第9册。

速,以冲则坚"。① 从而推动水师战船炮械的改造。这一时期新造的战船与海盗帮船相比,船只规格、武器装备大体相当,基本上符合在外洋作战的要求。这就扭转了只守内洋、不及外洋的局面,是一个历史的进步。继李长庚在福建打造"霆船"和大同安梭之外,广东方面也有人提出造比大米艇更大、更结实的战船,嘉庆十二年(1807),两广总督吴熊光奏请按"惯走夷洋"的登花船制造 20 只战船,组建远海深洋作战的舰队,将米艇全收入内洋防守,获得嘉庆帝的批准。尽管吴熊光的建造登花船队的计划也只是对付海盗的设计,缺乏控制海洋的长远打算,没有抵御外侮的意识,但如建造成功,对发展中国海上军事力量是有益的。可惜由于登花船的舵杆桅碇用伽兰腻等木料须从国外采办,至嘉庆十四年(1809)尚未备齐,新任两广总督百龄以为"不特购造维艰,即造成亦属无益",一则"稍有损坏,一时无料换修,转致不能应用",二则"粤省水手、舵工亦均不谙驾驶",三则"闽粤两省捕务尽仗二十只登花船之力,设或追贼入闽,则粤东外洋遇有盗,转致无船策应,顾此失彼",竭力反对,建造计划因之废弃。② 这一建造计划的废弃,反映了清廷和沿海疆臣无意改变以陆制海的海防思维,致使海患平息之后,在造船制炮上原地踏步,无所作为。

嘉庆帝任命李长庚总统闽浙水师,只是权宜之计,而非战略性的考虑。他借助李长庚的海战才干专征蔡牵,并以闽浙沿海各镇水师属其调度,打破了防守海域分割的局面,提高了水师活动的机动性,但他没有跳出以陆制海、以文制武的思维,闽浙水师仍由闽浙总督专管,李长庚没有专属指挥权,沿海各镇水师在原定的海域内巡防,有事才听李长庚调度,具有临时的性质,相互之间不协调的痼疾仍无法解决。而且缺乏控制海域的整体观念,台湾镇水师不在总统之列,围堵出现漏洞,使得李长庚孤军奋战,海上奔波,顾此失彼。正如李长庚所说:"闽浙洋面三千余里,各处兵力俱单,止持长庚一人往来追捕,或闽或浙,顾此失彼,贼反以逸待劳……今日之病,实在于此。"③李长庚

---

① (清)安泰奏,引自(清)魏源:《圣武记》,卷5,《嘉庆东南靖海匪记》。
② 《广东海防汇览》卷13,《船政(二)》,第14页。
③ (清)焦循:《雕菰楼集》卷19,《神风荡寇后记》。

总统闽浙水师,与"水师事宜本系总督专管",存在矛盾。这使李长庚总统的舰队,不具备独立的指挥系统,与近代海军有质的区别。海洋情报的来源和处理事出多门,不谙海洋的前后任闽浙总督玉德、阿林保一接禀报,即飞咨李长庚,打乱了专征舰队的部署,常使李长庚坐失战机,或无端指责,动摇军心,削弱了海上战斗的能力。李长庚死后,嘉庆帝又未对水师攻战得失进行检讨,从制度上确立总统的机制,提升水师为独立指挥的系统,而是不再提及此事,失去发展海权的良机,致使李长庚总统水师的尝试付之东流,成为绝响。李长庚的海战经验无人论及,其所著《水战纪略》一书已经失传,据说他"出入必以自随,公卒,书亦没于水"①。直到三十年后的鸦片战争,英军的"船坚炮利"震撼了朝野,才引起对这段历史的反思。林则徐(1785—1850)在反省"以守为战"战略的失策后,提出制船造炮,建立新式水军的构想。② 道光二十二年(1842)三月,林则徐在致苏廷玉书中指出:

> 有船有炮,水军主之,往来海中,追奔逐北,彼所能往者,我亦能往,岸上军尽可十撤其九。……果有大船百只,中小船半之,大小炮千位,水军五千,舵工水手一千,南北洋无不可以径驶者。逆夷以身为巢穴,有大帮水军追逐于巨浸之中,彼敢舍舟而扰陆路,占之城垣,吾不信也。水军总统,甚难其人,李壮烈、杨忠武不可复作,陈提军化成忠勇绝伦,与士卒同甘苦,似可以当一半之任,尚须有善于将将筹策周详者为之指挥调度。然不独武员中无其人,即中外文职大僚,亦未知肝胆向谁是也。③

这一设想,显然是脱胎于李长庚总统闽浙水师的历史经验教训而形成的改革方案,旨在打破原有的各省水师块块分割的建制,建造统一指挥进行跨省海域机动作战的海上力量。但仍未被清朝中枢接受,发展海权的机会

---

① 《李忠毅公遗诗附录》,李璋跋,《台湾文献汇刊》第四辑第七册,第71页。

② 详细论述,请参见杨国桢:《林则徐大传》,中国人民大学出版社2010年版,第十三章《曲折的赴戍途程》,第468—481页。

③ 杨国桢编:《林则徐书简》(增订本)福建人民出版社1985年版,第186页。

再次被错过了。

从海洋社会权力角度看,清中叶的海盗帮群以强烈的控制和利用海洋的意识和航海作战的技能,造就了海盗活动的"黄金时代",促使清朝加强水师建设,出现发展海权的又一契机。但清朝没有从李长庚总统闽浙水师的海战实践中吸收有益的经验教训,放弃了强化官方海洋社会权力的机会,也没有采取正确的措施修补海洋社会的分裂,壮大海上力量,既不能杜绝海盗活动的再生,更不能抵御外部海洋势力的入侵,陷入落后挨打的境地。

第 三 篇

现代新型海洋观

第一章　重新认识西方的"海洋国家论"*

　　尽管国际学术界和国际社会公认 21 世纪是海洋的世纪,但在中国,海洋文明史研究仍然比较薄弱。海洋发展的内在需求亟待我们提出一个合理的、系统的论述,推动我们面向海洋、走向海洋的进程,对改变人们忽视海洋的社会心理起到基础性的作用。这既是一种挑战,也是一个机会。我们希望从当前海洋发展的重要性和深远意义出发,在历史长时段中考察中国海洋文明的演变,梳理一些比较混乱的概念,纠正人们思想观念中轻视海洋的倾向。必须指出,国内学术界对"海洋国家"的认识,长期深受西方理论话语的影响,存在一定的误区,束缚着中国重返海洋的战略思考。因此,急需反思既存话语体系,解构西方话语霸权,提出创新性的阐释。

　　"海洋国家"的概念起源于西方,是西方海洋强国主动寻求和维系其海上强权的表述。但它的形成、发展是一个长期的过程,有其自身的认识路径和历史背景,从最初强调海外殖民、远洋贸易、军事海权,发展为将"海洋国家"意识形态化,成为西方"民主"的象征符号。本书侧重从历史背景和认识路径,考察西方海洋——大陆国家体系话语的起源和性质,重新认识西方的"海洋国家论"。

＊ 本章原载《社会科学战线》2012 年第 2 期。

第一节　分析西方"海洋国家论"的理论准备

福柯在《知识考古学》中提出，"在一定话语分布中的存在条件"决定着"对象、陈述行为的方式、概念、主题的选择"，应该把"话语作为系统地形成这些话语所言及的对象的实践来研究"，"找到所有这些不相同的陈述过程的规律和它们的来源"，描述概念在"潜在的演绎结构中……出现和流动的陈述范围的组织"，以及在策略之间"找到某种规律性并规定它们形成的共同序列"。①

众所周知，福柯的话语理论极具启发性却十分艰涩，很难直接与具体的研究结合。再者，本书的主题"海洋国家"，并非福柯以精神病理学为例详加阐释的严密的科学术语区域，②而更应该被视作"事件群体"③的一分子。"海洋国家"这种相对具体和实际的问题，与福柯的关怀——"重新提出目的论和整体化"，"人类、意识、起源和主体问题的出现"等，④相去甚远。因此，只有在加以消化和改造⑤之后，福柯的理论才能够更好地帮助我们展开分析。

一、"西方中心主义"的社会科学

本书涉及的"海洋国家"只是零碎的话语，包含在更大的话语体系之

---

① ［法］米歇尔·福柯：《知识考古学》，谢强、马月译，生活·读书·新知三联书店1998年版，第41、53、54、60、69页。他这样定义'策略'"："话语导致某些概念的组织、对象的聚合、陈述类型的出现，它们又根据自身的一致性、严密性和稳定性的程度构成一些主题或理论"，"不论这些主题或理论形式水平如何，我们按惯例称之为'策略'"。见《知识考古学》，第68—69页。

② 比如，他提到"经济学、医学、语法、生物科学这些话语"。米歇尔·福柯：《知识考古学》，第69页。

③ 福柯认为："我们要探讨的原始中性材料，便是一般话语空间中的事件群体。"见米歇尔·福柯：《知识考古学》，第27页。

④ ［法］米歇尔·福柯：《知识考古学》，第17页。

⑤ 用福柯的话说，就是"为了研究的需要改造了这些方法"。见米歇尔·福柯：《知识考古学》，第17页。

中——这些体系就是整体性的话语历史背景。由于本文的立足点在于中国的需求，所以我们关注的宏观话语体系就是"西方中心主义"。另一方面，考虑到"海洋国家"话语属于宽泛的社会科学，同时也是国际政治实践的重要思想工具，我们势必从社会科学本身及其研究对象两个向度出发，考查西方"海洋国家"话语对象、陈述方式、概念和叙事策略的演变。

"西方中心主义"的学术话语体系，建立在发源于西方并主导现代世界格局的"世界体系"基础之上。"现代世界体系的建立牵涉到欧洲人与世界其他民族的相遇，并且在多数情况下还伴随着对这些民族的征服。""19世纪在欧洲和美国建立起来的社会科学是欧洲中心主义的。当时的欧洲世界感到自己在文化上取得了凯旋式的胜利，从许多方面看来也的确如此。无论是在政治上还是在经济上，欧洲都征服了世界。"直到20世纪中叶，西方殖民体系解体，新兴国家崛起，"世界的权力分配格局发生变化的背景下，经过历史发展而形成的社会科学在文化上的褊狭才变得突出起来"；但是，"在欧洲和北美居于主导地位的社会科学观念，在西方以外的地区同样也居于主导地位"，西方社会科学"以社会科学典范的姿态，凭借其经济上的优势和精神上的卓异来传播自己的观点……对世界其他地区的社会科学家也产生了强大的吸引力，他们把接受这些观点和实践看成是加入普遍的学术共同体的门径。"①这个演进过程是无意识的，并没有参杂太多局部利益的诉求，反映的主要是西方文化强势状态。

另一方面，维护西方强权利益的"社会权力的操纵者有一种自然的倾向，那就是把当前的情势看成是具有普遍性的，因为这样做对他们有好处"。这正是我们所反对的"西方话语霸权"。我们赞同的是这样一种观点："应当允许有多种不同的解释同时并存……通过多元化的普遍主义……把握我们现在和过去一直生活于其中的丰富的社会现实。"②

"海洋国家"属于上述西方学术话语体系，既是西方强势的无意识体现，也是"西方话语霸权"的一部分。我们亟须通过考察历史，区分其普遍

---

① 华勒斯坦等：《开放社会科学——重建社会科学报告书》，刘锋译，生活·读书·新知三联书店1997年版，第22、55—57页。

② 华勒斯坦等：《开放社会科学——重建社会科学报告书》，第61、64页。

价值和特殊意义。

二、国家:社会科学分析的基础框架

我们必须看到,与政治实践关系密切的"海洋国家",是一个非常典型的"以国家作为分析的基础框架"。① 民族国家体系诞生于欧洲,其标志是1648 年签订的《威斯特伐利亚条约》。法国大革命之后,很多人致力于"重建社会一体性","他们将已有的民族历史叙述加以详尽的发挥,希望借此为新兴的或潜在的主权国家提供坚实的基础"。此后,"'民族'一词的界定或多或少要以一个国家的地理边界为准,已经存在或正在确立的[民族]国家边疆目前所占据的空间范围也从实践上被回溯至过去。"社会科学家们普遍认为"在政治、社会和经济过程之间存在着基本的空间一致性。在这个意义上,社会科学即使不是国家的造物,至少在很大程度上也是由国家一手提携起来的,它要以[民族]国家的疆界来作为最重要的社会容器。"伴随欧洲"确立它对世界其他地区的主宰地位","引出一个明显的问题:为什么世界的这小小一隅能够战胜所有的对手,并将自己的意志强加给美洲、非洲和亚洲?"由于这个问题的关注恰好与达尔文主义同时发生,答案便显得非常明显:"不断的进步最终使现代社会取得了理所当然的优越性。"②于是,"海洋国家"的属性也就顺理成章地成为这种进步的重要基石。随着国家间竞争的加剧,"海洋国家"的对立面"大陆国家"也浮出水面。在第二次世界大战以后的冷战格局中,"海洋国家"和"大陆国家"的对立愈发具有意识形态气味。

20 世纪 50 年代以后,随着殖民体系的终结,新兴国家步入国际舞台,经济全球化趋势的发展,西方学术中关于"国家构成了社会行动的自然的、甚至是最重要的边界"的假定和"依照国家边界所定义的单位来组织社会知识的方法"③都遭到各方的质疑。在历史研究上,超越以民族国家作为研究单位的区域史、整体史、全球史的研究成为趋势,如布罗代尔的《菲利普

---

① 华勒斯坦等:《开放社会科学——重建社会科学报告书》,第87 页。
② 华勒斯坦等:《开放社会科学——重建社会科学报告书》,第10、17 — 18、28、30—31 页。
③ 华勒斯坦等:《开放社会科学——重建社会科学报告书》,第91 页。

二世时代的地中海和地中海世界》,以 16 世纪后半期的地中海及其周边世界为对象,考察人与历史紧密结合的地中海整体。① 斯塔夫里阿诺斯的《全球通史》,从整体上对我们所在的球体进行考察。② 尽管存在诸多缺陷,但时至今日,这些研究方法仍然非常富有魅力,可以指引我们的研究方向。

依照消化和改造后的福柯话语理论,我们着重测定西方海洋国家"话语的对象形成时……某话语实践特征的关系的建立",寻找主体"使用某一话语时……占据或接受的立场"。由于对"策略进行细节分析相当困难",③本文将不展开相关探讨。

第二节　"海权论"话语策略中的概念："海洋国家"和"大陆国家"

19、20 世纪之交出现的"海权论",指出海权与近代欧洲国家兴衰的联系,从国家战略的角度定义"海洋国家",催生出地缘政治理论,进而产生了深刻的历史影响。"海洋国家"实质上是"海权论"话语策略中的一个概念。

一、马汉:海权强大的"海洋国家"

法国大革命之后,欧洲战争的性质发生巨大的转变。民族国家间的整体战争"已不再是封建阶级的事情,或者是一小群职业军人的事情,而是全体人民的事情"。④ 任何重大军事战略都必然考虑该国的政治、经济、社会

---

① 〔法〕费尔南·布罗代尔:《菲利普二世时代的地中海和地中海世界》第 1 卷、第 2 卷,唐家龙、曾培耿等译,吴模信校,商务印书馆 1996 年版。

② 斯塔夫里阿诺斯:《全球通史》,吴象婴、梁赤民等译,上海社会科学院出版社 1988 年版。

③ 〔法〕米歇尔·福柯:《知识考古学》,第 52、59、68—69 页。福柯此处所说的"话语实践",大体可视为系统知识建构或认知。

④ 〔英〕迈克尔·霍华德:《欧洲历史上的战争》,褚律元译,辽宁教育出版社 1998 年版,第 114 页。

等形势,进而形成"大战略"。尽管战争仍然是"政策（治）用其他手段的延续",①但与军事战略相配合的各种政策却深刻影响着现代民族国家的方方面面。

工业革命之后,英国成为最大的赢家。其他西方大国从抵御、挑战英国霸主地位,争夺世界强权出发,产生总结其历史经验,提出对自身国家发展富有指导性的理论思路的强烈内在需求。

19世纪末,美国工业化接近完成,"边疆时代"宣告结束,生产力冠居全球。主张通过扩张势力,寻求世界霸权的声音开始挑战传统的"孤立主义"。在这种历史背景下,马汉的"海权论"因应而生。1890年,马汉的《海权对历史的影响:1660—1783》出版,他总结了英国的成功经验和其他国家的教训,指出近代西方国家兴衰与海洋权力之间的密切关联,宣称"研究海军战略对于一个自由国家的全体公民来说,是一件有意义、有价值的事情,尤其是对于那些负责国家外交和军事的人来说更是如此。"②他的著作迅速风靡全球,引发世界范围的海军扩张浪潮。

在马汉所处的时代,以民族国家作为基本分析框架的政治史和军事史是史学的核心。在他看来,"海权的历史,虽然不全是,但是主要是记述国家与国家之间的斗争。"在用词上,马汉常常使用"海上强国"或"海洋国家"。虽然他指出"作为一个海洋国家,其牢固的基础是建立在海上贸易之上",但这句话是隶属于"发展海权所必需的最重要的民族特点是喜欢贸易"这一主题的。③ 后来,马汉在1911年出版的《海军战略》中做了修正,认为海权不一定具有贸易的基础。也就是说,在马汉那里,"海洋国家"实质上等同于拥有强大海军的"海上强国"。因此,他的话语往往导致争夺海洋霸权的政治实践。且不说马汉本人如何鼓吹兴建中美运河和发动对西班牙的战争,日本对马汉的推崇甚至盲目地追求太平洋霸权的疯狂行径,就是一

---

① ［德］克劳塞维茨:《战争论》,转引自钮先钟《西方战略思想史》,广西师范大学出版社2003年版,第249页。

② A.T.马汉:《海权对历史的影响:1660—1783》,安常容、成忠勤译,张志云、卜允德校,解放军出版社2006年版,第30页。

③ A.T.马汉:《海权对历史的影响:1660—1783》,第1、68页。

个证明。

二、麦金德："海洋国家"和"大陆国家"的对立

与强调攫取海洋霸权的马汉不同，麦金德一开始就是出于维护英国自身既有利益考虑，其理论建构的基调是防御性的。他侧重于探讨地理条件对国家历史演变和发展战略的影响。

麦金德指出：在欧洲民族国家扩张达到极限后，"没有留下一块需要确认所有权申明的土地……我们不得不再一次与封闭的政治制度打交道"；而这里所说的上一次"封闭"，系指"中世纪的基督教社会被圈在一个狭窄的地区内，受到外部野蛮世界的威胁"。① 且不论在中世纪，谁更接近"外部野蛮世界"，麦金德非常敏锐地指出国际政治秩序的根本变化——在地理极限出现之后，地理扩张掩盖下的实力与既得不均衡必然导致剧烈的反应。

麦金德继承了英国传统的均势理念，致力于探求建立在不均衡现状之上的制衡机制："历史上大规模的战争是各国不平衡发展的直接或间接的结果；而这种不平衡的发展，并不是完全由于某些国家比另一些国家拥有更伟大的天才和更多的精力。在很大程度上，这是地球表面上富源和战略机会分配不匀的结果。……[要]建立一个足以制止未来战争的国际联盟，我们便必须承认这种种地理上的现实情况，并采取步骤来抵制它们的影响。"②

麦金德的原则是建立在尽量保存英国既得利益前提之下的。为了建立对付假想敌的同盟，他先宣称"国家的各种观念，通常是在共同苦难的压力和抵抗外来力量的共同需要下才被接受"，是草原民族的压力塑造了"反对他们"的"每一个伟大民族"；③接下去，他警告潜在的盟友，"陆上强国"对"海上强国"压迫即将成为新的威胁。④ 第一次世界大战后，麦金德更高谈

① 麦金德：《历史的地理枢纽》，林尔薇、陈江译，商务印书馆 1985 年版，第 49 页。
② 麦金德：《民主的理想与现实》，武原译，商务印书馆 1965 年版，第 13—14 页。
③ 麦金德：《历史的地理枢纽》，第 51、56—57 页。
④ 麦金德：《历史的地理枢纽》，第 65—69 页。

东欧"心脏地带"之重要，宣扬"西方人和岛国的人必须抵抗这双头鹰的陆上强国"（按：德国和俄国），鼓吹重新划分东欧领土，建立缓冲带，平衡并牵制俄、德。他改造了地米斯托克利（Θεμιστοκλης，英语拼法 Themistocles）"谁控制了海洋，就控制了一切"的名言，提出："谁统治了东欧谁便控制了'心脏地带'；谁统治了'心脏地带'谁便控制了'世界岛'；谁统治了'世界岛'谁便控制了世界。"①

麦金德政治谋划的立论基础，与其对历史的再解释密不可分：通过海陆二分法和民主、专制二分法的组合，他建构出民主"海洋国家"对抗专制"大陆国家"的历史图景。通过发掘新的话语对象，麦金德建立起海陆对峙的陈述方式，推出一组对抗性的概念——"海洋国家"和"大陆国家"。

第二次世界大战以后，随着意识形态抗争的升级，麦金德的对抗性话语为美国阵营所发扬。在他们的指称中，"海洋国家"彻底符号化，成为西方阵营的自我代称，而"大陆国家"成为苏联及其同盟的代名词。这些话语通过各种方式传播到其他国家，成为当地思想界、学术界的标准话语，日益"经典化"，产生越来越严重的误导。在这个意义上，"海洋国家"这样的象征资源通过话语传播产生了维系西方中心地位的作用。

第三节　对象和陈述：历史上的海洋国家

西方"海洋国家论"的重要基础，是对历史的回溯。正如克罗齐所言，"当生活的发展需要它们时，死历史就会复活，过去史就会再变为现在的"。② 在每一个年代，对历史的回溯都意味着"海洋国家"概念的变动和对象的重构。

---

① 麦金德：《民主的理想与现实》，第 134、177 页。
② ［意］贝奈戴托·克罗齐：《历史学的理论和实际》，道格拉斯·安斯利英译，傅任敢译，商务印书馆 1982 年版，第 12 页。

一、希腊城邦国家时代和罗马

海洋文明是依靠海洋生存的文明类型,在农业文明和游牧文明占据主导地位的古代,是各大洲"地中海"滨海地区和岛屿人类生活的另一种选择。滨海的文明古国都与海洋发生一定的关系。欧洲海洋文明起源于克里特岛。克里特—迈锡尼为中心的爱琴海文明及其后继的希腊雅典文明,以工商为主、以农为辅,海洋因素在国家形成中起了重要的作用。

正如柏拉图和亚里士多德所说,海洋是导致早期希腊发生变革的最有利因素之一。公元前734年到公元前580年,希腊各城邦的殖民扩张"将城市生活带给地中海沿岸的绝大多数地区",而在希腊本土"也有许多城市建立和重建"。① 母子城邦强化了对内对外的海上联系,航海和海洋商业带来巨大的财富。这正是亚里士多德所强调的,"邦城的位置……应该坐落在有良好的海路和陆路通道的地方"。②

希腊与波斯的对立,乃至雅典在伯罗奔尼撒战争(前431—前404年)中与斯巴达的城邦斗争,与海上战争联系在一起。但在当时和后来很长的时代都被视为"捍卫城邦独立、对抗东方专制主义的斗争",③而非海洋和大陆的对抗。如果注意到希罗多德《希腊波斯战争史》④中常见的"异邦人"一词,以及对于自主和自由的推崇,就可以看出希腊民主制和波斯帝国制的冲突显然不同于后来撰写者所谓民主与专制的冲突。

毋庸置疑,雅典是城邦时代经典的海洋国家。即便如此,20世纪不同时期同为海洋国家的英国学者,对雅典"海洋国家"属性的看法也有所不

① ［英］奥斯温·默里:《早期希腊》,晏绍祥译,上海人民出版社2008年版,第94页。

② ［古希腊］亚里士多德:《政治学》,颜一、秦典华译,中国人民大学出版社2003年版,第238页。

③ ［英］奥斯温·默里:《早期希腊》,第279页。值得注意的是,冷战气息甚重的"东方专制主义"并不是希腊时代的用语(默里原书第一版作于1980年,1993年第二版改动不大)。

④ ［古希腊］希罗多德:《希罗多德历史:希腊波斯战争史》,王以铸译,商务印书馆1959年版。

同。《修昔底德——神话与历史之间》的作者康福德认为，"日益增长的商业、手工业和航海人口……是雅典政治中的新力量。……对他们来说，帝国意味着制海权——控制主要的商业线路……这一阶级显然将雅典海军视为控制希腊海上贸易的一种工具"。① 《早期希腊》的作者默里则强调，在梭伦的政治改革中，"贵族出身被抛弃，要享有政治权利，唯一的标准是财富"，推动"雅典……迈向社会正义"。② 这种论述的不同源于两位学者的关注点有别：前者出版的 1907 年，正是海权论如日中天，英德海上军备竞赛愈演愈烈之际；后者出版于冷战末期（1980 年），西方国家当时已经越来越看重"软实力"，强调"民主与专制的对立"。

罗马共和国在与西地中海海洋国家迦太基的布匿战争中，形成上古的陆海兼备的洲际帝国。在马汉之前，"世界历史一段非常惹人注目、非常重要的时期里，人们还没有认识到海权在战略上所具有的重要性和影响"。由于马汉对第二次布匿战争（前 218—前 201 年）中罗马海权优势决定性作用的解读，罗马兴起与其凭借海洋优势取得的西地中海地区领导权的关系被揭示出来。③ 从此，罗马也成为"海洋国家"话语新的对象——获益于强大海权的国家——之一。

二、大航海和世界体系的展开

自新航路开创大航海时代起，海外殖民、贸易及欧洲内部贸易的兴盛，推动欧洲经济中心逐渐移向北海周边地带，欧洲急剧分化为核心（西欧）——边缘（东欧）格局，两者社会结构、政治制度和文化特性的差异日渐加大。在新大陆等地，宗主国"带来的制度和所有权造成了殖民地区域以后的发展，贸易和生产要素（劳动和资本）流动的模式有助于形成大西洋各

---

① 弗朗西斯·麦克唐纳·康福德：《修昔底德——神话与历史之间》，孙艳萍译，上海三联书店 2006 年版，第 19—20 页。

② ［英］奥斯温·默里：《早期希腊》，第 185、190 页。

③ A.T.马汉：《海权对历史的影响：1660—1783》，第 17—28 页。

国自身发展的模式。"①同时,大西洋贸易(有资料显示其额度不足当时西欧国内生产总值的4%)给赞同制度变革的宗主国商人集团带来巨额利润,这些利润导致政治平衡点远离君主,促成了政治制度的重大变革,进一步保障了财产权,为更多经济制度创新铺平了道路,从而大大刺激了经济增长。②西方日后的全球性霸权与其在这一历史时期内建立的扩张性海权优势有着密不可分的关系,其后果可以表述为:"当今西方及其附属国大部分都是环绕着海洋聚合在一起的。"③

对于这一段历史的经典解读属于黑格尔。其目的论历史哲学在为德国成为新兴民族国家摇旗呐喊的同时,也总结了很多历史的"经验"。他这样描绘古希腊的"精神":"一群岛屿和一个显出海岛特征的大陆……划分为许多小的区域,同时各个区域间的关系和联系又靠大海来沟通"使得"希腊到处是错综分裂的性质"和"分立的性格",而"活跃在希腊民族生活里的第二个元素就是海"。④ 在探讨民族国家上层建筑的地理基础时,黑格尔特别指出,海岸区域比高地和平原流域更有利于"民族精神","超越土地限制、渡过大海的活动是亚洲各国所没有的,就算他们有更多壮丽的政治建筑,就算他们自己也是以海为界——像中国便是一个例子。在他们看来,海只是陆地的中断,陆地的天限;他们和海不发生积极的关系"。⑤ 这就把亚洲特别是中国排除在历史上海洋国家之外。

我们知道,民族国家的出现与西方的殖民扩张基本同步,欧洲世界体系的扩散和民族国家体系主导国际秩序的确立也是相辅相成的。黑格尔对其

---

① 道格拉斯·C.诺斯:《经济史上的结构和变革》,厉以平译,商务印书馆1992年版,第143页。

② Daron Acemoglu, Simon Johnson & James Robinson, "The Rise of Europe: Atlantic Trade, Institutional Change, and Economic Growth," The American Economic Review, Vol.95, No.3, June 2005, pp.547 —579.

③ [法]费尔南·布罗代尔:《文明史纲》,肖昶、冯棠、张文英、王明毅译,广西师范大学出版社2003年版,第30页。

④ [德]黑格尔:《历史哲学》,王造时译,上海辞书出版社1999年版,第232、233页。

⑤ [德]黑格尔:《历史哲学》,第94—97页。

民族国家经典原型"精神"中海洋性的突出强调,将"海洋国家"的对象和概念从客观世界扩展到主观抽象世界,为海洋代表西方、现代、先进、开放,大陆代表东方、传统、落后、保守的文化霸权论述奠下了基础。

三、"大洋国"——英国

英国是大航海时代和世界体系扩散的最大获利者。16 世纪以前,英国人把英伦三岛当作孤悬海外的大陆,16 世纪以后,英国人把英伦三岛变成海洋的一部分,"成为一条船,或者更明确地说,成为一条鱼"。对英国走向海洋的描绘,施密特《陆地与海洋》中的这段文字最为经典:"当……海洋由于某种新能量的释放而出现在人们的视野中,历史存在的各种空间也会相应地改变自身。这就形成了政治—历史行动中的新尺度、新维度、新经济、新秩序,以及一个崭新民族或者再生民族的新生命。"①

这里不去回顾英国如何战胜法国和荷兰,夺得世界海洋强权,而要考察詹姆士·哈林顿发表于 1656 年的政治小说《大洋国》(Oceana)。② 哈林顿是共和主义的代表人物,③主张以财产均势为基础的共和政体。该书是哈林顿针对当时英国具体情况提出的政体方案,一直以来被归入政治哲学范畴,鲜有从话语角度对之展开研究。根据维基百科,④该书全名 The Commonwealth of Oceana,Oceana 系简称。"大洋国"这一译名是雅名,直译当为"海洋联邦"⑤或"海洋国家"。哈林顿在引言中提到:大洋国的"这些地区都处在海岛之上,就好像是上帝专为一个共和国设计出来的。从威尼斯的情形就可以看出这种地形对于类似的政府多么有利。但是威尼斯由于无险可守,同时又缺乏正式军队,所以便只能成为一个自保的共和国。但这种地形却使我们这类似的政府成了一个进取的共和国"。又说:"海洋为威尼斯

---

① [德]施密特:《陆地与海洋——古今之"法"变》,林国基、周敏译,华东师范大学出版社 2006 年版,第 32 页。

② [英]詹姆士·哈林顿:《大洋国》,何新译,商务印书馆 1981 年版。

③ Jonathan Scott,Commonwealth Principles,转引自谈火生《在霍布斯和马基雅维里之间——哈林顿共和主义的思想底色》,《学海》2006 年第 4 期。

④ 维基百科,http://en.wikipedia.Org/wiki/The_Commonwealth_of_Oceana。

⑤ British Commonwealth 的标准译名为"英联邦"。

的成长定下了法律,而大洋国的成长则为海洋定下了法律。"①尽管全书其他地方没有再提到海洋,但联系到主张海上帝国殖民论的培根所写的《新大西岛》,②可以认为哈林顿是用"大洋国"即"海洋国家"来隐喻英国自身的共和政体的。

这里再从话语角度将哈林顿的《大洋国》与麦金德的《民主的理想与现实》进行比较。虽然标题没有关联,两人的"海洋国家"在具体对象上都是指英国主导的国家联合体。由于语境差异,双方的关注颇为不同:哈林顿生活的英格兰和苏格兰均为独立王国,爱尔兰也具有很大的独立性的时代,致力于国家制度的建构,将平衡的宪政制度视为"海洋国家"应追求的特性;而麦金德生活在全球化、市场化风头正劲的年代,看到走向海洋越来越严重的对抗,"海洋国家"乃至"海洋"变成民主国家的象征符号。

从以上对西方"海洋国家"话语的初步分析,可见"海洋国家"话语的"偏移",在论述中有选择地将历史上的海洋国家对象化,是典型的话语活动。于是乎,"海洋国家"的历史构成了世界海洋史的知识体系,我们自然而然接受的历史陈述,实际上是一种西方学术界"累积的历史",并不完全符合世界历史上所有海洋国家发展的事实和实践。

20 世纪 90 年代,苏联解体,世界步入多元化格局之后,《联合国海洋法公约》的生效,重新规范了世界海洋秩序,"海洋国家"话语的对象扩大到新兴国家和发展中国家。挣脱西方"海洋国家论"的束缚,挖掘本国的海洋历史文化资源,从文明的角度入手,通过对复杂国度历史的重新解读,提出新论述,重构海洋世界历史的新体系,塑造不同类型"海洋国家"的形象,是人文社会科学具有全局性、战略性、前瞻性的课题。这是重新认识西方"海洋国家论"的现实意义。

---

① [英]詹姆士·哈林顿:《大洋国》,何新译,商务印书馆 1981 年版,第 5 页。
② [英]弗朗西斯·培根:《新大西岛》,何新译,商务印书馆 1979 年版。

第二章　中国传统海洋文明与
海上丝绸之路的内涵*

第一节　中华民族复兴和现代化进程
倒逼出来的历史课题

　　2003 年的《海洋中国与世界丛书》"总序"指出："中国在全面建设小康社会的进程中,顺应全球经济一体化的潮流,走入海洋,走向世界,是历史的大趋势。中国能否抓住发展机遇,建成海洋强国,与海洋世界产生良性的互动,对人类社会的发展作出更大的贡献? 中国能否经受西方海洋霸权的挑战,消解遏制与对抗,在海洋竞争中占有自己的生存之地,避免历史悲剧的重演? 这引起了世人的广泛关注和讨论。前事不忘,后事之师。中国海洋历史文化的研究,是 21 世纪理论创新和学术创新必须认真面对的重大课题。"①这一判断没有过时,它的现实意义正在日益昭显。

　　中国海洋文明史的提出,是中华民族复兴和现代化进程倒逼出来的历史研究课题。从百年前"新史学"发端,海洋与中国历史的关系就是一个耐人思索的问题。近代中国海洋方向的挫败,造成长期的内忧外患,进而导致文化自信缺失,使思想建构者(多为哲学家)倾向于通过中西对比加强自我

---

　　* 本章原载《厦门大学学报(哲学社会科学版)》2015 年第 4 期,与王鹏举合写。
　　① 杨国桢主编:《海洋中国与世界丛书》,江西高校出版社 2003 年版,总序第 1—2 页。

认同来寻求出路。他们来不及等候历史学家重估中国海洋发展史,就直接将中西差异与海陆对立组合起来,以海洋—西方和陆地—中国二元对立结构展开中国叙事。冯友兰先生 1947 年在美国宾夕法尼亚大学中国哲学史课程中的表述,便是典型的例子:

> 中国是大陆国家。古代中国人以为,他们的国土就是世界。汉语中有两个词语都可以翻成"世界"。一个是"天下",一个是"四海之内"。海洋国家的人,如希腊人,也许不能理解这几个词语竟然是同义的。①

这种表述是西方论断和中国传统话语相结合的产物。它全盘认同黑格尔、马汉、麦金德等西方思想家所描绘的海陆对立的世界观,并将中国古典观念纳入这一格局,构建出"中国是大陆国家,不是海洋国家;中国有海洋活动,没有海洋文明"的现代主流话语。

在中国现代化建设事业不断深化,经济发展成就斐然,现代社会初具雏形的今天,现代中国与中国古典传统之间的疏离,西方数百年思想、学术积累形成的威压,依旧在侵蚀国人的文化自信心。因此,沿袭既有西方主流话语或中国正统话语所蕴含的思维路径,仍然成为学者合理、便利的选择。在政治、文化等不同学术研究路径中,学者多将"中国是大陆国家"等既有历史叙事作为自己论述的知识前提。

有地缘政治学者用它论证中国只能自我定位为陆权国家:"中国虽然是一个濒海国家,但却从来不是海洋国家,更不是海权国家。海洋在中国的历史发展中虽然也起过一定的作用,但从来没有起过重要的作用……中国的历史主要是产生和发展于黄河、长江及其他大江大河的文化,中华民族虽然有过航海的经历,而且曾经取得过很高的成就,但却基本上不是一个海洋民族。"②有人据此认为"陆权的崛起,是中华民

---

① 冯友兰:《中国哲学简史》,涂又光译,北京大学出版社 1985 年版,第 21 页。
② 叶自成、慕新海:《对中国海权发展战略的几点思考》,《国际政治研究》2005 年第 3 期,第 13—14 页。

族伟大复兴的历史宿命"，提出"陆权重建""反制海权"的主张，呼吁"让海洋战略为陆权崛起赢得时间和空间"。预测高铁的兴起，大规模陆上运输技术的突破，使得国内经济对海运的依赖下降，"历史很可能会证明，高铁将超过大运河、丝绸之路，成为海权国家的终极噩梦"。① 事实上，"海权"等概念并不是自然地理的特性，而是话语构造的产物。② 与"海权"相对的"陆权"概念，更是在西方帝国主义殖民扩张高潮中，由麦金德根据西方扩张的大陆取向提出的，③天然地具有扩张的属性，与中华文明一贯追求和平的气质严重不符。因此，将中国定位为西方标准的"陆权"国家，并不十分妥当，且并不有助于展示我国和平、发展的理念。

有文化论者提出，"海上中国的崛起，才是中华民族伟大复兴的最终检验"。但他也认为"走向海洋，中华文明是后来者"。"中华文明中不乏海洋基因，只是长期被大陆基因所抑制。"所以中国的文明转型，要从传统内陆文明转向海洋文明。④ 21 世纪的文明转型，指经济、社会现代化转型及其推动的文化转型。海洋文明是所有濒海国家、岛屿国家开发利用海洋进程中的文化创造产物。不同民族、不同海域的海洋文化都有自己的特色，处于不同发展阶段，其文化转型，固然有国际环境、时代发展潮流或外来海洋文化的推动，但也不乏内生动力，包括海洋资源、海洋空间条件、社会经济发展的需要，以及海洋人文历史传承的潜力。有意无意地忽视或绕开中国自己的海洋文明的存在，深层次的原因是重陆轻海的社会心理没有根本性的改变。

在我国推动"丝绸之路经济带"和"21 世纪海上丝绸之路"建设，形成

---

① 赵燕青：《陆权回归：从乌克兰战局看海西战略》，《北京规划建筑》2014 年第 5 期，第 156、152 页。

② 牟文富：《海洋元叙事：海权对海洋法律秩序的塑造》，《世界经济与政治》2014 年第 7 期，第 65 页。

③ ［英］麦金德：《历史的地理枢纽》，林尔薇、陈江译，商务印书馆 1985 年版，第 65 页。

④ 王义桅：《海殇：欧洲文明启示录》，上海人民出版社 2013 年版，第 181、185、257 页。

全方位对外开放新格局的今天,陆地中国主流话语的局限性凸显无遗。如何从长时段、整体史视角看待中国海洋发展的绵延历程,建构有利国家发展的话语叙述,便成为中国海洋文明史研究的核心问题意识。

第二节 陆海关系与中国传统海洋文明

我们认为中国海洋文明存在于"海—陆"一体的结构中。中国既是一个大陆国家,又是一个海洋国家,中华文明具有陆地与海洋双重性格。中华文明以农业文明为主体,同时包容游牧文明和海洋文明,形成多元一体的文明共同体。

中华民族拥有源远流长、辉煌灿烂的海洋文化和勇于探索、崇尚和谐的海洋精神。如果没有中国古代的海洋文明,也就谈不上近代海权的旁落,原来没有的就不可能旁落;如果没有古代的海洋文明,也就没有当代海权的复兴,原来没有的就不需要复兴。不能因为中国在近代落伍和被欺凌、打压,就否认曾有传统海洋文明的辉煌。

作为中华文明的子系统,中国海洋文明主体经历了一系列变化:早期是东夷、百越文化系统,先秦、秦汉时代为中原华夏与东夷、百越先后在文化互动中共生的文化系统,汉唐时代是汉族移民与夷、越后裔融合的文化系统,宋元以来则是汉番海商互联互通的文化系统。中国的海上特性与其他单纯依赖海洋的国家的海洋文明不一样,需要妥善处理内部陆地与海洋的关系。其理想的状态是"陆海平衡","陆海统筹",但历史上,陆主海辅、重陆轻海、以陆制海的观点和政策常占上风。这个矛盾的纠结,困扰了中国走向海洋的历史选择。在陆海互动、融合中,王朝、地方和民间的关系发生激烈的变动,不同海域、不同族群、不同地方政权,都有着各自不同的发展途程。虽然总体发展趋势一致,这些途程却有断头、跳跃,它们之间更有交汇、分叉。各途程与中国文明主干的结合方式更极富多样性,没有固定模式。这与体质人类学的研究发现相符:"中国乃至东亚因为地域广大,生态多样,古人群可能分化成若干地方群体,局部的灭绝和区域间的迁徙交流时而发生,呈现河网状演化格局,导致区域内一个大的群体内部的多样性发展。"①中国海洋文明在中华文明内部结构的这种复杂性,正是其区别于其他文明,尤其是西方文明重要"个性化"特性。

中华文明的陆海二重性,老一辈历史学家已有切身的体认。1933年,陈寅恪先生在《中央研究院历史语言研究所集刊》第叁本第肆分发表《天师道与滨海地域之关系》,揭示出在濒海(maritime)地域生成的文化,塑造出中国文明的独特成分。他认为,方士五行之说等与"滨海地域"有关。

> 自战国邹衍传九大州之说,至秦皇、汉武帝时方士迂怪之论,据太史公书所载,皆出燕、齐之域。盖滨海之地应早有海上交通,受外来之影响。以其不易明,姑置不论。但神仙学说之起原及其道术之传授,必与此滨海地域有连,则无可疑者。②

东晋孙恩、卢循所代表的,则是常年生活于舟楫、海岛的海洋人群及其宗教。

> 孙恩、卢循武力以水师为生,所率徒党必习于舟楫之海畔居民。其以投水为登"仙堂",自沉为成"水仙",皆海滨宗教之特征。……孙、卢之以为海屿妖贼者,盖有环境之熏习,家世之遗传,绝非一朝一夕偶然遭际所致。③

东西晋南北朝的天师道,还深刻地影响过中国的政治结构(神秘主义宫廷政治)和艺术形式(如书法)。

---

① 高星、张晓凌、杨东亚、沈辰、吴新智:《现代中国人起源与人类演化的区域性多样化模式》,《中国科学:地球科学》2010年第40卷第9期,第1289页。
② 陈寅恪:《天师道与滨海地域之关系》,《金明馆丛稿初编》,三联书店2001年版,第1—2页。
③ 陈寅恪:《天师道与滨海地域之关系》,《金明馆丛稿初编》,第7页。

若通记先后三百余年间之史实,自后汉顺帝之时,迄于北魏太武刘宋文帝之世,凡天师道与政治社会有关者,如汉末黄巾米贼之起原,西晋赵王伦之废立,东晋孙恩之作乱,北魏太武之崇道,刘宋二凶之弒逆,以及东西晋、南北朝人士所以奉道之故等,悉用滨海地域一贯之观念以为解释。①

东西晋南北朝之天师道为家世相传之宗教,其书法亦往往为家世相传之艺术,如北魏之崔、卢,东晋之王、郗,是其最著之例。②

其兴起,或许与中国"滨海地域"人群与其他民族的文化交往活动有关。

天师道……信仰之流传多起于滨海地域,颇疑接受外来之影响。盖两种不同民族之接触,其关于武事之方面者,则多在交通阻塞之点,即山岭险要之地。其关于文化方面者,则多在交通便利之点,即海滨湾港之地。③

明朝实行海禁,是唐宋元以来中国海洋文明发展的灾难性转折点。抗战前夕,雷海宗先生在批判中国文化缺乏尚武精神、流于文弱时,便特别指出明季中国南方民间海洋发展的重大意义。

有明三百年间,由任何方面看,都始终未上轨道,整个的局面都叫人感到是人类史上的一个大污点。并且很难说谁应当对此负责。……整个民族与整个文化已发展到绝望的阶段。在这普遍的黑暗之中,只有一线的光明,就是汉族闽粤系的向外发展,证明四千年来惟一雄立东亚的民族尚未真正的走到绝境,内在的潜力与生气仍能打开新的出路。郑和的七次出使,只是一种助力,并不是决定闽粤人南洋发展的主要原

---

① 陈寅恪:《天师道与滨海地域之关系》,《金明馆丛稿初编》,第1页。
② 陈寅恪:《天师道与滨海地域之关系》,《金明馆丛稿初编》,第39页。
③ 陈寅恪:《天师道与滨海地域之关系》,《金明馆丛稿初编》,第44—45页。

动力。……汉人本为大陆民族，至此才开始转换方向，一部分成了海上民族，甚至可说是尤其宝贵难得的水陆两栖民族！①

陈寅恪先生在其晚年的研究中，更专门指出"闽海之地"在中国历史格局中非同寻常的地位：

自飞黄、大木（郑芝龙、郑成功）父子之后，闽海东南之地，至今三百余年，虽累经人事之迁易，然实以一隅系全国之轻重。治史之君子，溯源追始，究世变之所由，不可不于此点注意及之也。②

以上史例，足以说明中国文明富有多样性，海陆兼备，并不能被单一的陆地标签所涵盖。遗憾的是，滨海地域文化传播、交往塑造的特定文化形态对中国文明大传统的影响，明代后期中国南方沿海地区自发产生的海洋转向，并没有在中国文明转型的意义上被充分阐释。

中国的农业文明、游牧文明和海洋文明并非对立而不可调和。"大一统"是中国文明的主要特征。它不等于专制皇权。在文化上，它有着包容的一面，"由文化来融凝民族"，③讲求通过思想和制度实现"和而不同"。历史上，虽有五服、四民的区分，中国文明的各种人群仍能借助文化认同凝聚在一起。

中国文明主体运转中，内陆子系统和海洋子系统之间存在微妙的关联。近年来，中外学者在海洋史研究的刺激下，关注到明中叶"内陆史"与"海洋史"的联系。岸本美绪注意到南方输入的白银被作为军费投放到北方，引起白银存量严重不足，造成沿海走私活动更加活跃："'北虏'与'南倭'以白银流动为媒介，有着密切的关系。"④赵世瑜指出，"蒙古的

① 雷海宗：《中国的文化与中国的兵》，商务印书馆2001年版，第157—158页。
② 陈寅恪：《柳如是别传》中册，上海古籍出版社1980年版，第727页。
③ 钱穆：《民族与文化》，《钱宾四先生全集》第37册，台北联经出版社1998年版，第2页。
④ 岸本美绪：《"后十六世纪问题"与清朝》，《清史研究》2005年第2期，第84页。

通贡开市要求是将业已存在的长城内外民间('走私')贸易合法化的反映,这都与东南沿海'倭乱'的背景具有异曲同工之妙"。南方的"隆庆开关"和北方的"隆庆和议"同步,说明长城以北的游牧文明与东南海外的海洋文明两者内在的关系,"'隆庆和议'之后长城内外贸易规模的扩大……也是整个欧亚大陆中部城镇、商业发展的组成部分;而明朝方面民间贸易的积极态度,也与明中叶贸易规模的扩大、市场网络的形成有直接的原因,后者又与江南及东南沿海的商业发展、与这些地区与东南亚及欧洲的贸易有关。因此,'北虏'与'南倭'的确是16世纪后期不可分割的重要事件。"①

第三节　"海上丝绸之路"的文化内涵与当代意义

建设"丝绸之路经济带"②和"21世纪海上丝绸之路"③的战略构想,兼顾陆地与海洋,是建立在"中国既是一个陆地国家,又是一个海洋国家"的历史土壤上,统筹陆海大格局、全方位对外开放的大手笔,它秉承和平合作、开放包容、互学互鉴、互利共赢的精神,通过"政策沟通""道路联通""贸易畅通""货币流通""民心相通"的一系列规划项目和实践,促进沿线国家深化合作,建设成一个政治互信、经济融合、文化包容的利益共同体、命运共同体和责任共同体。④ 这个构想本身就是对传统中华文明的传承和弘扬。

---

① 赵世瑜:《时代交替视野下的明代"北虏"问题》,《清华大学学报(哲学社会科学版)》2012年第1期,第69、74页。

② 习近平:《共同建设"丝绸之路经济带"》,《习近平谈治国理政》,外文出版社2014年版,第287—290页。

③ 习近平:《共同建设二十一世纪"海上丝绸之路"》,《习近平谈治国理政》,第292—295页。

④ 中国国家发展改革委员会、外交部和商务部经国务院授权发布:《推动共建设丝绸之路经济带和21世纪海上丝绸之路的愿景与行动》,人民网,2015年3月28日。http://world.people.com.cn/n/2015/0328/c1002—26764633.html。

从汉武帝时期开辟徐闻合浦道,到明代郑和七下西洋,是中国的传统海洋时代,①也是"海上丝绸之路"发生、发展和繁荣的时代。"海上丝绸之路"是西方汉学家借用"丝绸之路"的概念描述中外的海上通道而提出的,1903 年法国汉学家沙畹(edouard chavannes)提出:"中国之丝绢贸易,昔为亚洲之一重要商业,其商道有二:其一最古为出康居之一道;其一为通印度诸港之海道。"②此后"海上丝绸之路"的概念为学术界所接受,从不同的视角,在不同层面上使用,并对"海上丝绸之路"的起止时间、涉及的海域范围、文化内涵等方面进行研究和讨论,取得丰硕的成果,但也有不少不同的解读。中外均有学者认为此名未尽贴切,从海洋商贸角度提出"香料之路""陶瓷之路""茶叶之路"或综合型的"丝瓷之路""香瓷之路";从政治、文化角度提出"使者之路""宗教之路""文化之路"等替代的称呼。到 1987 年联合国教科文组织推动世界文化发展十年(1988—1997 年)研究规划,将"丝绸之路综合研究"列为十大社会科学研究项目之一,开展了"陆上丝绸之路""海上丝绸之路""沙漠丝绸之路""草原丝绸之路"等分课题的专项大型的跨国合作研究后,"海上丝绸之路"的名称和其所指内涵是"东西方之间通过海洋融合、交流和对话之路",才得到国际学术界的普遍认同。

古代"海上丝绸之路"是亚洲海洋文明的载体,不是中国一家独有的。从文化视角出发,可将其阐释为:"是以海洋中国、海洋东南亚、海洋印度、海洋伊斯兰等海洋亚洲国家和地区的互通、互补、和谐、共赢的海洋经济文化交流体系的概念。可以这样说,'海上丝绸之路'是早于西方资本主义世界体系出现的海洋世界体系。这个世界体系以海洋亚洲各地的海港为节点,自由航海贸易为支柱,经济与文化交往为主流,包容了各地形态各异的海洋文化,形成和平、和谐的海洋秩序。"③中国利用这条海上大通道联通东

---

① 杨国桢:《中华海洋文明的时代划分》,《海洋史研究》第 5 辑,社会科学文献出版社 2013 年版,第 2 页。

② 沙畹:《西突厥史料》第四篇《西突厥史略·东罗马之遣使西突厥》,冯承钧译,中华书局 2004 年版,第 208 页。

③ 杨国桢:《海洋丝绸之路与海洋文化研究》,《学术研究》2015 年第 2 期,第 92 页。

西洋,既有主动的,也有被动的,沿途国家加入"海上丝绸之路"的运作,不是中国以武力强势和经济强势胁迫的:"唐代涌现的那些新国家在中国人的经验中却是十分新鲜的事物;它们的组织方式与中国相同,虽然规模要小得多;它们的统治者具有同样的思想意识;它们用中文来处理公务,并采用中国的法律和办事手续。虽然它们接受朝贡国的地位,实际上却完全不受中国的管制。"①如果说这是所谓朝贡,实际上是对中华文明的朝贡。从南宋到明初,由于造船、航海技术的发明和创新,中国具有绝对的海上优势,但这种优势不是用于追求海洋权力,用于称霸的。所以"海上丝绸之路"自开辟后一直是沿途国家交往的和平友善之路,直到近代早期欧洲向东扩张,打破了亚洲海洋世界秩序,才改变了"海上丝绸之路"的和平性质。"海上丝绸之路"作为历史的符号,覆盖西太平洋和印度洋的地理空间,代表传统海洋时代和平、开放、包容的精神和文化。

"21世纪海上丝绸之路"与"亚太再平衡""海洋连邦论"是迥然不同的战略构想,既是政治竞争、经济竞争,又是文化竞争。后者视中国是大陆国家,而以太平洋国家自居,特别是鼓吹日本和地处所谓"第一岛链"的东盟国家不是亚洲一部分的东北亚和东南亚国家,而是"连接西北太平洋和印度洋的国家群",妄想建立"海洋连邦",遏制中国和亚洲的和平崛起,体现出陆海一体与陆海对立海洋观的不同。在这一背景下,提出建设"21世纪海上丝绸之路",使之成为沿途国家共同发展的合作共赢之路、和平友谊之路,是一种文化的选择。

"21世纪海上丝绸之路"建设不是简单的经济过程、技术过程,而是文明的进步过程。仅仅靠资金的投入和技术的推广是不够的,需要正确的理论指导和历史经验教训的借鉴。因此,忽视基础研究并不可取,挖掘海洋文明史资源,深化中国海洋文明史研究,推动历史研究与当代研究的互通互补,不仅是提高讲好海洋故事能力的必要条件,更是推进中国文明的现代转型,建设海洋强国的内在诉求。

---

① [英]崔瑞德主编:《剑桥中国史》第三卷《剑桥中国隋唐史》,中国社会科学院历史研究所译,中国社会科学出版社1990年版,第34页。

附：中国应大胆追寻海洋文明
——访厦门大学历史系教授杨国桢
《中国社会科学报》记者张春海

"我们需要从海洋的角度看中国。"在海风、海色、海味的熏陶下，9岁就移居厦门的厦门大学历史系教授杨国桢对海洋有着深刻的认识。记者与他的对话，也围绕着海上丝绸之路、福建与海洋的关系展开。

20世纪90年代以来，杨国桢先后主编了"海洋与中国丛书""海洋中国与世界丛书"，呼吁发展海洋人文社会科学研究。他告诉记者，对于海洋文明和海洋史的研究需要有人跟进。对于中国如何建设海洋强国、如何评价海上丝绸之路的价值等历史问题，都值得认真思考。

泉州渔港中的渔船

一、福建的兴衰系于海上贸易

《中国社会科学报》：福建因海而兴，又因为海路闭塞而落后。今天，作为昔日拥有众多大港的福建如何发展？

杨国桢：在沿海省份中，福建的自然条件不是最好的，它的兴起除了自然因素，也有历史因缘。一是中国经济中心的南迁。到两宋时期，中国经济中心整体趋势是由北向南、由西向东,向海洋靠拢。二是南宋建都杭州,一部分财政收入靠海路运输、海上贸易获取,当时朝廷采取了向海洋发展的政策,通过海洋扩大财政收入。在此背景下,泉州以适宜的地理位置成为重要的港口,获得了发展;同期,有阿拉伯人东来,朝廷实施开放政策,他们便在泉州城内自由居住,经商取利。这批人掌握了与阿拉伯往来的海上交通网络,联通了中国与阿拉伯世界间的贸易渠道。

之后,福建的海上贸易中心转移到了漳州、厦门。当时,漳州的东洋航路连通到马尼拉,正好与西班牙的太平洋航路对接,福建与墨西哥、欧洲等地之间开展货物、白银等的交换和运输,这正是我们今天所说的"全球化"。对于西方的兴起,这条航路也发挥了很大作用。

今天,闽南金三角——泉州、厦门和漳州在我国走向太平洋方面地位不可或缺。发展"21 世纪海上丝绸之路"需要闽南金三角,闽南金三角需要一体化,而不是华而不实的"同城化"。

二、中华文明具有陆地与海洋双重性格

《中国社会科学报》:您提出建设"21 世纪海上丝绸之路"需要"海上丝绸之路"历史的借鉴和海洋文化的理论支撑。为何有此观点?

杨国桢:我提出这个观点在于当前谈海上丝绸之路建设,都会回归到"怎么看中国文明"这个老问题。目前,关于中国有没有海洋文明这个问题,有各种说法。一百多年来,中国学界大都认为中国是大陆国家,不是海洋国家;中国曾有海洋活动,但没有海洋文明。在这一观念影响下,一种观点认为,陆权的崛起是中华民族伟大复兴的历史宿命,走向海洋很重要,但必须海陆兼顾,让海洋战略为陆权崛起赢得时间和空间。另一种观点是中华民族的伟大复兴,不是复古,而是转型,中华文明要从传统内陆文明转向海洋文明。海上中国的崛起,才是中华民族伟大复兴的最终检验。这两种观点选择的对策不同,但前提都未承认中国曾有过海洋文明,更别说具有中华海洋文明的自信。

我认为海洋文明存在于"海—陆"一体的结构中,与陆地文明并非高低优劣的二元对立,两者的互动,就是人类参与世界发展的进程。中国既是一

个大陆国家，又是一个海洋国家，中华文明具有陆地与海洋双重性格。

中国有自己的海洋文明，有自己的海上特性。这与单纯依赖海洋的国家的海洋文明不一样，中国需要妥善处理陆地与海洋的关系，理想的状态是陆海平衡。在中华民族的复兴中，西北大开发和东出海洋是两翼，其意思就是"海陆统筹"。这与"一带一路"战略在意义上有相通、相近之处。但实际上，重陆轻海、以陆制海是常态，这个矛盾的纠结，困扰了中国走向海洋的历史选择，也影响到今天的实践。

三、振兴海上丝绸之路是一种文化选择

《中国社会科学报》：我们该如何正确认识海上丝绸之路这条通道？

杨国桢：可以这样说，"海上丝绸之路"是早于西方资本主义世界体系出现的海洋世界体系。这个世界体系以海洋亚洲各地的海港为节点，自由航海贸易为支柱，经济与文化交往为主流，包容了各地形态各异的海洋文化，形成和平、和谐的海洋秩序。研究"海上丝绸之路"的发生、发展、变迁，实际上也是寻找亚洲海洋文化历史性实证的过程，深化海洋文化和海洋文明研究的过程。

对于"一带一路"建设，国内存在着一些城市争夺起点的问题。这里面因为涉及地方发展的重大利益，竞争激烈的程度可以想见。但它们对历史的追溯和现实的定位差不多雷同，都说是起点、支点、前沿、枢纽，那么谁又不是呢？"一带一路"，按照我的理解，是形成网络状的结构，"陆上丝绸之路"与"海上丝绸之路"之间并非对立的。古代中国不仅有东西向的丝绸之路，还有南北向的丝绸之路。有人称之为茶叶之路、瓷器之路，都是中外通道的意思，都是中外交流形成的通道。

关于中国历史与海陆两条丝绸之路的关系，过去已有许多研究。近年有陆权地缘政治论者欢呼中国高铁横空出世、震撼世界，预测高铁的兴起，大规模陆上运输技术的突破，使得国内经济对海运的依赖下降。我没有这样的乐观，无论陆上交通有多发达，都无法否认海洋的重要性，海上交通运输技术的突破使得平面航海向深海航海、立体航海发展，前景无法估量。此外，作为历史的追溯，提及丝绸之路历史，说中国历史上陆权最强大的汉代、

唐代、元代,陆路贸易规模远超海上,元朝陆上运输风险和成本大幅降低,陆路运输规模和贸易规模远超海运,陆权彻底压倒海权达到巅峰。这是真实的中国故事吗?有待智者的澄清。可见,建设"21 世纪海上丝绸之路",准确的历史借鉴十分重要。

　　"21 世纪海上丝绸之路"的建设,以沿途国家共同发展为主轴,延续了古代海上丝绸之路的传统精神,还有新的创造。这是现在和未来将深入探索的实践课题。从时代大背景看,振兴海上丝绸之路是一种文化的选择,具有现实意义。

　　　　　　　　　　　（原载《中国社会科学报》2015 年 2 月 13 日 A05 版）

第三章　人海和谐答客问

2004 年 12 月 11—12 日,我在吉隆坡举行的"和谐与共生:21 世纪人类和平进程与环保国际学术研讨会"上,演讲人海和谐:新海洋观与 21 世纪的社会发展。演讲后,两次回答与会学者和听众的提问。现据苏庆华博士主编:《体味和平——"和谐与共生:21 世纪人类和平进程与环保"国际学术研讨会论文集》(马来西亚创价学会,2006 年 4 月初版)中的《问答实录》记录\录音整理稿,将有关内容摘编成文,以飨读者。

第一节　第一场研讨会问答实录

时间:2004 年 12 月 11 日中午 1 时至 2 时

主持人:苏庆华博士

记录/录音整理:刘树佳先生

苏:我们非常感谢杨教授从多方面谈论有关海洋的课题。海洋是人类未来的希望,因此,人类该共同努力以保护海洋,以便给后代子孙保留一流的生存空间,我想持有这个观念是非常重要的。当今的世界,人类已把陆地的情况搞得很糟,我想我们应该以持续性发展策略,有序而妥善地开发海洋这块上天给我们预留的"宝地"。唯有如此,我们人类才有美好的明天。……我们现在还剩一个小时的时间,那让我把时间开放给在座的各位,提出你们的问题和看法。……好,我们先请葛教授发言。

听众一(葛剑雄教授):我只想针对刚才杨教授的演讲补充一个例子。

2000 年至 2001 年间,我有幸参加中国所进行的第 17 次南极考察队。南极洲经过一场掠夺后,现在各国已开始注意他们在那儿的主权和生活存环境问题了。可是,南极的归属问题没完全解决。南极到底应归哪个国家? 比方说,靠近南极的国家智利,其领土的东西两端与南极的极点形成三角形,其他如北欧的国家等,也纷纷提出南极的一部分是属于他们所管辖。现在该怎么办呢? 我想我们现在应采取的行动是:既不肯定有关国家的主权;也不否定有关国家的主权,把(整个)南极开放供全人类做研究。任何国家只要在那儿建立起永久性的考察站,都有资格参与南极事务的协商。现在中国已在南极建立了两个站,那就是中山站和长城站,我们希望日后能多建另一个站。最近的这一次,我们这考察还准备远征南极的最高点呢! 由于南极的极点已被美国人占了,南极最冷的点已被俄国人占去了,而南极的最高点尚未被占去。可是要到南极的最高点去,的确不容易。因为到了冬季,南极最高点的气温是零下 50 度。我之所以提出这个例子,就是要让各位知道,我们一方面要保护自然环境,一方面又要造福人群;既要在南极维持平衡点,又要顾及一个国家民族在那里可能拥有的潜在利益。这是个值得我们加以思考的问题。谢谢!

苏:谢谢葛教授的补充,还有其他的问题吗?

听众三:我提出的这个问题与杨教授的海洋观有关。从杨教授的报告中,我看出教授对海洋未来的发展极乐观。我们人类在陆地上居住多年,我们也持有本身的一套环保观。可是,从历史的角度来看,人类已严重破坏陆地上的环境。那么,我们该如何确保人类日后往海洋发展时不致犯上过去破坏自然界的错呢?

杨:现在人类是居住在陆地上的,将来也是如此。海洋的开发,其实也是为了使人类在陆地上生活得更好。毕竟,完美无缺地拯救全人类社会自然环境的理想不太可能实现;而人类要从陆地上迁移到海上也还是不太可能发生的事。目前所进行的保护海洋行动,不过是解决陆地危机的方法之一。要挽救海洋,人类首先该好好地反省自己。自有人类以来直到工业时代兴起前,海洋极少受到污染。换句话说,海洋污染问题是在工业时代出现的。古时候的人类,对天是非常敬畏的。农业时代的中国百姓多尊天神,若是该国发生地震,皇帝必须祭天,唯恐得罪上天。以前人们不也是一边种地,一边破坏脚下的土地吗? 可是,即使农夫把草拔掉了,草仍会长出来恢复自然生态,不至于衍生大问题。到了近二百年出现工业文明后,环境才日趋严重。

20世纪以来,人类认为自己就是自然的主人,而不再是自然的一员了。人们以"征服者"自居,自认为有办法控制自然,例如天气很热,现代人认为只要把冷气一调,不就解决了炎热的问题吗? 针对人类用强暴的方式对待自然的问题,20世纪60年代的一些环保人士,尤其是伦理学家纷纷提出反对的意见,可是都被驳回。而真正看到环境问题是最近二三十年的事。一旦陆地的资源短缺,人们才真正看到海洋的重要。如果为了夺取海洋资源而实行"圈地"运动,这反而可能引发很多掠夺性的战争。不少国家将争先掠夺海洋的资源,如石油。国际海洋法公约通过后,全球约三分之一的海域划归沿海国家的专属经济区,但由于专属经济区的划分与岛屿主权归属相联系,在某些海域相邻相向国家不可能各有200海里专属经济区的情况下,各国为争取更大的海洋权益而互不相让。存在这种海洋主权争议的海域大概有130余处。

此外,人口集中沿海的趋势也是个问题,要解决这个问题也不容易,毕竟人类完全不往海靠也是不行的。我之提出这问题并非基于沿海的陆地未来可能将完全沉入海里。可是,人类不能忽视的一点是:每隔一百年,海平面将上升零点余米,而这种变化是无法预料的。因此,如果我们要达到本身\人类与大海和谐的话,我想人类从现在开始就该考虑到上述的问题。还有,某些地质学家发现北极地下蕴藏了很多石油,于是,某些国家便争先占有这块宝地。但现在的问题是,北极冰海的面积那么大,要等冰层融化后再往下打的确需花一段长时间,因此要马上开发此处是不可能的。

鉴于此,若要在未来的日子里达到人海和谐发展的话,我想我们不能单以海洋来代替陆地,毕竟海陆共生共存亦需互重。由于海洋为人类服务,所以我们有义务去保存一个健康的海。

听众五:"人海和谐"是个新概念,因为人与海本来就是不和谐的,几千年来都是这样的。而工业革命可说是导致人海不和谐的主因。如果能像中国那样,数千年都对海没什么兴趣,这反而能达到人海和谐。可是,目前的问题是,欧洲兴起一种海洋文明,这类文明引起人类对海洋的争夺,而争夺海洋资源也成了时下的一种趋势。中国研究员张文木指出,中国需有本身的一套治海法或治海权,因为这是使国家发达富强的途径之一。因此,现今不少中国人已逐渐了解海洋的重要性,甚至逐步地把海洋纳为国土的一部分。那么,请问杨教授,如今中国的海洋政策有否其特征或较强调的方面呢?

杨:中国王朝时代,在很长的时间里,没有真正的海洋政策,只有海疆政策。海岸线以内的土地是海疆,而海岸以外的海域是不甚受管理的。海防是以陆制海,防止民人偷渡下海,或通番贸易,或聚居海岛,危害政权稳定。允许海外国家朝贡贸易,与真正的海洋政策还是有差别的。可是从民间的角度来看,那又不一样了。沿海人民的生存方式是以海为生,传统生业是捕鱼、航运、经商,古代陆地人记录叫"以海为田",意思是像农民种地一样。事实上,捕鱼、航运、经商是流动的,与农民种田的稳定性,是大不相同的。渔民、船户、海商在世代活动的海域形成传统的渔区、航路、贸易网络,老百姓经常活动的地方便成了他们的"界",孕育过新的文明因素,只是海洋发展受到王朝所代表的陆地力量的抵制,没有成为主流。

现今不少中国人已开始重视海洋的价值,有了海洋意识的觉醒。关于中国海洋发展战略,目前还在讨论研究当中,还有不同的看法。中国的海洋政策,主要是东出海洋,发展外向型经济,开发海洋经济,加强海洋管理,建设现代化海军等。这虽然只是做好自己的事,但也遇到许多问题和挑战。

中国一开始便参与《联合国海洋法公约》的谈判和制订,1996年经全国人大常委会批准后,在中国生效。按照公约规定,中国应拥有宽度12海里的领海、24海里的毗连区、200海里的专属经济区和大陆架,面积达300万平方千米。可是,由于环中国海海域宽度小于400海里,中国的管辖海域与周边8个国家如韩国、朝鲜、日本、菲律宾、马来西亚、印尼、文莱和越南的管辖海域主张有重叠之处。这些重叠海域的划界需要涉及的沿海国家通过谈判解决。在海域未划界的情况下,中国渔民到传统渔场捕鱼,被对方指为越界,而引发不少海事争端。另外,还有一些本属中国的岛礁被他国占去,引起主权争端。

中国通过海洋崛起,有人提出中国威胁论,认为在逐步进入海洋时代的今天,中国有成为极大帝国的机会。此话怎讲呢? 有一次我和美国朋友聊天,他说:当年郑和下西洋时,倘若他稍有占地之念头的话,恐怕现今世界的通用语言是汉语,而不是英语了。中国从海洋崛起,可能取代美国的地位。这是其中一个可能性。所以,某些人要处心积虑围堵中国。这些问题能否通过和平方式来解决,要看中国与当事国执政者的政治智慧了。

中国海洋管理的体制从行业分散管理向综合管理过渡。"群龙闹海",没有统一的执法队伍,难以维护国家的海洋权益。海洋经济从传统向现代转型。目前仍以传统产业为主导,加大发展新兴产业。无可否认,海洋开发需要耗费大量人力、金钱及使用高科技,可是开发后所得的回报却很难说得上。要深层次地去开发海洋也不是一件容易办到的事。有人提出未来可用天然气水化合物(可燃冰)取代石油,可是其先决条件是如何将天然气水化合物开采出来,要是运用技术不当,气水化合物在海底炸开来,对地球的杀伤力恐怕比彗星撞地球来得大,其可能结果是人类自取灭亡。有鉴于此,用高科技进行深度的开发前,必须先讲究人与海的和谐共处。

第二节　圆桌会议问答实录

时间:2004 年 12 月 12 日上午

主持人:苏庆华博士　赖瑞和博士

记录/录音整理:刘泰安先生

苏:主讲人、主持人、在座各位,大家早上好! 今天我们进入研讨会第二个重要环节。……让我们先请主讲人,针对大会主题发表他们的高见。

杨:昨天我也听了很好的报告,还有各位的提问。我觉得大家都环绕这个主题问得很尖锐。我讲海洋的问题,实际上关心的人可以说也多,也不多,因为一般人都为了自己的生计,不考虑跟海有什么关系。就是靠海赚钱的人,也只考虑向海洋索取,而不考虑如何保护海洋的问题。所以,深层次的思考比较少。我觉得,我们创价学会的会员,考虑了很多问题。比较深层次的,不能够马上看到现实的利益。

人海关系,实际上就是人跟自然关系的一部分。现在问题突出是因为要开发海洋,要把海洋变成人类的第二空间,把它利用起来的时候,这个矛盾就出来了。要不要把陆地开发的方式用到海洋去? 如果是这样的话,我们肯定不会考虑如何保护海洋,而是怎样把海洋所有的东西都归我所用,都把它捞起来。还有,考虑如何让它持续发展? 我认为我们现在讨论海洋问题,是有点超前的。21 世纪海洋问题,应该受到人们的关注。不管怎样,这问题最终跟你我的生活都有关联。譬如说:能源问题、吃饭问题、淡水问题,怎样解决? 这都要考虑人跟自然如何和谐发展。这里面有几个层次,和谐发展说来话长,但主要是处理人与人之间的问题,包括:群体、同辈、世代。在面对海洋利益的时候,我们应该看到人海之间的关系,才可能共生。

现在关键的问题在于:人类征服自然的观念,基本上都还没有改变。工业文明会不会被生态文明所取代? 我自己也很难回答这个问题。我认为:以后的文明,应该走生态的文明。

有的渔民整天在海上干活,现在因为海洋污染,抓不到鱼,或渔获很少,卖不到多少钱,生活无着落。有的当地政府便好心在某地或渔村建房子,把渔民移居到陆地上。渔民到陆地上去住了几天,因不适应陆上的生活,不会耕种,也不会做买卖,很多都跑回头路。这类问题很难处理,值得大家探讨。

听众一(sgm 理事长朱光辉):有关海洋污染,是个现实的问题。因为在马来西亚有好几个著名的珊瑚岛,一个在刁曼岛,一个在沙巴州的岛屿,因为海洋的污染而造成许多破坏,现在珊瑚岛已经渐渐地消失了。当海洋被开发的时候,对于海洋生物会造成非常大的破坏。在这方面,杨教授你认为应该采取什么措施? 你本身对海洋破坏有什么看法? 这对于环保也是一个非常重要的课题。

杨:关于海洋污染的治理,我们历来提到这个问题以后,所做的主要是治理污染。已经先污染,然后治理,原来的思路是这样子。如果现在来看,要怎样处理得好呢? 就是从预防开始。在一个海区或海岸上要进行活动的时候,有一些指标是要事先制定。这里面有政府发挥主导作用的问题。如果是个体的话,很多时候只考虑到自己的利益,不会考虑到公共利益,所以政府首先要进行干预。

譬如说,规划海洋功能区域划分。例如珊瑚岛这类的地方作为休闲区,不允许搞工业,或搞其他会影响珊瑚生长的东西。各个部门的管理还要同步。现在有些批准的部门和管理的部门是脱节的,而且里面很多是有矛盾的。

规划里面,首先要考虑到这个海区,包括陆地与海洋的生态能不能承受? 同一个地方都搞旅游也不行,大家吃剩的东西都扔到海里去,瓶瓶罐罐,造成沙滩污染,问题也很严重。生态能不能净化? 标准能控制到什么规模? 一定要先规划,这是第一个。

第二个,就是要考虑预防、监测的措施。达不到标准,就不让你开工。然后治理,这叫企程管理。这样一来,可把污染过程减到最低限度。但是要执行就难度太大,各个部门有各自的利益:交通有交通的利益,生产有生产的利益,旅游有旅游的利益。所以,这个事情必须要有综合管理。现在联合国在做试点,像东亚的厦门市,就是联合国的一个海洋方面的试点,一个城市接受海岸和海洋的综合管理。现在去检查,这个办法好像还可以,很多部门合并了,怎样去管? 怎样去规划? 怎样去做? 取得经验后还要推广到东亚地区,南亚和美洲也都有试点。

看来,这个事情要做好也很困难,因为单单管海上还不行,很多是陆上的问题。因为海洋污染,80%是来自陆地的污染,如:工业污水、生活污水、农业污水这三大项,大概就占所有污染里面百分之八十。陆地污染要怎样控制也困难,因为陆地这么大,确实是非常需要做但难度也很高的事情。

第四章　海洋中国的现实思考[*]

第一节　全面关注中国的海洋权利和利益

海洋强国是全面建设小康社会、实现中华民族复兴的必要条件,在国家发展战略中占有重要的位置。全面关注我国的海洋权利和利益,加速海洋发展的现代化进程,是历史赋予全国人民的重要任务。

世界海洋竞争的新格局,警示我们必须关注海洋、经略海洋。当前,我国维护海洋权利和利益,面临十分严峻的形势。

一是管辖海域国土化成为国际大趋势。20世纪海洋资源的大发现,被视为人类文明可持续发展的出路,各海洋沿岸国家纷纷向公海扩展生存空间,提出各种主张。随着1994年11月16日《联合国海洋法公约》的生效,确立了领海、毗连区、专属经济区、大陆架的国家管辖制度,全球海洋面积的30%以上约1.09亿平方公里,划为各沿海国的国家管辖海域,引发世界海洋地缘格局的巨大变化。进入21世纪,争夺海洋战略地位与资源日趋激烈,各国纷纷调整海洋权利主张,推动海洋向国土化方向发展。为扩大管辖海域,抢夺海中小岛,有的国家人为设置主权标志,或向不能"维持人类居住或其本身的经济生活"的岛礁输入人口。有的国家组建调查公司,投入巨资,搜集数据,为扩张大陆架做准备。有的国家计划在国际水域建立军事基地。分割海洋,重新界定国家版图,成为当代国际关系的热点之一。

---

* 本章原载《瀛海方程》,海洋出版社2008年版,第72—77页。

1996 年 5 月 15 日，经全国人大常委会批准，《联合国海洋法公约》在我国生效。按照该公约的规定和我国的主张，应拥有宽度 12 海里的领海、24 海里的毗连区及 200 海里的专属经济区和大陆架等管辖海域，面积达 300 万平方公里，相当陆地领土的 1/3。在领海及其上空、海床和底土，享有完全的主权；在毗连区内，享有安全、海关、财政的管制权和移民、卫生的管理权；在专属经济区和大陆架，享有勘探、开采和利用自然资源的主权权利和海上人工设施建设、海洋科学研究、海洋环境保护的管辖权。此外，我国还有在公海上航行等自由的权利及分享国际海底区域财产的权利。但我国尚未对管辖海域国土化的国际大趋势作出具体回应，确定海洋划界政策，宣布主张的管辖海域边界线，还没有形成控制和管理全部所属管辖海域的海上国家力量。

二是东亚"海洋圈地运动"进逼瓜分我国管辖海域。根据《联合国海洋法公约》应划归我国的管辖海域，有一半约 150 万平方公里被海上周边 8 国重叠主张，单方面地宣布划归己有，成为争议区，相当于我国陆地边界争议面积的 9 倍！其中数十万平方公里已成为某些国家的实际开发区，从事海洋油气勘探、开采和其他活动，打下钻井 1000 多口，发现含油气构造 200 多个、油气田 180 块，引进外国资金技术进行掠夺性开发。我国享有历史性权利的传统渔场被瓜分、蚕食，驱赶、撞沉、抓扣我国渔船的事件屡见不鲜。有些国家的船只擅自进入我国管辖海域，从事海洋调查和科学研究，甚至进行刺探我国沿海情报的间谍活动。钓鱼列岛、中沙黄岩岛、西沙群岛成为外国觊觎的对象，南沙群岛有 44 个岛、礁被外国分别占据。2002 年 11 月中国与东盟各国签署《南海各方行为宣言》以来，有关国家的侵权活动并未停止，如分别举办所谓"解放南沙 28 周年""设立卡拉延市 25 周年"纪念活动，开展所谓"国际海上挑战"娱乐竞技活动，为宣称己方拥有"主权"造势；强化对己占岛礁和海域的军事控制和海洋测量，出动飞机舰船对无人岛礁的侦察巡逻，也比往年明显增加。在东海，日本政府以年租金 2256 万日元向民间"租借"钓鱼岛及附近南小岛、北小岛使用权，继续否认中日双方过去达成的谅解。中国"搁置争议，共同开发"的主张，事实上并没有得到周边国家的承认，而我国的海洋开发利用、海洋服务保障、海洋防卫的能力不强,海上执法和维权力度不够,在相对远的海域未能实际行使管辖权,保全我国管辖海域面临巨大的压力。

海洋权利是国家的领土向海洋延伸形成的或衍生的权利,属于国家主权的范畴。我国行使海洋权利,有重大的政治、经济、安全和文化利益。维护台湾及其附属岛屿、南海诸岛的主权及其领有的管辖海域,体现中国统一的政治利益。发展海洋科技、海洋经济,是我国经济可持续发展的新增长源。发展海洋贸易、远洋捕捞,实现资源供应配置全球化,有重大的经济利益。当代"中国威胁论"者主张遏制中国崛起,重点目标是阻止中国东出海洋。建设能够控制管辖海域及其毗连海域、走入大洋的基本制海能力,才能打破围堵,有效地维护国家安全。我国发展海洋科学和海洋人文社会科学,把以往分散在不同学科内的涉海理论和重要论述,发展成学科体系,赋予新的含义和实践要求,创造出相互贯通、紧密联系的新思想、新论断,使传统上处于民间和区域层次的海洋文明提升到民族文明的层次,有重大的文化利益。

亲近海洋,是世界强国发展的必经之路。中国通过海洋与世界互动,融入世界经济体系,为西部大开发创造走向世界的历史性机会,推动内陆地区现代化的进程。内陆关注海洋,也是自身发展的需要。我们一心一意求发展,不能只把眼光盯在陆地上,而无暇顾及海洋!

毋庸讳言,我国广大干部和群众对海洋认识不足,海洋发展的重要性、紧迫性还没有形成全民共识。媒体热衷宣扬"康乾之治"式的太平盛世,反映了普遍漠视海洋的社会心理。在世界进入海洋竞争纵深发展的新时代,这种错误的社会心理不加扭转,海洋发展战略难以实施,国家管辖海域难以保全,改革开放、和平崛起的努力得不到保障。我国管领海域面积在世界上列第10位,而人均占有面积却排在第122位,寸岛寸水都值得百般珍惜和呵护。放弃一个可做划界基点的弹丸小岛,等于放弃一大片200海里范围的国家管辖海域。从海洋上退缩,损害的将是中华民族的根本利益!

观念的改变比具体政策的制定更为重要。没有海洋观念的觉醒,就不会有海洋发展的自觉。没有维护海洋权利和利益的勇气和进取精神,就不会有海洋大国的地位。全面关注中国的海洋权利和利益,使之深入人心,才能在实际生产生活中和海洋发生积极的关系。为此,我们要在发展海洋科学的同时,改变人文社会科学忽视海洋的被动局面,推动海洋人文社会学科的建设,培育熟悉海洋政治、海洋经济、海洋军事、海洋外交、海洋法律、海洋管理及海洋历史文化的各种专业人才;探讨符合中国国情的海洋发展道路,研究海洋国土化出现的新理论、新观念、新问题、新情况,为国家决策提供咨询和建议,向社会各界提供准确的信息,形成全民关注海洋权利和利益的氛围。凝聚人心,共图海洋发展,在争海、用海上有所作为,我们就能站在海洋竞争的制高点上,实现海洋强国和全面建设小康社会的目标!

（全国政协十届二次会议大会发言
材料之 53,2004 年 3 月 3 日）

第二节　陆海协调,构建社会主义和谐社会

党的十六届五中全会提出了我国"十一五"时期发展的主要目标、指导原则和重大部署,强调 21 世纪头 20 年是我国发展的重要战略机遇期,"十一五"时期尤为关键;要求我们一定要有高度的历史责任感、强烈的忧患意识和宽广的世界眼光,紧紧抓住机遇,应对各种挑战,奋力把中国特色社会主义事业推向前进。

21 世纪是海洋世纪,开发、利用、管理、保护海洋空间、资源和环境成为人类社会发展的热点。我国既是一个大陆国家,也是一个海洋国家,建设成为一个海洋科技先进、海洋经济发达、海洋生态环境健康、海洋综合国力强大的海洋强国,面临前所未有的机遇和挑战。

《联合国海洋法公约》生效以来,世界海洋约 30%被划为沿海国家的管辖海域,中国依法获得约 300 万平方公里的管辖海域,扩展了生存空间,增多了海洋权益。与此同时,我国和环中国海周边相向或相邻的 8 个国家需要划定专属经济区和大陆架的疆界,存在海洋权利的争议。如何开发、利用、管理、保护我国的海洋国土,维护海洋权益,是一个长期而艰巨的任务。

中国的和平发展需要和平的国际环境。当前我国周边海洋情势复杂，在政治、军事、经济上都面临巨大的压力。海权霸主美国把中国视为"妨害型威胁"，部署海军军力向太平洋转移，企图以日美安全同盟为基础，在中国周边海上构筑围堵中国的"第一岛链"和"第二岛链"。日本的右翼分子在钓鱼岛主权和东海油田开发问题上向中国发难，把"周边有事"的范围扩展到我国台湾和台湾海峡，某些人更梦想依靠美国的庇护，建立"西太平洋海洋联邦"和"黑潮同盟"。"台独"分子控制的台湾当局，不断挑衅大陆与台湾同属一个中国的原则，陈水扁宣布终止"国家统一委员会"和"国家统一纲领"，图谋通过"宪改"走向"台湾法理独立"，破坏台海的和平与稳定。海洋非传统安全问题增加，国际海上恐怖主义、海盗在南海和马六甲海峡活动猖獗，威胁我国外贸通道和能源通道的安全。

我国社会经济的重心和黄金地带在于东部沿海地区。东部经济发展的优势在于海洋，制约经济发展的软肋也在于海洋。今天，中国已经成长为船舶制造大国、海洋渔业大国、海洋运输大国、海洋贸易大国，社会经济发展越来越多地依赖海洋。然而，人口向沿海移动，聚集成环渤海湾、长三角、珠三角三大城市群，有的地方未能处理好陆地发展与海洋发展的关系，以牺牲海洋为代价追求经济增长，密集兴建港口和开发区，围海造地，极力向海洋扩展城市规模，使生态环境更为脆弱，给海岸区域带来人地关系紧张、气候异常等一系列的问题。海洋开发不合理或过度开发，出现生态目标与经济目标的冲突。违规滥捕使传统渔业资源枯竭，大肆采挖海岸沙石，使大片红树林、珊瑚礁消失，沿海湿地大幅度减少，降低调节气候、储水分洪、抵御风暴潮、护卫海岸的能力。陆地污染向海洋排放，近海水质恶化，渤海几成死海；海洋环境变化引发的海洋灾难，如灾难性的地震、海啸、暴风雨和滑坡，持久性的海岸侵蚀和海平面上升，对沿海社会产生重大的影响。一些沿海城市地面下沉，珠江三角洲咸水倒灌，台风频频袭击东南沿海，甚至引发中部地区的特大暴雨，造成水库垮坝、洪水泛滥的惨剧。

事实告诉我们，抓住重点战略机遇期进行战略布局，不能重陆地轻海洋，要认真应对来自海洋的挑战，化解来自海洋的威胁。在一定意义上，中国的和平崛起，要看能否维护攸关国家民族生存的海洋利益，能否实现陆海协调的可持续发展。和谐的世界需要和谐的海洋。以实力求和平，以实力求共赢，解决与邻国的海洋争端，全面参与海洋政治、军事、经济、文化领域的国际竞争与合作，为建设公平、合理的国际海洋秩序作贡献，是我国作为一个海洋大国的责任。和谐的中国需要陆海发展和谐。在科学发展观指导下，反思集中陆地发展的沿海"特大城市热"、追求海岛陆地化（即半岛化）的"跨海大桥热"，切实以海洋特性规划海洋开发，实现海陆经济互动互补，才能推动东部地区率先实现社会主义现代化的进程，为全面建设小康社会、和谐社会做出贡献。

（全国政协十届四次会议大会发言
材料之 581,2006 年 3 月 8 日）

第三节 为早日制定中国海洋基本法建言

进入 21 世纪，我国综合国力提升，周边安全环境改善，以胡锦涛同志为总书记的党中央审时度势，在中共十六大上提出实施海洋开发战略，国务院又在《全国海洋经济发展规划纲要》中进一步提出建设海洋强国的宏伟目标，突出海洋在我国的地位和作用，海洋事业获得前所未有的发展机遇，造船和海洋运输能力、海港吞吐能力、海洋产业经济能力、海洋油气等资源开发能力、海洋勘查和科学研究能力、海洋高科技应用能力、海洋管理和执法能力、海洋控制和威慑能力、海洋环境保护能力不断加强，引起世人的普遍关注。

海洋空间和海洋资源是中国社会经济现代化和可持续发展的重要基础和主要出路，关系国家崛起和民族复兴的根本利益。依照《联合国海洋法公约》的规定，全球海洋的 36% 划归沿海国家管辖，我国拥有领海、毗连区、专属经济区和大陆架等管辖海域的面积达 300 万平方公里。这意味着中国有权在相当于陆地国土 1/3 的管辖海域内行使主权或主权权利。海洋版图的扩展，改变旧有的海洋权力格局，为中华民族的生存和发展提供了新的空间。但由于冷战以来海洋霸权国家的海上围堵和挤压，以及我国长期专注陆地发展的影响，我国的海洋综合实力薄弱，不能在管辖海域内完全行使国家权力，海洋权益屡屡受损。当中国和平发展，从战略的高度关注海洋之时，海洋霸权主义者极力加以阻拦，声称中国是"大陆亚洲"的代表，否定中国海洋发展的合法性，挑拨我国与海上邻国的关系，蒙骗世界舆论，造成恶劣影响。确立中国是一个海洋国家的法律地位，是历史和时代赋予我们的使命。

我国是一个陆地大国，也是一个海洋大国，是历史存在的事实。但因近代海权的丧失，我国海洋法律法规体系的建设是在赢得国家独立之后才走上正轨的。1996 年我国批准《联合国海洋法公约》以来，海洋立法取得重大的进展。全国人大继制订《领海及毗连区法》之后，相继颁布了《专属经济区和大陆架法》、《海域使用管理法》，修订了《矿产资源法》、《海洋环境保护法》、《渔业法》，正在制订《海岛法》，国务院出台了《涉外海洋科学研究管理规定》、《海洋行政处罚实施办法》、《无居海岛保护与利用管理规定》、《倾倒区管理暂行规定》、《海底电缆管道保护规定》等配套法规。但是，这些法律法规都是部门法或具体法，缺乏全局性和整体性，无法为海洋事务和海洋权益的不断拓展，提供强有力的法律依据。制定海洋基本法即《海洋法》，确立中国是一个海洋国家的法律地位，把建设海洋强国的政策宣示提升为国家的意志，对保全、维护中华民族的海洋空间和海洋资源具有重要而深远的意义，也具有现实的紧迫性。

随着实施海洋开发、发展海洋经济、维护海洋权益实践的扩展和深入，我国围绕海洋开发、利用、管理、控制和保护的活动已远远超出行业部门和沿海地区的范围，陆海互动、协调发展成为建设和谐社会和创新型国家带有综合性、全局性、前瞻性的重大问题。全面落实科学发展观，在做好陆地规划的同时，增强海洋意识，做好海洋规划，完善体制机制，应对海洋法律的基本原则和法律制度有总的规定，贯穿于海洋法律体系的始终，并衔接各专项立法，解决分支法律的冲突或立法空白的缺陷。制定海洋基本法，是完善我国现行海洋法律体系的内在要求。

当今世界，沿海国家纷纷把发展的重点投向海洋，围绕海洋空间和海洋资源的国际竞争日趋复杂、剧烈，国际海洋法律秩序也在不断调整中。在我国管辖海域，既有海上划界、岛屿主权的争议，又有海洋资源开发利用的国际合作。在公海和国际海底区域，也有中国的利益需要维护。为建立公正、合理的国际海洋新秩序做贡献，也是我国必尽的义务。面对海洋国家纷纷酝酿研究制定海洋基本法的大趋势，我国必须积极应对，站在国家利益和全人类利益的基点上，把海洋国际规则本土化，树立负责任的海洋国家形象，释疑增信，维护亚洲和世界海洋的和平与稳定，利用好战略机遇期发展自己。

改革开放以来，我国在海洋资源开发与养护、海岛开发与保护、海洋功能区划、海域权属管理、海域有偿使用、海岸带与海洋综合管理、海洋生态保护、海洋权益维护、海洋公益服务、海洋资产管理、国际海洋事业合作与交流等的实践经验和相关法律法规的形成，为海洋基本法的立法工作打下了基础，制定海洋综合性法律的条件已日臻成熟。从现在开始积极推动，加快研究制定中国海洋基本法的前期准备工作，争取列入立法规划，时机是恰当的。

中国的海洋发展是中国和平发展的重要组成部分，又是亚洲海洋和世界海洋和平发展的重要力量。我坚信，海洋基本法的制定是国家所需、民族所需。在不远的将来，我们定会迎来这部海洋大法的诞生，为海洋强国做出积极的贡献。

（全国政协十届五次会议大会发言
材料之 620,2007 年 3 月 9 日）

第五章 包容性发展与现代
海洋发展观研究[*]

从人类社会发展进程看,陆地发展与海洋发展都是开拓生存发展空间的行为。陆地文明与海洋文明的起源几乎同时,在相当漫长的历史岁月中各自独立发展,可以说是两个亚系统。这两个亚系统都有封闭、排斥、保守的一面,又有开放、兼容、创新的一面,矛盾统一在人类社会发展史中。两者的互动,就是人类参与世界发展的进程。

海洋对人类历史进程产生过重大的影响。18世纪末至20世纪中叶,西方主导的工业化、现代化,"巨大的海权同时成为巨大的机械力量",造成经济全球化的大趋势,也造成人口、资源、环境的生态危机,世界经济发展不平衡的南北问题。第二次世界大战后,随着海洋空间和资源价值的"再发现",人类社会文明发展的目标再次指向海洋,出现和平开发和利用海洋,发展中海洋国家、内陆国家与发达海洋国家分享海洋权利的新趋势。21世纪,人类社会迎来全面开发利用海洋资源和空间的时代,海洋成为发展的热点,和国际、国内政治、经济、社会、科技、文化、外交、军事和人民生活紧密联系在一起,提出许多急需解决的人文社会问题,促进了现代海洋发展观的形成。世界各国都在调整自己的海洋发展战略,力图在新世纪抢占海上竞争的制高点。

中国是一个大陆国家,也是一个海洋国家。走向海洋与忽视海洋的选择,关乎国民经济和社会文明的全局,这是我们的先辈们付出沉重的历史代

---

* 本章是2011年中国海洋信息中心委托研究项目成果。

价换取的认识。重返海洋，是中国改革开放、融入世界经济一体化进程的发展大趋势。跨进海洋国家的第一方阵，建设成为一个海洋科技先进、海洋经济繁荣、海洋军事力量强大、海洋生态环境健康的发达海洋国家，是我国的战略目标，"坚持陆海统筹，制定和实施海洋发展战略，提高海洋开发、控制、综合管理能力"，是"十二五"规划的部署。要落实这一部署，前提之一，便是在科学发展观及包容性发展理念的指导下，树立现代海洋发展观。

迄今为止，我国学术界对科学发展观和包容性发展理念的研究，尚未展开，仅有宏观、笼统的介绍，而且不涉及海洋领域，更不见关于现代海洋发展观的专门论述。本章拟从时代变迁、社会转型的视野，总结历史经验，考察现代海洋发展观的内涵和价值，为凝聚国民意志，支持海洋发展，制定和实施国家海洋发展战略，提供具有前瞻性的理论支持。

第一节　现代海洋价值观与发展观

第二次世界大战后，和平与发展取代战争与革命成为时代的主旋律，国际海洋政治经济秩序进入调整期。人口剧增，经济发展所依赖的陆地不可再生的资源日益枯竭，生态环境恶化，迫使人们把目光转向海洋，全球范围内掀起了对海洋的重新认识，科学技术的发展也使开发利用海洋资源有更大的可能性。控制和利用海洋的主要方向从争夺海洋通道转向争夺海洋资源。发达海洋国家抢先占有海洋资源，战前由列强所控制的殖民地纷纷独立为主权国家，以拉丁美洲国家为首发起争取海洋权的斗争。在各方利益博弈下诞生的《联合国海洋法公约》，确立了海洋权益体系，反映了海洋价值观和海洋发展观的巨大变化。

一、现代海洋价值观的形成

海洋价值观是人类对海洋的认识，决定了人类面向海洋、走入海洋、利用海洋、开发海洋的行为。认识海洋的目的是找出海洋对人的生存的价值和意义，推动社会发展。

人类最初从捕鱼、制盐发现海洋的经济价值,从航行发现海洋的交通价值,到今天已拓展到立体开发、利用、保护海洋的空间价值、资源价值、政治价值、安全价值、消费价值、生态价值、审美价值,等等。从宏观上说,形成了如下四个相互联系、各有侧重的价值观念。

1.海洋是人类生存发展的第二空间

自古以来,陆地是人类生存发展的空间。过去一般是以陆地为本位去认识海洋,海洋对人类生存发展的积极意义,在于它是沟通各大洲文明的大通道。这样的理解现在看来显然是片面的、狭隘的。许多现代海洋科学家和人文社会学家看到,海洋空间包括海域水体、海床、底土、上空和周边的海岸带,是一个立体的概念。人类的经济活动与海洋自然生态系统相结合,形成海洋生态经济系统,海洋已经不是自然物体的概念,而具有人类社会的属性。人类扩展生存发展空间的设想,有"上天""入地""下海""登极"四个方向。"上天"指寻找地球外绿洲,至今仍很渺茫;"入地"指构筑地下生存空间,但与地上一样受制于资源的匮乏。"下海"指开发、利用、控制海洋从平面到立体的推进,向大洋、深海、海底进军,"登极"指开发冰层覆盖的南极洲。海洋科技的创新,使在海洋中建设工作、生活场所,如海上油气平台、海上工厂、海上城市、水下居室、海底酒店、海底隧道、海底工厂、海底仓库等设想成为现实。1994年11月16日《联合国海洋法公约》的生效,改变了领海之外即公海的传统格局,世界海洋中约1.094亿平方公里(一说1.3亿平方公里)的近海被人为地划分为领海、毗连区、专属经济区、大陆架,成为沿海国家的管辖海域,俗称"蓝色国土",海洋因此被视为人类生存发展的第二空间。

2.未来文明的出路在于海洋

古代文明与现代文明的物质基础主要依靠陆地资源,当前出现匮乏和耗尽的危机,而对海洋的开发利用仅局限于海洋平面和水体,未及深海与海底,有很大的发展潜力。根据现代科学研究的进展,海洋给人类提供食物的能力估计等于全球农产品产量的1000倍,海水淡化是可持续开发淡水资源的重要手段,海洋能总可用量在780亿千瓦以上。海洋石油和天然气预测储量分别有1350亿吨和140万亿立方米。占地球表面积49%的国际海底区域,蕴藏丰富的多金属结核、富钴铁锰结壳、热液硫化物等陆地战略性替代矿产。在水深大于 300 米的大陆边缘海底与永久冻土带沉积物中,有天然气水合物成藏,估计资源量相当于全球已知煤、石油和天然气总储量的两倍多。海洋是丰富而未开发的资源宝库,是支持以陆地为根基的人类社会可持续发展的宝贵财富,这就为未来文明陆海一体化发展提供了出路。

3. 谁拥有了海洋谁就拥有未来

人类对海洋战略地位和价值的认识不断提高,利用海洋发展贸易、传播文明的功能为沿海国家的发展增添了活力。近代以来,走向海洋,发展海权,是世界性大国崛起的途径。海权的定义是:"一个国家运用军事手段对海洋的控制力。""海权的历史,虽然不全是,但是主要是记述国家与国家之间的斗争。"①第二次世界大战以后,世界格局发生重大变化,和平与发展成为时代的主题。海洋的价值比产生《海权论》的时代更高。发达海洋国家依靠海权控制世界海洋的战略基本不变,但战略目标从海面扩大到海洋立体,从海洋通道扩大到海洋资源的争夺。发展中海洋国家发起的争取海洋权的斗争,导致世界各国通过联合国海洋法公约实现对海洋资源所有权的重新分配。但各国对海洋资源的占有和利用,仍然取决于各国的实力,谁拥有海洋谁就拥有未来。

4. 21 世纪是海洋世纪

21 世纪,海洋对人类社会发展的重要性进一步突出。世界经济、社会、文化最发达的区域,集中在离海岸线 100 公里以内的沿海地带,全世界每天有 3600 人移向沿海地区。联合国《21 世纪议程》估计,到 2020 年全世界沿海地区的人口将达到人口总数的 75%。海洋经济在经济可持续发展中的贡献加大,世界贸易总值70%以上来自海运,全世界旅游收入 1/3 依赖于海洋。海洋生物资源、化学资源、动力资源、海底油气和金属资源的开发利用已经呈现出快速发展的趋势,海水淡化将成为可持续开发淡水资源的重要手段,甚至引海水上陆,解决内陆地区的沙漠化问题。技术发展显示,未来通过遗传改良和基因工程、细胞工程技术,培育耐盐作物,发展海水灌溉农

---

① ［美］马汉:《海权论》,第 1 页。

业,让陆生植物重返海洋,可以缓解粮食安全和水资源短缺对陆地农业的压力。联合国预测,深海商业性采矿活动,可能在 2020 年以后开始。新兴海洋产业的形成,将使海洋经济成为 21 世纪世界经济发展的新支柱。

二、新型海洋发展观的构建

发展理论源于西方。18 世纪中叶,发展(英语 development、法语 developpent、德语 entwicklung)一词被使用于描述社会变化的过程。伴随工业革命和进化论兴起,发展的含义主要指生产和物质生活的进步。

20 世纪中叶以来,不同国家和地区之间发展不平衡的问题演变为"南北问题",促成人类发展权观念的产生,推动了国际发展法的形成。发展研究(Development Studies)兴起。最初集中于研究发展中国家如何摆脱不发达状态的问题,后来扩大到发达国家的发展史和人类社会性的可持续发展问题。

发展研究首先在经济学领域中兴起,进而形成强调经济增长的发展经济学,着重研究"平均水品是如何影响发展"和"居民之间或国家之间的经济分配问题是如何影响发展".[①] 随后社会学、政治学等学科的发展研究跟进,形成经济社会综合发展理论。发展社会学主要围绕现代社会基本特征的问题,如社会分化与整合、世俗化、城市化等,以及社会发展的整体模式进行系统研究。通过社会指标和历史比较的方法研究和评估社会发展的政策。发展政治学主要研究发展中国家经济发展的政治后果和政治因素对经济发展的作用,关注发展过程中的不公正、协调稳定的问题。发展人类学从民族文化的差异出发,考察全球化经济发展与各种文化背景下的知识、传统间的交互作用。发展哲学提出以人为本的新发展观,探求人们如何调整自身的行动实现良性社会发展。此外,还有科学技术发展学、发展心理学等研究。

20 世纪 80 年代,发展研究理论进一步突破,超越单纯的经济增长论及忽视代际公平的社会综合发展论,确立可持续发展(Sustainable

---

① 〔美〕德布拉吉·瑞:《发展经济学》,北京大学出版社 2002 年版,第 7、8 页。

development)概念,以人类社会与自然和谐发展为目标,对"人口、环境、资源、发展"的整体关联做出全球范围的时空解析。至今,可持续发展研究蔚为当代发展研究的主流。

海洋发展指人类通过直接或间接的开发、利用海洋实践活动,影响社会变迁的行为。以往一般把传统陆地发展模式套用于海洋,海洋发展就是海洋经济产值的增长,较少考虑海洋政治、海洋经济、海洋社会、海洋文化的全面发展,发达海洋国家与发展中海洋国家的共同发展。在海洋领域发展权被人们普遍接受并被看成是一种极为重要的权利之后,新型海洋发展观才得以逐步构建起来,并在海洋实践活动中和《联合国海洋法公约》《21世纪议程》等文件上得到体现。

1. 公平分享海洋利益

海洋利益涉及海洋区域的个人和群体、海洋区域与陆地区域、沿海国与内陆国,公平分享比陆地更复杂,有多层次的问题。局部的海洋区域是第一层次,即以一个海湾或一片水域为环境单元,集合了多种开发利用海洋的社会群体、行业、个体,他们之间开发利用的海洋的出发点不同,利益往往相互交叉甚至相互排斥。国家内部的海洋区域之间、海洋区域与内陆区域之间是第二层次,行政隶属的不同,开发重点和发展战略各不相同,海洋利益也会发生矛盾和冲突。中央与地方之间,也有海洋利益的分配问题。沿海国家、海岛国家、内陆国家之间是第三层次,地理相邻或相向的沿海国家、海岛国家,有地理有利、地理既有利又不利及地理不利的不同情况,需要按照公平原则划定领海、大陆架、专属经济区界限。沿海国家、海岛国家与内陆国之间,也存在海洋利益的矛盾和冲突,需要按照公平原则对海洋实际利益进行再分配。世代间公平分享海洋恩惠是第四层次,当代社会成员既要考虑海洋发展选择机会的公平性,兼顾各方的需求和利益,即人际公平;又应尊重后代的生存权利,顾及后代的海洋发展利益,即代际公平。各国控制、管理、使用海洋的规章制度,追求的目标是以公平原则对国内的海洋利益关系进行调整,《联合国海洋法公约》的精神,是以公平原则对国际的海洋利益关系进行调整。

2. 可持续地利用海洋资源

可持续发展观在海洋经济领域的表现,就是建立在保护海洋生态环境基础上的经济持续增长,改变以追求物质需要为核心的传统消费观念和以牺牲环境为代价的传统发展观念,合理地开发和利用海洋资源,维护海洋资源系统的良性循环,在资源与环境容量可以承受的条件下,满足当代人的需求,又不损害子孙后代人满足其需要能力的发展。沿海国纷纷通过国家立法、规划、投资和行政措施,强化政府对海洋开发的干预,推进科技兴海,提高用海水平,争取以较低的海洋资源代价得到高效利用。

3. 人与海洋和谐共处

改变把自然、环境作为人类征服对象的传统观念,提倡人与自然建立一种和睦的、平等的、协调发展的新型关系。保护海洋生态环境,实现人与海洋和谐共处,就是其中的重要方面。深绿色环境理念,要求将环境与发展进行整合性思考,权衡海洋生物资源的增殖量与捕捞量的关系,采取正当的养护措施,创设新型渔业管理制度;科学合理利用滩涂和浅海的可养殖海域,发展高效、低污染的规模化养殖模式,推广无公害养殖。防止、减轻和控制人类活动对海洋环境的污染损害,防止海洋生态环境退化,保护海洋的健康。珍惜海洋生命的健康和福利,设置水产种质资源保护区、幼鱼资源保护区、水生野生动植物保护区、海洋和海岸生态系统保护区、珍稀或濒危物种保护区。构造循环经济、绿色海洋经济,调控海洋环境与海洋发展的平衡。"海洋兴亡,匹夫有责"(Wanted! Seas and Oceans-Dead or Alive),世界各国要共同分担保护海洋、防止海洋资源破坏和环境退化的责任和义务。

三、新型海洋观面临的挑战

现代海洋价值观的形成和现代海洋发展观的构建,是海洋文明进步的表现。但价值与事实之间存在着巨大的差距,对正确的思想也有片面理解和认识的问题。这种进步将是个漫长的历史进程,目前尚未定型和成熟。

1. 全球化虽然使不同国家的海洋利益联系在一起,出现了由联合国、国际组织制定的,保障全人类和全球整体利益的"世界主义"法治模式,但人类共同体并没有出现,现实的海洋活动主体是多元化、多层次的,价值目标不同,价值取向也不一致,大多把海洋资源作为陆地资源匮乏的代替物来利用,牺牲环境追求经济增长的传统发展模式仍大行其道,在行为方式上不可避免地发生大量的利益冲突。现代海洋观的理念要变为民众的自觉追求,还有很长的路要走。

2.海洋世界的行为主体是各个独立的沿海国家和岛国,各国都是从本国利益出发,理解和接受现代海洋观念,追求国家利益的最大化,提出本国的海洋发展战略。根据《联合国海洋法公约》的原则主张海洋权利,有370多处国家间的海上边界需要划定;33个以上国家可能提出超越200海里大陆架外部界限的申请,有待联合国大陆架界限委员会的审议。这就使海洋价值的提升,带来了负面的社会历史效应,海洋空间和海洋资源的争夺和瓜分进一步加剧,成为国际争端的热点。共同发展、包容发展理念的落实更加困难。

3.国际海洋社会经济文化的秩序仍然是由美国等发达海洋国家为主导的。美国掌握国际海洋规则的话语权,推行以自己为中心的海洋全球化,甚至为了维护海洋霸权地位,扩张在海洋的国家利益,以硬实力为后盾,自行其是,不受国际规则、海洋法的约束。这与共同发展、包容发展的理念是格格不入的。符合现代海洋价值观和现代海洋发展观的国际海洋社会经济文化秩序的建设,任重而道远。认为《联合国海洋法公约》的生效,开启了人类和平利用海洋、全面管理海洋的新时期,这一判断是否正确,还有待于历史的检验。

第二节　我国开放型经济的形成与新型海洋观的关系

1978年11月的中共十一届三中全会,开启了我国全面改革开放的伟大历史进程。30年来,我国实现了或初步实现了从"以阶级斗争为纲"向以经济建设为中心的转变,从封闭半封闭社会向开放社会的转变,从计划经济向市场经济的转变,从农业文明向工业文明的转变。开放型经济的形成,中国海洋利益的拓展,为新型海洋观的发展,提供了肥沃的土壤。

一、我国开放型经济的形成

改革开放是一场革命,推动中国社会结构的转型。开放型经济的形成,在一定意义上,是"中央权力中心对海洋的开放,推动沿海地区向海洋发展的历史潜能释放和发挥"。[①]

1. 东出海洋参与国际经济大循环

临海区位最大的优势是开放性。1980 年 5 月,中央决定在深圳、珠海、汕头、厦门试办经济特区。1984 年 5 月,决定进一步开放 14 个沿海港口城市。接着,又在沿海地带先后建立一系列经济技术开发区、国际贸易和航运中心、保税区、台商投资区。海洋发展取向从边缘走向中心,中国开始东出海洋,参与国际经济大循环的进程。1986 年 7 月申请恢复关贸总协定缔约国地位,2001 年 11 月加入世界贸易组织,中国经济迅速融入国际经济体系。目前,中国已经成长为船舶制造大国、海洋渔业大国、海洋运输大国、海洋贸易大国,社会经济发展越来越多地依赖海洋。2008 年,我国对外经济依存度超过 60%,对国际能源的资源型商品的依赖程度增加,1993 年起,中国成为石油净进口国,2009 年,原油、铁矿砂、氧化铝、铜矿石等进口依存度已经高达 40%—70%。

2. 沿海地带社会经济从传统向现代转变

由占有海岸线的县、市、区构成的沿海地带,占沿海省(市、区)陆地面积的 21.7%,人口的 32%,是中国经济起飞的发动机和黄金地带,在对外贸易、对外经济技术联系、对外文化交流发挥重要作用。沿海地带的社会经济率先从封闭、半封闭型经济结构向开放型经济结构转变,体制转轨、利益调整、观念转变,社会渐进地从传统向现代转型,并向陆海两个方向辐射,促进整个东部地区的崛起。一方面,通过山海协作,带动沿海省份内陆山区市场经济的培育,进入工业化、城市化进程;另一方面,面向海洋,发展海洋经济,

---

① 杨国桢:《关于中国海洋社会经济史的思考》,《中国社会经济史研究》1996 年第 2 期。

成为国民经济新的增长点。海洋生产的总值从 1979 年的 62 亿元增至 2010 年的 38439 亿元,海洋生产总值占国内生产总值的比例由 1979 年的 0.7% 上升到 2010 年的 9.7%。2005 年,外贸出口直接吸纳就业人员超过 1 亿,占总就业的 1/7。

3. 东部崛起带动中西部发展

中国通过海洋与世界互动,融入国际经济体系,为中西部地区创造走向世界的历史性机会。以沿海地带为核心的东部地区作为牵引中国经济现代化的火车头,通过临海区位优势把开放型经济带来的资金、人才、技术、商品、思想、理念,向陆域转移,向内陆扩散,带动西部大开发、东部老工业基地和中部的振兴,对中国社会经济结构转型产生了极大的影响,起到至关重要的作用。

二、中国海洋利益的拓展

《联合国海洋法公约》划分沿海国家管辖海域的新制度,得利最多的是美国、苏联(俄罗斯)、日本、英国、加拿大、澳大利亚等发达海洋国家,以及拉美海岸线长的发展中海洋国家。中国有得也有失,海洋利益得到拓展,又受到周边国家的争议和侵占。拓展后的中国海洋利益,涉及多个方面。

1. 海洋政治利益

领海、岛屿主权与专属经济区、大陆架的海洋主权权利,上升为国家的核心利益。《中华人民共和国专属经济区和大陆架法》规定:"中华人民共和国的专属经济区,为中华人民共和国领海以外并邻接领海的区域,从测算领海宽度的基线起延至 200 海里。""中华人民共和国的大陆架,为中华人民共和国领海以外依本国陆地领土的全部自然延伸,扩展到大陆边外缘的海底区域的海床和底土;如果从测算领海宽度的基线量起至大陆边外缘的距离不足 200 海里,则扩展至 200 海里。"在管辖海域内,我国有权制定和完善保障各种海洋权利的国内法律,进而实施有效的管理;制定和完善各种涉外的海洋法律,规范我国管辖海域的政治秩序和社会秩序。岛屿主权关系我国管辖海域的范围,也是政治承认的根据。维护台湾及其附属岛屿、南海诸岛的主权及其领有的管辖海域,体现中国的海洋政治利益。中国需要一个和平稳定的国际环境,增强海洋发展实力,维护海洋权益,处理和最终解决台湾与祖国大陆的统一,以及与我国管辖海域有关的各种争端,与海上邻国和平共处,是保障海洋政治利益的核心。我国分享公海和国际海底区域开发利用的权利,同时又分担保护、养护公海和国际海底区域的义务,有参与国际海洋政治的利益。负起维护与建设国际海洋秩序的国家责任,积极参与东亚地区和全球性的各种海洋事务,可以充分体现中国的存在,占有应有的地位,发挥重大的作用。

2. 海洋经济利益

发展海洋科技、海洋经济,是我国经济可持续发展的新增长源。渤海、黄海、东海、南海四大海区,海洋资源丰富,已经鉴定的海洋生物有 20278 种,海洋鱼类 3 千多种。初级生产力总量 45 亿吨,折合鱼类生物量 1500 万吨。20 米以内浅海域有 15.7 万平方公里,海水可养殖面积 260.01 万公顷,已养殖面积 109.49 万公顷;浅海滩涂可养殖面积 242 万公顷,已养殖面积 89.37 万公顷。发展海洋捕捞和海水养殖,可缓解粮食安全对陆地农业的压力。海洋是我国战略资源的重大后备基地,也是尚未开发的最大未知资源宝库。估计海底的石油资源储量约 528 亿吨,天然气资源量约 28.6 万亿立方米,水深大于 300 米的边缘海海底,蕴藏丰富的海洋天然气水合物,是未来取代油气的战略资源。滨海砂矿 60 多种,累计探明储量 16.4 亿吨;滨海宜盐土地 0.84 万平方公里,海盐产量居世界第一;潮汐能、波浪能、温差能等海洋能源蕴藏量约 6.3 亿千瓦。我国海岸带有良好的港湾和连接内地的河流,深水岸段 400 余公里,可建中级以上泊位的港址 160 多个,万吨级以上的 40 多个,10 万吨级以上的 10 多个。国内贸易中海洋运输已突破铁路运输为主的局面,对外经济贸易 80% 以上依赖海洋航运,是我国物流的关键部位。海水可以直接利用为工业冷却水、市政用水、生产工艺用水,可提取各种化学元素,深加工为各类化工产品;还可以通过海水淡化成为生活用水,解决沿海地区缺水问题。甚至可能引海水上陆,解决西北地区的沙漠化问题。我国沿海共有 1500 多处景区,适合发展海洋旅游业。据研究,我国各海区每年可提供的生态服务价值约为 15047 亿元人民币。此外,积极利用外国海洋资源和世界海洋公共资源,发展海洋贸易、远洋捕捞、海底探矿等,实现资源供应配置全球化,有重大的经济利益。我国已在东太平洋国际海底多金属结核矿区,获得 7.5 万平方公里的勘探合同;在西南印度洋中脊国际海底的多金属硫化物矿区,获准 1 万平方公里的勘探合同。

3. 海洋安全利益

国家安全范畴包括海、陆、空、天,海洋是国家安全的一道屏障。我国兼具海陆,近代以来受陆海双重夹击,威胁主要来自海洋霸权国家。当代"中国威胁论"者主张遏制中国崛起,重点目标是阻止中国东出海洋。环中国海、西北太平洋区域是外国侵犯和干涉必须利用的战场,也是我国近海防御的重点区域。大洋是霸权国家围堵中国的战略区域,也是我国突破围堵,实施战略核威慑和核反击的活动区域。建设能够控制管辖海域及其毗连海域、走入大洋的基本制海能力,才能有效地维护国家安全。应对传统安全威胁(海上入侵),消除海盗、海上恐怖势力、走私贩毒等非传统安全威胁,本质上也就是保障中国经济重心的安全利益。在经济全球化的形势下,我国每年几千万亿美元的进出口贸易活动需要依赖海洋。我国人均资源紧缺,石油、铁矿石、铜矿石、锰矿石、铬矿石等可采储量不能满足工业化、城市化、现代化的需求,充分利用国际市场,实现资源供应配置全球化,是必然的战略选择。稳定黄海、东海、南海各出海口,争取恢复图们江日本海出海口,开辟泰国湾、孟加拉湾的出海口,保证海上通道的畅通无阻,有重大的海洋贸易和资源安全利益。预防和抵御海洋自然灾害,保护海岛、海岸带和海洋生态环境,有重大的海洋生态安全利益。

4. 海洋文化利益

海洋发展是人的一种生存方式,又是一种文明的历史进程。自从自然科学和技术科学各分支学科的涉海研究交叉、渗透、融合,形成海洋科学之后,有关海洋的基础理论研究和应用研究都取得巨大的成就,并向"海洋大科学"的方向发展。在揭示海洋与人类起源、全球环境变迁,规避和减少海洋灾害,海岸带综合管理等重大科学问题上的理论创新和高新海洋技术的实践,推动人类社会文明的进步,冲击以牺牲环境为代价的社会发展模式,引起人类理性和良知的反思,呼唤人文社会科学的参与,论证其社会价值的合理性,提供人文的保障。在海洋发展的社会需求的刺激下,人文社会科学各分支学科的涉海研究也逐步深入,在某些领域和方向提出了一些新的思想和论断,开始构筑自己的学科体系,并出现整合的趋向。中国现代海洋发展道路奠基在中华民族海洋历史文化传统之上,发展海洋科学和海洋人文社会科学,摸清管辖海域内的自然资源和人文历史遗产的价值,提高开发利用和保护海洋环境的水平,有重大的科研利益。总结中国海洋发展的物质文明与精神文明成果,把以往分散在不同学科内的涉海理论和重要论述,发展成自己的学科体系,并在科际整合中赋予新的含义和实践要求,创造出相互贯通、紧密联系的新思想、新论断,使传统上处于民间层次、区域层次的海洋文明提升到民族文明的层次,建设中国特色现代海洋文明,丰富中华文明的内涵,取得与西方海洋文明对话交流的话语权、主导权,争取海洋发展向符合人类社会进步和广大人民利益的方向前进,为新时代海洋文明的创造作出国际贡献,有重大的文化利益。

三、新旧海洋观的并存与冲突

在我国海洋事业发展与开发海洋的实践中,并存着新旧两种海洋观且不时产生激烈冲突,具体表现在:

1. 重陆轻海与陆海统筹

上下五千年,陆地文明始终是中国的主流文明,以农为本,重陆轻海观念根深蒂固,海洋发展处于边缘地位,长期停留在沿海地方和民间的层次。传统农业生存方式和生活方式深层次影响人们的行为方式和思维方式,养成依恋黄土地的社会心理和思维偏向。海洋发展战略的提出,现代海洋发展观的确立,陆海统筹、协调发展的理念逐渐普及,但传统的发展观念、社会心理和思维偏向还没有得到根本性的扭转。国民对海洋重要性的认识未能达成共识,从总体分布上看是东高西低、南高北低,内陆居民普遍缺乏海洋意识,在东部的内陆与沿海地区也是如此,这对凝聚国民意志,支持海洋发展十分不利。在领导层中,重视陆地发展、忽视海洋发展的思想仍居主导地位,海洋在国家发展战略中的地位不高,致使陆海统筹难于操作,往往牺牲海洋发展迁就陆地发展;或将海洋发展从系统整体中割离出来,孤立地存在,失去要素的作用。在近年经济和社会发展实践中,沿袭"精卫填海"的陆地思维,出现向海要地的沿海"特大城市热"、追求海岛陆地化(即半岛化)的"连岛工程"和"跨海大桥热",使海洋生态环境更为脆弱,给海岸区域带来人地关系紧张、气候异常等一系列的问题。

2. 掠夺性开发与可持续发展

海洋可持续发展有三大原则:一是海区生物资源开发利用率不大于资源的更新率;二是海区废弃物和污水入海量不大于海区环境容量;三是沿海地区人口规模不超过沿海地区和海洋生态的承载能力。但是,在现实经济利益的激励下,一些海域的开发不合理或过度开发,只知用海,不知养海,出现生态目标与经济目标的冲突。"掠夺性开发"仍大行其道,违规滥捕使传统渔业资源枯竭,大肆采挖海岸沙石,使大片红树林、珊瑚礁消失,沿海湿地大幅度减少,降低调节气候、储水分洪、抵御风暴潮、护卫海岸的能力。海域使用无序、无度,部分海洋资源和自然景观受到破坏。

3. 先污染后治理与生态海洋

生态海洋是环境与发展一体化的目标,以海洋环境有效保护为核心,保护与开发并举,形成环境与发展的良性互动。但是,先污染后治理的思路仍没有得到根本性的扭转。陆地工业污水、农业污水、生活污水肆无忌惮地流向大海,即便是经过处理的污水,也大多未达到深度处理,使近海海域不堪重负。海上船舶的溢油事故,压舱水、养殖污水、海洋油气平台污水排放和溢油事故,又加重近海环境的恶化。局部海域污染严重,超过海洋的稀释和自净能力。海洋污染或造成海水质量的下降,或造成水体缺氧,直接毒死海洋生物或破坏生物体的正常生理、生化功能;或造成海域富营养化,导致某种或多种浮游生物暴发性繁殖或高度聚集,形成"赤潮",使大面积的鱼、贝窒息死亡。沿海建造围海等海岸工程,改变水流方向和周边的环境,阻断鱼类洄游通道,引起原有生态系统的破坏。

4. "由近及远、由浅及深"与"由远及近、由深及浅"

从世界海洋战略发展的大趋势看,"由近及远、由浅及深"与"由远及近、由深及浅"是两种不同的战略方向。发展中海洋国家选择前者,考虑开发和控制海洋的条件限制、便利性和可操作性,集中开发和控制自己管辖的近海、浅海。发达海洋国家选择后者,无论海洋开发还是海洋控制,美国等发达海洋国家坚持远海战略和深海战略,"对海洋了解最多的国家就最有可能控制海洋"。① 海洋开发优先利用外国的和国际公共的海洋资源,先远海后近海,先争议海域后管辖海域;海洋控制由远及近,作战前沿推进到其他国家的海岸线。从表面上看,这是经济实力和技术条件不同的选择,从深层次看,这是由陆向海思维与由海向陆思维的差异。我国传统的选择是前者,近年沿着这一战略方向取得很大的成功,但也付出了牺牲本国环境、消耗本国资源的惨重代价。如作为渔业大国,远洋捕捞量只占7%,海洋捕捞集中在近海渔场,致使近海渔业资源年年衰减。海洋油气的布局没有瞄准远海和争议海域,而集中在中国现在能够控制的近岸海域和部分管辖海域,以致南海石油资源被掠夺流失,渤海油井溢油等破坏本国海洋环境事件的发生。我们的海军发展战略也是由近及远的,防御性、地区性的战略目标束缚自己的手脚,与日益扩展的国家海洋利益不相适应。向后者转向,走向远洋、深海、极地拓展空间的海洋活动已在进行,但还没有形成像发展航天事业那样的举国体例,存在方向不明、队伍不强、措施不足、力度不够等问题。

新旧海洋观的并存和冲突,引起人们更多的思考,提出应对的对策,从而丰富新时期中国海洋观的内涵。

第三节　新时期中国海洋观的内涵和价值取向

经过改革开放以来的经济社会转型的实践,对单纯追求经济增长的传统发展战略的反思,2003年10月中共十六届三中全会提出了科学发展观;2004年10月中共十六届四中全会提出了构建社会主义和谐社会的战略思想;2006年10月中共十六届六中全会就构建社会主义和谐社会的若干重大问题做了决定;2007年10月中共第十七次代表大会提出了包括经济建设、政治建设、文化建设、社会建设和生态文明建设在内的全面小康社会的奋斗目标。发展海洋经济、维护海洋权益是我国全面建设小康社会的战略

---

① ［美］T.S.伯恩斯:《大洋深处的秘密战争》,海洋出版社1985年版,第87页。

目标之一。强调推动科学发展、促进社会和谐,本身就具有包容性增长的含义。2009 年以来,胡锦涛总书记正式提出包容性增长、包容性发展的理念。这一理论设计是立足于陆地发展的,但也适用于海洋发展领域。新时期中国的海洋观应该是科学发展观在海洋领域的深化。

一、新时期中国海洋观的内涵

新时期中国海洋观的内涵是科学发展、包容性发展。科学发展观和包容性发展的理念,是针对中国社会结构转型与国际金融危机发生的深层次、结构性问题提出来的,但它也适用于新时期中国海洋领域,并丰富中国海洋观的内涵。

1. 海洋的科学发展,是海上力量建设的全面、均衡发展

海洋的科学发展,就是改变"无发展的增长"的传统发展模式,不单纯追求海洋经济总量的增长,实现包括海洋经济、海洋科技、海洋政治、海洋军事、海洋社会、海洋文化、海洋生态的共同发展。

(1)海洋经济是海洋发展的第一要务。

海洋经济是海洋文明的物质形式,指人类直接或间接地开发利用海洋资源和海洋空间所形成的经济,涵盖了生产、流通、消费、管理、服务领域涉海的经济构成、经济利益、经济形态和经济运作模式。① 现代海洋经济包括为开发海洋资源和依赖海洋空间而进行的生产活动,以及直接或间接为开发海洋资源和空间的相关服务性产业活动。与海洋相关联,具有特定的依存关系,是其本质属性。海洋经济的科学发展,首先是海洋产业的共同发展。作为现代海洋经济载体的海洋产业,按照海洋开发利用的先后和技术的进步,可分为传统产业、新兴产业、未来产业三大类。按照国民经济部门结构分类法,可分为第一产业、第二产业、第三产业。科学规划海洋经济发展,发展海洋油气、运输、渔业等产业,合理开发利用海洋资源,重在调整产业结构,实现可持续的生产方式的形成。其次,是海洋经济系统的和谐发

① 杨国桢:《论海洋人文社会科学的概念磨合》,《厦门大学学报(哲学社会科学版)》2001 年第 1 期。

展。按照经济活动与海洋的关联程度,海洋经济可分为狭义、广义、泛义三类。狭义指以开发利用海洋的各类产业及相关经济活动的总和,广义包括为海洋开发利用提供条件的经济活动,泛义则扩大到与海洋经济难以分割的海岛经济、沿海经济及河海体系中的内河经济等。由于海洋水体的流动性和连通性,海洋经济系统具有交叉性、跨界性的特点。不仅有海洋各行业、区域经济系统与陆(岛)经济系统的交叉,在共用一片海域里,还有不同行业系统、区域系统甚至不同国家海洋经济系统的交叉。各种海洋经济系统以海洋水体为纽带,相互依存,这就需要处理、协调各种矛盾和冲突,实现和谐发展。

(2)海洋科技是物质文化的创造性成果,推动海洋发展的第一生产力。

海洋的不断开发,在于海洋科技的不断进步。发展开发性海洋科技,是海洋经济增长的保障;发展救治性海洋科技,是防卫海洋灾害、维护海洋健康的手段;发展先导性海洋科技,是培育新的海洋产业,发现未知的海洋领域,发展海权的必备条件。海洋科技的创新能力是现代基础设施发展改善的主要依托,海洋科技创新及其产业化,为海洋经济发展提供新的增长点,提高企业的竞争力,开辟新的市场。海洋科技成果应用于国家安全领域,不仅是提升海洋军事力量的核心要素,也是保障海洋能源与环境安全、生态与生物安全的技术基础。海洋科技的进步,改变了海洋社会的生存、生活基础,发展了人类第二生存空间的文化概念,从根本上影响了海洋文化。海洋科技的科学发展,核心是大幅度提升科技创新水平和能力。我国的海洋科技与世界发达海洋国家还存在较大的差距,引进、集成、应用国际上的先进技术,重点攻克国内外没有或不成熟的关键技术,发展具有自主知识产权的海洋资源勘探开发关键技术、海洋环境监测技术等,形成自己的优势,才能进入先进行列。海洋是许多现代科学发现的重要场所。当代人类面临的全球变暖、气候变化、生命起源、人类起源等重大科学问题的解决,与海洋科学研究的进展息息相关。海洋科学基础研究,要从跟踪向原创性、攀高峰跨越。

(3)良好的海洋政治环境,是海洋发展的重要保障。

海洋政治包括国内海洋政治与国际海洋政治两大部分。国内海洋政治,主要指海洋战略和海洋发展规划的制定和实施,海洋法律、法规的制定和完善,海洋综合管理体制和执法系统的建设等。国际海洋政治,主要指处理军事安全、意识形态和领土争端等传统外交议题,以及海洋开发和保护、海洋空间和资源分配如跨国捕捞、石油钻探、海洋污染、海底资源开发,海洋和极地科学研究的国际合作,应对非传统安全威胁如海盗、海上走私、偷渡、贩毒、海上恐怖活动,参与国际维和行动等。重返海洋意味着中国决心成为发达的海洋国家,在世界上占有应有的地位。这不可避免地与发达海洋国家、新兴海洋国家发生利益的冲突。维护主权、避免冲突、利益共享,合理解决与海上周边国家的海洋边界和岛屿主权的争议,是海洋政治无法绕过的议题。

(4)完善海洋立法是海洋发展规范化的前提。

我国与周边邻国的海上划界争端不断,尤其是在钓鱼岛海域和南海部分海域,我国与相关邻国的维权执法较量几乎未曾停息过。完善的海洋立法有利于我国主张海洋主权和权益,以及与海洋争端邻国进行法律论争。我国现行海洋立法多为单行法,而且立法层次不一,立法部门繁多,而《中华人民共和国领海和毗连区法》和《中华人民共和国专属经济区和大陆架法》也仅仅是原则性地宣示我国的主要海洋权利,没有规定具体的程序规则,不利于海上执法,难以为海洋发展提供有力的法律保障。因此,亟须制定一部海洋基本法,涵盖所有重要的海上法律关系,如海商法、海上劳动法、海上国际法、海上刑法、海上行政法、海洋环境与资源保护法、海上程序法等,并通过立法进一步完善海洋法律制度,以法治化手段维护国家海洋权益。

(5)海洋军事力量是海洋发展的坚实后盾。

海洋是国家的安全线。能源安全、经济安全的突出,高新技术的运用,赋予了海洋安全、海洋军事新的内容。和平时期,武力在解决海洋问题的地位有所降低,但传统的控制海洋通道就能控制海洋世界的战略思想并未过时,我国面临海洋霸权国家遏制中国走向海洋的武力威胁;另一方面,"大国的炮舰外交在很大程度上为小国的炮舰外交所取代",①越南、菲律宾挑

---

① [美]罗伯特·基欧汉、约瑟夫·奈:《权力与相互依赖——转变中的世界政治》,林茂辉等译,中国人民公安大学出版社1991年版,第127页。

起南海争端,不时成为热点。在此背景下,海洋军事发展的重要性超过了以往的任何时期,必须置于更加显著的地位。

(6)海洋社会是海洋发展的前提,没有海洋社会的驱动便没有海洋发展。

海洋社会,指在直接或间接的各种海洋活动中,人与人之间形成的各种关系的组合、社会组织及其互动的结构系统。海洋社会的科学发展,是一种整体性发展,包括海洋区域社会内人民生活、文化教育、社会福利、社会保障、医疗保健、社会秩序等的全面进步。我国传统海洋社会与现代海洋社会并存,传统海洋社会向现代转型出现的渔业、渔村、渔民问题,与农业、农村、农民问题性质不同,不能用陆地的办法来解决,用海洋思维破解"三渔"难题,大力推进以改善民生为重点的社会建设,才能实现共同发展。

(7)海洋文化发展是海洋科学发展的基础。

海洋文化的内涵一般指人类对海洋的精神文化追求,广义则延伸到人类开发利用海洋所创造的物质文化和制度文化。全球海洋时代的海洋文化,一方面,强化了海洋空间和海洋资源争夺、控制、管理的意识,又发展了生态环境保护、可持续利用的意识。另一方面,海洋的开放性、创新性含义超越了海洋,海洋被用于代表开放社会、信息社会、地球社会,海洋文化成为全人类文明的共同精神财富。海洋文化的精髓在于开拓、开放、沟通、包容,参与世界发展。海洋的科学发展,要理解和把握海洋文化的精髓。

(8)海洋生态是海洋科学发展的自然基础,也是海洋科学发展的最终归宿。

海洋环境变化引起的海洋灾害、如灾难性的地震、海啸,暴风雨引起的滑坡、泥石流,持久性的海岸侵蚀和海平面上升,对人类社会产生重大的影响。气候异常的厄尔尼诺现象,已经导致大范围海域温度异常增高,影响海洋系统的正常运转,加大飓风的强度和破坏性。海洋生态环境的恶化,不仅限制了人类向海洋的发展,甚至威胁到人类社会的安全。统筹经济与生态协调发展,要以敬畏的理念对待海洋,全面控制和扭转海洋环境污染和破坏的趋势,实现人与自然、环境和谐发展。

海洋经济、海洋科技、海洋政治、海洋军事、海洋社会、海洋文化、海洋生态的发展存在紧密的互动关系。海洋的科学发展,在于海洋政治、海洋经济、海洋科技、海洋军事、海洋社会、海洋文化、海洋生态的共同发展,体现海洋经济增长的持续性、海洋生态的持续性、社会效益的持续性相统一。

2. 包容性发展是科学发展观在海洋发展中的具体体现

包容性发展的内涵在学术界尚无统一的定义,但其基本含义为,全体社会成员都能公平合理地共享发展的权利、机会特别是成果的一种发展。共享性和公平性是包容性发展的基本特征。共享性指社会的大多数人都能享有发展的权利、机会和成果。而这一切需要一定的社会公平来保证,主要包括权利公平、机会公平、规则公平和分配公平等。

包容性发展为海洋发展提供了新的发展模式。海洋发展从本质上来说,具有开拓、开放、沟通的特性。海洋发展的速度更快,新旧事物的冲突也更加激烈。包容性发展理念鼓励海洋发展的开拓开放的精神,对海洋发展提出公平性、共享性两大原则,不仅对海洋发展中已知的各种矛盾的解决提出指导性的意见,更有利于未来海洋的科学发展。从空间范围上进行探讨,包容性发展在海洋领域的具体体现,可分为国内海洋经济社会的包容性发展和国际海洋社会的包容性发展。

国内海洋经济社会的包容性发展,包括:(1)陆地发展与海洋发展的包容。我国社会经济的重心和黄金地带在于东部沿海地区。人口向沿海的大量聚集,有些地方未能处理好陆地发展与海洋发展的关系,以牺牲海洋为代价追求经济增长,密集兴建港口和开发区,围海造地,极力向海洋扩展城市规模,海洋生态受到破坏从而对沿海社会产生极坏影响。国内海洋经济社会的包容性发展,首先是陆地发展与海洋发展的包容。(2)新兴海洋产业与传统海洋产业的包容。传统的海洋产业,即依托于海洋和海岸带的渔、盐、港口、航运等行业。随着海洋开发的深入,形成以海洋石油开发为中心的新兴海洋产业群,主要有海洋制造业、海洋采掘业、海洋地质勘察业和滨海旅游业等新兴产业。传统产业与新兴产业在海洋空间、海洋资源利用的协调,需要坚持公平性与共享性的原则,从而得到包容性发展。(3)海洋开发、控制、管理与保护的包容。随着我国开发利用海洋程度的加深,利用海洋实现经济增长的需要与海洋开发过程中的利益冲突、资源耗竭、环境恶化凸显,为了海洋权益、海洋及海岸带环境、资源和人类活动统筹协调的发展,必须实现海洋开发、控制、管理与保护的包容;善待自己赖以生存的环境,把生态环境的有效保护置于同经济发展相应的位置,在保护中开发,在开发中保护,使社会主动适应环境,才能实现人、地、海的和谐发展。(4)海洋区域社会人群机会平等,公平参与,海洋发展成果所产生的效益和财富由全体社会成员共享,尤其是能够包容落后地区和低收入人群,是包容性发展基本特征公平性与共享性在海洋区域社会中的体现。

3. 国际海洋社会的包容性发展,在于协调发达海洋国家既得利益与发展中海洋国家利益之间的平衡。

第二次世界大战以来,发达海洋国家凭借其强大的军事力量和科学技术,形成其在海洋领域的既得利益。近年来,发展中国家逐步向海洋用力,力图打破发达海洋国家的既得利益版图。协调两者的利益,必须主张公平分配、共同分享海洋利益的原则。其次,协调海洋地理有利国家与海洋地理不利国家、沿海国家与内陆国家的海洋利益分配,有必要分享发展机遇,共迎各种挑战,实现海洋的包容性发展和开放性发展,区域与全球协调发展。我们要和平、主动参与国际海洋事务,同时不强出头,以一种谦卑的姿态应对国际海洋发展的形势和挑战。

二、新时期中国海洋观的价值取向

新时期中国海洋观的价值取向,在于增强综合国力,维护国家利益,创新海洋文明。

1. 增强综合国力

国与国之间的各种较量,起决定作用的是综合国力。综合国力包含多方面要素,如经济、科技、外交、政治、文化和军事等。从空间上划分,综合国力的较量在陆地、海洋和太空三个领域进行。海洋是人类继陆地之后的第二生存发展空间,海上综合国力的地位也越来越重要,海洋国力的增长对综合国力的加强起到至关重要的作用。

2. 维护国家利益

在全球化背景下,民族国家仍是国际社会的主体,关注海洋,经略海洋,关系国家利益的维护。我国当前的海洋利益与国家的主权利益、安全利益、发展利益日趋重合,台湾问题、钓鱼岛问题、南海问题,上升为国家的核心利益。保持海洋的科学发展、包容性发展,为维护我国的国家利益注入雄厚的力量源泉。

3. 创新海洋文明

在漫长的历史岁月中,中华民族不屈不挠地向海洋进军,发展了自己的海洋经济、海洋社会和海洋人文模式,积累了丰厚的文化沉淀,创造了传统的中华海洋文明。继承弘扬优秀的中华传统海洋文明,在全球化的条件下,赋予新的含义和实践要求,创造出相互贯通、紧密联系的新思想、新论断,使传统上处于民间层次、区域层次的海洋文明提升到民族文明的层次,实现现代海洋文明观念的本土化,探索一条不同于西方列强依靠海洋争霸崛起的发展道路,积极参与公正、合理的国际海洋秩序的构建,就是对海洋文明的创新,就是对世界文明发展的贡献。

第四节　未来我国海洋发展的战略思考

未来我国海洋发展的大方向,是在现代海洋发展观指引下,化解各种矛盾,克服各种阻力,建设成发达的海洋国家。这一进程需要数十年甚至上百年的时间,面临诸多困难和挑战,存在诸多不确定性。我们无法预测未来,但要从战略发展的高度去思考和争取最佳的选择。

一、把握海洋和平发展的战略机遇期,提升海洋开发、控制和综合管理能力,海洋防灾减灾能力,保护海岛、海岸带和海洋生态环境能力,推动海洋事业和海洋经济发展再上新台阶。

当今的世界仍处于和平与发展的时代,我国仍处于海洋和平发展的战略机遇期,这是个基本的判断。能否把握住海洋发展的战略机遇期,和平建成发达的海洋国家,是个世界性的难题。发展中的海洋国家通过和平方式进入发达海洋国家行列,还没有成功的先例。我国是一个海洋大国,又是一个发展中的海洋国家,能否成功通过和平方式建设成为发达的海洋国家,关键在于自己。

把建设发达海洋国家作为战略目标,是国家意志、国家力量和国家精神的体现,是中国实现现代化和民族复兴大战略不可或缺的组成部分。国家最高决策层的决心,要落实到国家海洋制度的建设上。树立现代海洋观,顺应时代潮流,改革不适应未来海洋发展的领导体制和管理制度,制定海洋基本法和完善海洋法律制度体系,是实施海洋发展战略的根本保证。国家海洋制度的建设是一个历史过程,未来十年是个关键。"时来天地皆同力,运去英雄不自由。"战略谋划必须充分考虑未来世界局势的基本走向,中国在未来世界格局中的战略定位,在多种方案之间进行反复比较,由国家最高决策层做出政治决断。以此凝聚国家意志、国家力量和国家精神,才有坚实的法理依据。

通过和平方式进入发达海洋国家的途径,就是以发展海洋经济为中心的自主发展,不断地提升海洋发展的综合能力。《全国海洋开发规划(1996—2020)》提出:进入21世纪,海洋经济的增长速度高于同期国民经济的增长速度,到2020年,海洋经济在2000年的基础上再上一个新台阶,使海洋开发总体实力进入世界先进行列。《全国海洋经济发展规划纲要(2001—2010)》提出我国海洋经济发展的总体目标是:海洋经济在国民经济中所占比重进一步提高,海洋经济结构和产业布局得到优化,海洋科学技术贡献率显著加大,海洋支柱产业、新兴产业快速发展,海洋产业国际竞争能力进一步加强,海洋生态环境质量明显改善。形成各具特色的海洋经济区域,海洋经济成为国民经济新的增长点。十年的努力,取得显著成绩,海洋经济在国民经济中所占比重进一步提高,但也有很多不足。

优化海洋经济结构和产业布局,任重道远。我国海洋经济的发展,第一和第二产业比重过大。如图所示:

亿元（100 million yuan）

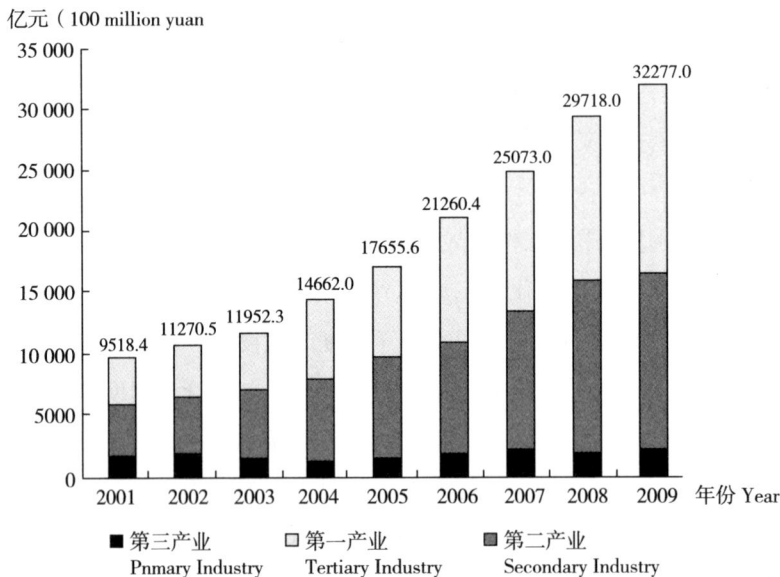

图 1　全国海洋生产总值及三次产业构成①

第三产业发展薄弱，是当前海洋经济发展的主要问题。推动海洋经济结构调整和产业升级，是今后一段时期的迫切任务。发展海洋高新科技，提升海洋基础性、前瞻性、战略性和关键性技术开发的能力，提升工程装备制造水平和产业化能力，培育和支撑海洋战略性新兴产业的发展，促进海洋资源的高效、持续利用，将对经济发展起到决定性作用。

海洋经济发展与海洋生态环境的协调，关系失衡。提升综合管理的管控能力，扭转局部失控的局面；提升保护海岛、海岸带和海洋生态环境能力，打造和谐的海洋生态环境；提升海洋防灾减灾能力，保障海洋经济发展成果，必须从战略上统一布局，战术上分解突破。

各具特色的海洋经济区域建设，难度不小。根据不同区域的海洋特性，坚持陆海统筹，明确建设主体，克服陆地化的规划思路、趋同化的建设目标，避免在优先发展第三产业的旗号下破坏海洋社会的基础，保民生、保稳定，需要先行先试，总结经验教训，逐步推进。

① 《中国海洋统计年鉴 2010 年》，第 12 页。

二、坚持改革开放大方向,积极参与国际海洋事务,不断扩大海洋领域对外开放和国际合作。加强与周边国家的沟通和交流,辩证看待周边各国对海洋权益的诉求,妥善化解矛盾。

和平与发展的时代,社会主义与资本主义两制并存,可以相互借鉴与共同发展。合作发展有助于全球问题的解决,从而达到"共生"和"共赢"。联合国第三次海洋法会议达成《联合国海洋法公约》,是国际海洋领域通过和平方式平衡各国海洋利益的结果。这就为海洋领域的国际合作指出了方向。各种海洋事务的国际组织在国际合作中发挥了重要作用。我国的积极参与,体现了海洋大国勇于承担国际责任和义务的风范。面对各国海洋利益矛盾的日趋尖锐,国际海洋竞争的日趋复杂化,坚持改革开放大方向,积极参与国际海洋事务,不断扩大海洋领域对外开放和国际合作,坚持以合作谋和平、以合作促发展、以合作化争端,不能动摇。

积极参与国际海洋事务,要坚持包容性发展的理念,有正确的世界意识,即有原则的宽容、理解、友好的意识;包容、开放、开明、豁达意识;和谐、和平意识;国际、全球化和面向未来意识;正确的合作与竞争意识。同时,又要坚持主体性,有维护国家海洋利益的主权意识,居安思危的忧患意识,理性智慧地表达爱国情感,反对霸权主义、强权政治。

国家之间分歧的根源在于国家利益。由于历史和地理方面的复杂原因,我国与周边 8 个沿海国家、海岛国家之间,存在岛屿主权争端以及划分管辖海域和海洋权益的矛盾和冲突。坚持与邻为善、以邻为伴、睦邻友好的方针,既要维护中国的海洋利益,又要辩证看待周边各国对海洋权益的诉求,充分顾及对方的关切,平衡双方的利益,通过协商对话增进信任、减少分歧,妥善化解矛盾。

在战略措施上,谦卑的观念体现在坚持和平协商谈判处理海洋争端的立场,以冷静和建设性的态度处理出现的问题,积极探讨不影响各自立场和主张的过渡性、临时性解决办法,避免局势复杂化、扩大化。对于利害对立方的两面派行为,必须有理、有利、有节地加以揭露和反制,不能姑息养奸。

三、发展海权,提高海洋执法能力,保障海上通道安全,维护海洋权益和国家的安全与稳定。

　　和平发展的年代,并不排除战争的存在。发展海权,建设一支现代化的海军,一支准军事化的海洋执法队伍,是中国实现海洋和平发展的必要保障。中国近百年的落后挨打,丧失海权是一个重要的原因。当前,中国的主权利益、安全利益、发展利益在海洋方向上日趋重合,发展海权是必然的战略抉择。

　　海军是海权的化身。"海权论"的海军主义是海洋霸权主义的工具。但海权的内核,即掌握制海权,是所有海洋国家维护自身海洋权益的基本权利。中国发展海军,谋求正当的海洋权益,不走海洋争霸的道路,但也不会因求和平、求稳定而听任正当的海洋权益受损。如果有人在这个问题上做出严重的战略误判,势必付出应有的代价。

　　海洋执法是海洋法律规范对海洋活动调整的实现过程,行使国家海洋主权和主权权利的日常形式。系统化的海洋执法力量可以起到和平时期控制海洋的作用,对潜在的传统和非传统的海上威胁起到有效的威慑和抑制作用。维护我国海洋和平发展的局面,也是对建设和谐的亚洲海洋和世界海洋的贡献。我国的海洋执法长期滞后,在执法队伍的统一性和系统性上、在技术装备的先进性上、在执法船舶和飞机的火力配置上,与海洋发达国家还有差距。统一海洋执法队伍,加强海洋执法能力,填补执法空间,是当下和今后努力的方向。

第六章　深化台湾海峡两岸海洋文化交流*

　　台湾海峡是东海的一部分,古称闽海。地处环中国海的中部,是中国乃至东亚地区的海上生命线。由两岸组合的经济区域,是历史形成的,中经几次分离,几次重合,仍然充满生机,成为未来中国海洋发展的关键地区。弘扬两岸海洋文化,促进两岸在海洋文化上的交流和合作,共同发展海洋经济,既为两岸人民造福,也为中华海洋文化建设做出贡献,具有重要的意义。

第一节　两岸海洋文化交流合作的历史基础

　　中国大陆与台湾的海洋文化同根同源,是连接台湾海峡两岸同胞的精神纽带,也是两岸海洋文化交流合作的历史基础。

一、中华传统海洋文化的概念、内涵

　　中华传统海洋文化,就是历史上中华民族在海洋和岛屿、海岸带直接或间接地开发利用海洋资源和海洋空间中所创造的物质文化、制度文化和精神文化。称中华海洋文化而不叫中国海洋文化,是为了避开概念上和学术上不必要的困扰。中国的疆域经历了从中原向边疆扩展的过程,今天中国的领土范围是清朝奠定的。中国传统文化,一般理解是以儒家思想为核心的,"以农为本"的中原文化。最早从事海洋活动的沿海地区,是海洋民族

---

* 本章是 2011 年台盟福建省委委托课题研究成果。

的天地，属于"东夷""南蛮"的系统，原来不受中原王朝的管辖。海洋民族如"东夷""百越"，由于海洋活动的流动性，文化创造是跨海域的，对周边乃至南岛民族的影响很大，不能以国界为限。后来"东夷""百越"融合到中华民族之中，他们创造的海洋文化，理所当然地属于中华民族文化。从中国本土移民海外国家所创造的海洋文化，外国人移民中国所创造的海洋文化，在广义上也属于中华民族的海洋文化。

中华传统海洋文化是南移东迁的汉族与当地海洋民族融合后，走向海洋，在与外国海洋文化的接触、交流中的再创造。在历史上，它是中华民族文化"多元一体"中的一元，为中国形成多民族统一的国家作出了贡献。作为海洋世界的一部分，它自成一个系统，连接东亚与西亚海域，为近代世界体系的形成创造了历史性前提。所以，中华传统海洋文化，是我国宝贵的文化遗产。

二、台湾传统海洋文化是海峡西岸海洋文化的延伸和分支

台湾的开发，是闽南经济区域和海洋文化的延伸与扩展的结果。五代时期，"闽国"航海家和海商开辟通往菲律宾的"东洋航路"便是以虎仔山（今台湾高雄）和沙马岐头（今台湾屏东恒春的猫鼻头）为起点。南宋、元代，泉州是"海上丝绸之路"在亚洲东部海域的主枢纽港，澎湖列岛作为渔人、船商的补给地，成为泉州的外府，隶属于晋江县。明初，鸡笼山（今台湾基隆和平岛）、钓鱼岛等是中国通琉球的望山，为福建航海家发现并命名。明中叶，闽南海商开辟了月港（今龙海市海澄镇）——东南亚——台湾——日本的东西洋贸易网络，视台湾为"小东洋"，渔商往返频仍。1567 年后明朝开放月港，允许商民赴东、西洋贸易，北台湾的淡水、基隆是福建官府指定的贸易港口。1624 年"海上马车夫"荷兰窃据台湾，进行殖民统治，依靠闽南海商开展两岸贸易，转运中国丝货，闽南移民垦殖，提供米糖，维持从巴达维亚（雅加达）到日本长崎的商路。最迟从郑成功算起，台湾"复制"闽南社会，两岸形成海洋经济文化区和"命运共同体"。

清代，台湾海峡是福建的内海。福建古称"八闽"，台湾成为福建一府后，"益一而九"，号称"九闽"。两岸多口对渡，直航"三通"，连成一体，"台

之于闽,如唇之护其齿,如手足之捍卫其头目"。台湾与厦门在清初有43年同属一个行政单位(台厦道),密不可分,厦即台,台即厦,犹如鸟之两翼。西岸提供人力、资金、市场,带动了东岸新开发区的经济起飞。东岸依托西岸开展对外贸易,发展了传统的海洋贸易网络,海洋特色更加显明。

海峡两岸连成一体,是以海洋文化为先导的。海浪滔天的威胁,跨越黑水沟的壮烈,不能阻挡渡台先民们的前仆后继,反而进一步凝聚了开放、进取的海洋精神。海峡两岸连成一体,也因此成为中国历史上海洋发展最突出的成就。

三、日本据台以来两岸海洋文化交流在民间的存续

台湾割让,福建被日本砍去一臂,两岸分离五十年。台湾光复后不久,两岸又一次人为阻隔,东岸与西岸分途发展。但风云变幻,却没有改变两岸海洋文化的底色,两岸文化在不同情境下的发展具有不同的差异和特色,却割不断通用闽南、客家方言,共奉妈祖信仰等的联系纽带。这是当代两岸文化认同的基础,具有很强的生命力和影响力。

四、两岸海洋文化交流的恢复发展

随着时间的推移,两岸关系也逐渐缓和,开始以对话代替对抗。早日恢复两岸海洋交流更是血浓于水的两岸人民的共同渴望。1979年元旦,中华人民共和国全国人大常务委员会发表《告台湾同胞书》,号召结束两岸分裂对抗局面,"希望双方尽快实现通航通邮","发展贸易,互通有无,进行经济交流"。在大陆方面的呼吁下,台湾岛内要求开放两岸"三通"(通邮、通航、通商)的呼声也越来越高。1987年,在台湾退伍老兵群体的强烈要求下,国民党当局决定开放民众赴大陆探亲。1994年,台湾"金马爱乡联盟"提出《金马与大陆小三通说帖》,建议台湾当局以金门、马祖两地为试点,与大陆率先实现"三通"。2000年12月13日,台湾"行政院"通过《试办金门马祖与大陆地区通航实施办法》,于次年开始在金门马祖与中国大陆之间建立海上航线,并开放金马与大陆之间的直接贸易,准许双方居民在彼处进行旅游、探亲、经商等活动。尽管台湾当局对"小三

通"仍然附加了种种限制,但这毕竟给两岸的海上交往提供了便利,为台湾与大陆之间恢复全面的海洋文化交流迈出了可喜的一步。2008 年 11月 4 日,两岸之间经过长期协商终于达成全面共识,签署了《海峡两岸空运协议》《海峡两岸海运协议》和《海峡两岸邮政协议》,于当年 12 月 15日开放两岸之间的直接空中、海上航运与通邮业务。台湾、澎湖、金门、马祖的 11 个港口与中国大陆的 63 个港口之间正式实现海上直航。海峡两岸"三通"的正式实现,是两岸交流史上里程碑的一页,它标志着台湾与大陆之间海上交往的正常化,两岸的海洋文化交流从此再度进入了发展的时期。

第二节　当前两岸海洋文化交流的主要领域与成果

当前海峡两岸的海洋文化交流,涉及渔业、贸易、航运、生态、宗教、旅游、科研、教育等多个领域,合作方式涵盖资金、技术、制度、人才培养等各个方面。无论在广度还是深度上都有着一定的积累。

一、海洋渔业交流

海洋渔业是航海的生产活动,具有海洋文化开放性、包容性的内涵。渔船文化机制集中体现在船主与船工的劳动关系上。船主采用拟制的血缘关系从事经营,雇佣本家族、本地以外的船工从事海上作业,是闽台渔业经济文化的传统,也是当代渔业劳务合作的基础。台湾方面的渔业产业在资金和技术上的优势明显,缺乏渔工是发展的瓶颈,而大陆方面缺乏资金和技术,却有充沛的渔业劳动力,两者可以互补。两岸对峙缓和后,两岸在渔业劳务方面的合作恢复并逐渐增强,但由于台湾当局的限制,在台湾船只上工作的大陆船员、渔工长期以来无法登陆台湾口岸休整,只能漂泊于海上,酿成恶性事件时有发生。2009 年 12 月 22 日,两岸签署《海峡两岸渔船船员劳务合作协议》,规定互相保障对方受雇船员和船主的合法权益,并建立合作约束机制。台湾方面雇佣大陆渔工从此可以通过正规渠道进行。根据协议规定,台湾方面正式对大陆受雇海员开放陆上暂置场所,从而结束了只能漂泊海上的尴尬境况。2010 年 4 月 16 日,两岸就船员工资、保险待遇等具体相关细节达成一致,台湾 7 家中介公司随之与大陆 4 家经营公司签订近海与远洋劳务合作协议。这意味着两岸海洋渔业文化在新形势下的融合,朝和谐劳务关系的方向发展。

在此基础上,台湾方面"把养殖经验、技术及成果,以独资、合资或技术转让的方式,积极向大陆推广。这种产业外移的结果反而使得台湾水产养殖业拥有更开阔的发展空间。"两岸之间还积极搭建渔业合作平台,如福建的霞浦台湾水产品集散中心、连江海峡两岸水产品加工基地等。截至 2008 年,台商在闽创办的水产企业达 510 余家,投资领域涉及水产苗种繁育、水产品加工、渔用饲料、远洋渔业、休闲观光渔业、水产品贸易以及科技合作,有力地推动了福建省渔业产业化进程"。浙江舟山地区的"海峡两岸远洋渔业合作基地"建设项目也正在计划之中。而大陆水产企业也开始进军台湾。2010 年 5 月 19 日,大连獐子岛渔业集团在台北的子公司正式开业,这是大陆水产业投资台湾设立的第一家企业。

二、海洋贸易交流与合作

两岸之间的海洋贸易的开展,是两岸传统对口贸易的复苏和发展。在两岸海洋贸易传统文化的驱动下,从最初的"走私贸易"到"小额对台贸易",形成不可逆转的潮流,到 2000 年"除罪化",实行小三通,2008 年实现大三通,海洋贸易成为两岸经济互动的主渠道。2010 年 6 月 29 日,双方签署了《海峡两岸经济合作框架协议》,决定"逐步减少或消除双方之间实质多数货物贸易的关税和非关税壁垒","促进贸易投资便利化和产业交流与合作"。两岸之间还定期举办两岸贸易交流活动。如福建省每年 5 月 18 日举办的海峡两岸经贸交易会,广东省所举办的粤台经济技术贸易交流会,都已经有了多年的成功举办经验,为两岸的经贸交流合作提供了重要的平台。"海峡西岸经济区"的建设,为对台经济贸易交流打造区域化的大平台,"加强海峡西岸经济区与台湾地区经济的全面对接，推动两岸交流合作向更广领域、更大规模、更高层次迈进"。而以海峡西岸经济区为试点，在大陆与台湾之间建立"两岸共同市场"的合作计划也在讨论之中。在客观环境的推动下，两岸海洋贸易发展迅猛。2010年，大陆与台湾之间的贸易额已达1453.7亿美元，相比2009年增长了36.9%。中国大陆成为台湾最大商品进口地区和贸易顺差来源。

三、海上交通运输开发与合作

自两岸海上直航实现后，大陆与台湾之间的海上交通运输开发合作迅速发展。一批新的直航港口与航线陆续开通，客流量与货运量均稳步提高。2009年11月12日至18日，交通运输部副部长徐祖远应台湾方面邀请，以"海峡两岸航运交流协会名誉理事长"身份率团访台，考察台湾港口与航运企业，并与台湾有关方面进行会谈，在两岸航运合作方面达成多项共识。大陆方面十分重视对两岸直航港口的建设，并努力吸引台湾方面对港口的投资，不断完善主要港口的集、疏、运体系。为了满足两岸直航的需要，福建省于2008年起的五年时间内，将在港口建设中投入总计500亿元，重点建设福州、厦门等直航港口。"两岸公布的81个直航港口（港区），已有71个港口（港区）开通了直航运输"，海上货运总量5789万吨。集装箱装卸量达140万TEU，2010年更达到191.8万TEU。从2001年到2011年3月，闽台"小三通"客运直航共运载旅客684.1万人次。

此外，两岸造船业之间也加强了联系。2010年8月，福建省船舶行业协会参访团参访了台湾造船公司、船舶院校与研发设计机构，交流了闽台造船业的合作意向。

四、两岸海洋旅游的交流与合作

海洋旅游业是海洋经济的重要产业，也是海洋文化交流的重要载体。福建省从2005年开始打造海峡旅游品牌，推动厦门、福州机场为两岸包机直航点，允许全国25个省市居民经福建口岸赴台湾地区旅游；允许在福州、厦门居住一年以上的省外居民在闽办理证件赴台旅游。2009年，福建旅游部门与台湾立荣航空公司联合开展"立荣全民小三通:五金齐发,万人游福建"活动,联合厦门航空公司开展"百万游客海峡行"活动,与台湾雄狮旅行社合作设立"海峡旅游"网站。首届海峡旅游论坛、第五届海峡旅博会成功举办,签署了《打造"小三通"黄金旅游通道合作宣言》《漳州滨海火山地质公园与澎湖列岛地质公园旅游合作协议》等。经福建口岸赴台湾地区旅游108553 人次,88.4%经"小三通"通道。全省共接待台湾游客 123.4 万人次,占全国总数的 27%。2010 年,第六届海峡旅博会以"海峡旅游,合作共赢"为主题,联合两岸四地全力打造海峡旅游经济圈,把两岸四地建设成世界知名的旅游目的地。招商内容涵盖传统项目和游船游艇等新业态,福建省共签约旅游投资项目 46 个,总投资 277.83 亿元,湄洲岛五大洲岛旅游项目(50 亿元)为最大的项目。2011 年,第七届海峡旅博会还首次设立海峡旅游温泉综合展示区,首次举办闽台旅游产业化合作对接研讨会,首度签署闽台旅游产业化合作宣言。

妈祖文化是海峡旅游的著名品牌。1994 年以来,湄洲每年都与台湾方面联合举办妈祖文化旅游节,2007 年还共同发表了《海峡妈祖文化旅游合作联谊共同建议》,并与金门签订了《旅游经贸合作意向书》,2010 年 7 月,国家旅游局参与共同主办妈祖文化旅游节,正式列入国家级的节庆活动。

郑成功文化是海峡旅游的又一品牌。2002 年起,台南市举办郑成功文化节。2009 年,厦门市举办了首届郑成功文化节。2010 年 9 月,泉州南安举办了首届郑成功文化旅游节。目前,郑成功文化节已经成为在海峡两岸多个城市定期分别举办的传统文化旅游节日。

除此之外,石狮市还于 2007 年创办了闽台对渡文化节暨蚶江海上泼水节。2008 年起纳入国台办对台交流重点项目,2009 年列入文化部重点支持项目。

在浙江省举办的 2010 年度中国海洋文化论坛则以"海洋文化旅游开发与海洋旅游试验区建设"为主题,与会的两岸学者就开发海洋旅游、建设"舟山群岛海洋旅游综合实验区"等方面的问题交流了经验。福建方面与台湾合作建设"闽台旅游合作试验区"的方案也正在酝酿当中,计划"充分发挥两地传统五缘优势"，"拓展闽南文化、客家文化、妈祖文化等两岸共同的文化内涵，突出'海峡旅游'主题"。

五、海洋生态资源保护经验交流与合作

如何在开发利用海洋资源的同时有效保护当地的生态环境，是两岸海洋文化交流的重要内容。近年来，海峡两岸多次召开海洋管理与生态保护方面的交流会议，探讨海洋环境资源保护的经验教训。中国科学院南海海洋所每两年便举办一次"海峡两岸珊瑚礁生物学与海洋保护区研讨会"，交流两岸珊瑚礁的生态现状及保护管理经验。2010年3月29日到30日，首届"海峡两岸海洋论坛——海洋环境管理学术研讨会"也在台北举行，对两岸的海洋环境监测、海岛可持续发展、海洋生态系统管理、海洋保护等多个议题进行全面探讨。台湾"环保署"副署长邱文彦在会上表示，海峡两岸海洋环境合作是未来必要的合作方向。同年11月5日，"海峡两岸生物多样性研讨会"在厦门举办，对海洋生物多样性保护等方面的问题进行探讨合作，并决定将该会议定期化，构建两岸在这方面的交流合作平台。

六、海洋事故灾难联合救助与经验交流

台湾海峡水域交通往来频繁，气候复杂，是海洋灾难和事故的多发区，海上救助经验的共享是两岸海洋文化交流的重要方面。2007年，国务院台湾事务办公室便表示，大陆方面支持鼓励两岸民间专业搜救组织之间的技术交流，并愿意全力对台湾方面的海上搜救工作进行支援。2008年10月23日，厦门与金门方面合作，成功举行了首届厦金航线海上搜救演习。同年两岸签署《海峡两岸海运协议》，决定"双方积极推动海上搜救、打捞机构的合作，建立搜救联系合作机制，共同保障海上航行和人身、财产、环境安全。发生海难事故，双方应及时通报，并按照就近、就便原则及时实施救助"。2011年5月12日，大陆专业搜救船"东海救113"轮成功访问台湾，成为62年来首次访问台湾的大陆救助船只。两岸的海上搜救合作机制建设正逐步开展。2009年到2010年，"双方共同参与的海上搜救行动11起，

成功救助遇险人员 162 人"。

七、海洋信仰习俗的交流

海峡两岸的海洋文化一脉相承,两岸人民也有着相同的信仰习俗。建立在共同信仰基础上的两岸海神信仰活动交流,成为联系海峡两岸人民感情的重要纽带。如兴起于福建湄洲岛的妈祖信仰,在大陆与台湾都拥有广大信众。"烟火长传妈祖庙,风波不阻闽台情。"1987 年 10 月,台湾大甲镇澜宫的妈祖信众冲破政治干扰,绕道日本经上海、福州前往妈祖的故乡湄洲进行参拜活动,成为"台湾开放探亲前辗转登上大陆的第一批先行者"。两岸直航实现后,两岸的妈祖信仰交流更加便利。2006 年 9 月,台湾地区历史上最大的妈祖进香团约 4300 人采取个案的方式乘客轮从台中港经金门港直航厦门。2007 年 4 月 7 日,金门妈祖信徒进香团从金门直航湄洲。5 月 14 日,马祖妈祖进香团从马祖直航湄洲。2008 年,湄洲岛接待台胞超过 15 万人次,与湄洲妈祖祖庙董事会建立联谊关系的台湾妈祖宫庙超过 1200 家。2009 年 2 月 14 日,来自台湾嘉义的四百余名妈祖信众乘坐两岸直航客船抵达湄洲岛进行谒祖进香活动,成为湄洲实现两岸直航后接待的首批台湾大型进香团。2009 年 5 月 15 日,福建省借举办首届海峡论坛活动之机,邀请台湾妈祖信众直航湄洲进香,参与信众多达两千余人。2009 年,湄洲岛接待台胞数上升至 17.9 万人次。2010 年 4 月 15 日,台湾方面举办海峡两岸妈祖信仰文化论坛活动,中国大陆 46 家妈祖文化机构共 180 余人应邀前往,与台湾方面人士就妈祖信仰方面的问题进行了广泛探讨。两岸在台湾举办了"妈祖之光·世遗之华""妈祖之光·福航彰化"和"妈祖之光·大爱镇澜"大型综艺晚会。2010 年仅上半年,来湄台胞数便已达 10.63 万人次,相比去年同期增长 20.4%。

"闹热看妈祖,团结看大道公祖。"保生大帝(大道公)信仰交流活动规模逊于妈祖信仰交流活动,但也很有特色,特别是台湾方面成立保生大帝庙宇联谊会作为两岸交流的主要窗口,有利于闽台保生大帝宫庙组织之间的团结,得到信众的肯定。

八、海洋文化学术研究成果研讨交流

海洋文化学术研究成果的交流,日益成为两岸所共同关注的领域。近年来,两岸之间的海洋文化学术交流会议频繁召开,并逐渐常规化。2007年10月,在福州举行的"福建海洋文化学术研讨会",是第一个以两岸海洋文化为主题的学术交流盛会。2008年11月8日,"海峡两岸海洋文化论坛"在厦门大学召开,来自海峡两岸近百位从事海洋文化研究的专家学者出席。2009年6月,首届"郑成功文化论坛"在厦门市举行,至今已连续举办了3届。2009年11月,"2009海洋文化国际学术研讨会"在厦门大学举行,两岸学者围绕"环中国海汉文化圈文化之保存与创新"进行学术交流。2010年3月,首届海峡两岸闽南文化节"闽南文化论坛"在泉州举行,会上讨论了福建与台湾等地闽南文化的海洋文化特征,对闽南文化研究方面的新视角与新方法进行了交流。2010年10月,两岸船政精英、船政名人后裔和专家学者齐聚福州,出席"福州船政与近代中国海军史研讨会",共同挖掘福州船政与台湾的渊源关系,促进以船政文化为纽带的交流和合作。12月23日,福州中国船政文化博物馆和台湾长荣海事博物馆在台北联合举办"福建船政——清末自强运动的先驱"特展,历时8个月,2万多名台胞前来参观。2010年7月11日,承接国际海事组织世界海员年的活动,以"海洋·海峡·海员"为主题的中国航海日庆祝活动在泉州举行,在郑和航海学术论坛上,海内外专家学者为进一步推动和深化两岸在港口、航运、海洋开发与城市合作建言献策。两岸合力为妈祖信俗"申遗"做了大量的工作。2009年9月30日,联合国教科文组织审议批准,妈祖信俗列入人类非物质文化遗产代表名录,成为中国首个信俗类世界文化遗产。2011年6月,"妈祖信俗学术研讨会"在莆田湄洲岛举行,探讨妈祖信俗"申遗"后的保护与开发、妈祖文化研究的拓展空间等问题。7月,"泉台百家姓族谱"及海内外名家姓氏联墨作品到台湾巡展。9月,华侨大学在厦门校区举办了"首届中华妈祖论坛"。10月,"第二届海峡两岸海洋文化研讨会"在福州举行。11月,"海洋文明与战略发展高端论坛"在厦门大学举行。这些学术活动,密切了两岸对海洋文化交流的认知。

九、两岸海洋类院校交流与合作

两岸的海洋类院校之间的交流,是教育领域海洋文化的交流。2009 年 5 月 16 日,大连海事大学百余名师生乘坐远洋教学实习船"育鲲"号,应邀访问台湾海洋大学、高雄海洋科技大学两校,这是大陆远洋实习船首次前往台湾访问。同年 7 月 14—23 日,海峡两岸青年海洋教育文化交流活动在台湾举行。来自中国海洋大学、上海海洋大学、浙江海洋学院等大陆海洋院校的多名学生对台湾海洋大学、高雄海洋科技大学进行了参观访问,与台湾方面学生开展了深入交流。2010 年 8 月 9 日,"首届海峡两岸海洋暨海事大学校长论坛与专业学术研讨会"在台湾海洋大学召开,就两岸海洋类院校如何开展更大规模的海事海洋教育交流与合作,共同促进两岸涉海教育又好又快发展等方面的问题进行了认真探讨,并发表了联合宣言。2011 年 4 月 5 日,首届海峡两岸高校帆船赛在厦门五缘湾至金门海域举行,共有两岸 15 所高校的 19 只帆船队参赛。9 月 22 日,"第二届海峡两岸海洋海事大学蓝海策略校长论坛暨海洋科学与人文研讨会"由中国海洋大学主办,在青岛举行,论坛的主题是:海洋教育、科技与文化事业发展与合作。研讨会的议题是:(1)海洋与全球气候变化;(2)海洋资源保护与新能源开发利用;(3)海洋权益保护与海洋发展战略;(4)蓝海经济与发展方式转变;(5)海洋文化与中华文明(中华海洋文化与休闲/海洋休闲观光发展);(6)海事航运与国际物流;(7)海洋先进装备制造;(8)两岸教育合作与海洋科学人才培养。

同时,两岸还积极开展海洋院校的合作办学或共建学术机构。2010 年 6 月,浙江海洋学院与台湾海洋大学合作成立"海峡两岸海洋文化交流中心";8 月,福建冠海造船工业公司有意与台湾"建国"科技大学以及福建省船舶工业集团公司联合兴办福建省船舶技术学院。2011 年 3 月 2 日,厦门海洋技术学院与台北海洋技术学院正式开启合作办学,首批 11 名大陆师生入住台北海洋技术学院生活区,开始为期一学期的学习交流,在台所修得的专业学分视为有效学分。这是海峡两岸海洋高职院校首次合作培养海洋类应用型人才,标志着两岸海洋类院校交流合作迈入了一个新的阶段。

总体上看,两岸之间三通的正式实现,为海峡两岸进一步开展海洋文化交流合作提供了非常有利的客观环境。目前两岸在这方面的交流与合作正在广泛开展当中,彼此之间增进了了解和互信,有力地促进了两岸关系的发展。

第三节　当前两岸海洋文化交流
所面临的阻力与挑战

尽管海峡两岸在海洋文化的交流站合作取得了许多成果,但是,当前两岸的海洋文化交流同样面临着严重的阻力和挑战。

一、"台独"分子在海洋文化领域制造的分裂活动

首先,是"台独"分子(以政界人士为多)为了实现其制造文化分裂的目的,对两岸海洋文化历史和现实进行严重歪曲,制造"海洋台湾"与"大陆中国"的对立。试图建立台湾民众对于两岸海洋文化的错误认识,破坏两岸彼此之间的海洋文化认同,妨碍两岸海洋文化交流的正常进行,对两岸关系造成严重的负面影响。

台湾政界人士对两岸海洋文化的论述,经历了从承认同属中国海洋文化到强调台湾主体性的转变,大都带有为政治宣传服务的目的。台湾海洋文化属于中国的海洋文化,本是台湾政界人士的共识。早期反对运动人士也赞同这一点。如早在 1977 年,张俊宏在为许信良《风雨之声》所作的序言中便说:"台湾一千年来所建立的文化已经属于海洋中国的文化,今天台湾经济的高速成长,还是承继了这种文化的主要部分,进取的、单纯的、爽朗的、阳刚的、明快的。……充分发展自我,创建以海洋中国为特质的文化,使政治和经济同时大步迈进,我们将会为中国开创一个意想不到的境界。"

20 世纪 80 年代后期"解严"之后,台湾岛内言论日益开放,谈论海洋文化的说法逐渐增多,尤其是民进党当中的"台独"分子,否定中国大陆海洋文化的存在,将中国大陆的文化定性为"大陆文化",视为落后文化、没落文化的代表。将台湾文化定性为"海洋文化",强调其相比大陆文化的优越

性。他们将台湾的海洋文化与中国的大陆文化对立起来,认为"海洋文化"是台湾文化与中国文化的本质区别。并与政治活动相结合,成为"独派"一些人大力鼓吹的观点。1996 年,有"台独教父"之称的彭明敏与谢长廷搭档,以"海洋国家,鲸神文明"为口号,参加台湾当局领导人竞选,宣称台湾人是完全不同于中国人的海洋民族。2000 年民进党执政之后,这种观点在官方的推动下更是频繁出现。陈水扁等台湾当局领导人亲自出面,宣扬台湾的海洋文化,否定中国文化与海洋文化、台湾文化的关系。

"台独"分子的台湾海洋文化言论,在台湾社会造成的影响不可小视。国民党为了应对民进党方面的宣传攻势,争取台湾选民,开始向台湾海洋文化主体论看齐,2008 年马英九作为国民党候选人参与台湾当局领导人选举,便喊出了"蓝色革命、海洋兴国"的口号。甚至在台湾学术界,同样也有部分学者认为历史上中国大陆的海洋文化早已消亡,台湾现在的海洋文化并非源自中国。

台湾政界学界人士对两岸海洋文化的论述,并非单纯学术范畴的讨论。某些持"台独"观点的人士将海洋文化视为制造文化分裂的工具,他们攻击中国文化、否定中国海洋文化,是为了从根本上消除台湾人对中国文化的认同。他们鼓吹台湾的海洋文化,是为了培养台湾人所谓的台湾本土文化认同。他们企图利用这种手段,最终让台湾人从对台湾的文化认同导致对台湾的所谓"国家认同",以达到分裂主义的目的。如何排除政治因素的干扰,维护海洋文化学术性研究的正常进行,在两岸民众当中建立起正确的海洋文化观念,是我们当前所面临的一个重要问题。

二、民众缺乏海洋文化的自觉

两岸海洋文化交流的主流是民间的自发行为,尤以海洋信仰习俗的交流最为壮观。这是两岸交流的突破点,在现在仍发挥着先锋的作用,牵动两岸政治、经济的发展,具有极大的影响力。但它的动力,还停留在民众朴素的感性认识和热情上,没有上升到维护两岸共有的海洋价值观和发展观的理性认识阶段,缺乏海洋文化的自觉。因此,在民间交流上产生了一些问题。

台湾妈祖庙争相赴湄洲祖庙进香,主要是因为信众和庙方认为这是取得正统认可与增强神明灵力的手段，有助于寺庙地位及神明灵力的提升，进而为庙方带来大笔的香火财富。有的台湾学者把这种现象归纳为"妈祖模式"，认为进香团以"暴发户"的心态朝拜妈祖，祖庙的执事人员以"钓凯子"的心情接见台湾香客，是一种"以财力换取神力"的交换关系，充满功利色彩。其次，妈祖文化的弘扬，也引发了各地妈祖庙对信仰中心的地位争夺。2011 年 9 月 5 日，台南安平开台天后宫在庆祝郑成功迎奉妈祖来台 350 年文化祭活动时，宣布成立"妈祖学院"，台南市长赖清德"希望安平的'妈祖学院'能发展成为全球妈祖信仰的中心"，就是一个最新的动向。

其他海洋信仰交流也出现类似的现象。这种功利的做法，使现有的海洋文化资源没有很好地研究发掘，缺乏高层次的文化整合，以致海洋文化旅游缺少在国内外具有吸引力的品牌。

三、两岸官方海洋文化交流进展缓慢

两岸官方对民间海洋文化交流采取逐步开放的政策，推动民间海洋文化交流从单向到双向交流的发展。而两岸官方层面的海洋事务交流与合作，则由于政治方面的原因，进展缓慢。本来，两岸面临来自海洋的挑战，如钓鱼岛与南海诸岛的主权争端，持有相同或相近的立场，合作对外，合力维护海洋权益，符合双方的利益。但台湾执政当局由于所谓"国家安全""对等立场"的考虑，对于进一步开放两岸官方层面的交流合作至今仍顾虑重重。台湾当局领导人马英九便曾多次重申过，不会与中国大陆合作解决钓鱼岛问题。在南海问题上也是各说各话。这种状况，从长远上而言，不利于两岸之间海洋文化交流的进一步深入开展。另外新一届台湾地区领导人选举前景仍未明朗，这也给两岸未来的官方在海洋问题上的合作平添了不少变数，我们对此应该早做准备。

第四节　深化两岸海洋文化交流的建议

针对上述当前两岸海洋文化交流所面临的阻力和挑战，我们需要妥善

地进行应对,克服阻碍两岸海洋文化交流与合作的不安定因素,为双方健康、深入的交流开辟道路。为此建议:

一、创新两岸海洋文化论述,争取台湾民心

"台独"分子的"海洋文化论"虽然看似声势浩大,其实不过是将海洋文化当作他们推行"台独"和政党之间斗争的工具,并不是真的一心要为台湾建设什么海洋文化。相反地,只有让台湾民众对海洋文化继续一知半解,他们的谬论才能有发挥的余地。因此,两岸学术界携手对中国海洋文化历史进行深度的发掘,创新两岸海洋文化论述,对于遏制"台独"分子利用海洋文化宣传文化分裂论调的图谋,有着相当重要的意义。

创新两岸海洋文化论述的目的,就是要从理论上和历史事实上破除"海洋台湾"与"大陆中国"对立论。首先要树立"中国是一个大陆国家,也是一个海洋国家"的理念。海洋中国"是从中国文化的长期演进中孕育出来的"。两岸学术界经过长期的研究,在这个问题上达成许多共识。我们要利用前人的学术积累,进一步发掘历史资料,对这一论断做出科学的论证,凝练出中国海洋文化的本质和特征,为创新两岸海洋文化论述提供坚实的根据。

理清中国海洋文化与台湾海洋文化的关系,是创新两岸海洋文化论述的基础。台湾学术界从客观历史事实出发,承认"今日台湾是一个汉民族殖民建立的社会,是中国人向海洋发展所造成的历史事实"。"台湾的海洋文化,可以说是中国海洋文化的延伸……是以汉文化为本……的海洋文化。"与外海和周边国家的海洋文化互动,吸收外来的海洋文化,也是两岸共有的特征,只是由于所处时空环境的变迁不同,各有自己的不同发展模式。承认两岸海洋文化在发展过程中出现的差异,但也要承认异中有同,同中有异,而不是相互排斥的。这也需要用事实说话,以理服人。

两岸海洋文化与中国大陆文化有着紧密的关联。台湾文化并非只有海洋文化,它同样有大陆文化的成分,不能将其与大陆文化完全对立。"内陆文明还是台湾文明的一个根源,如果把台湾的文化根源窄化为只有海洋文明,其实并不完整。"阐明中国大陆文化与海洋文化的互动,也是创新两岸海洋文化论述的任务。

创新两岸海洋文化论述,争取两岸民众的心理认同和社会认同,而对于台湾方面一些持文化分裂立场的学者,也有更多的机会与其进行辩论与商榷,不仅在学术界,而且在台湾广大民众当中造成影响,达到"真理越辩越明"的效果。这将会让越来越多的人了解到中国大陆与台湾海洋文化的历史事实和真相,让"台独"分子不能再像过去那样,随心所欲地对民众的思想进行单方面灌输,取得深远的社会效益。

二、打造两岸海洋文化品牌,加强两岸同胞的精神纽带

妈祖为代表的海洋信俗文化,泉州港为代表的"海上丝绸之路"文化,郑成功为代表的海权、海商文化,福州马尾的船政文化,陈嘉庚为代表的海外移民和侨乡文化,是海峡两岸人民共同的历史记忆,在历史上具有面向世界的影响力,留下丰富的文化遗存。从保护文化遗产向运用文化资产转变,打造海洋文化品牌,有许多工作要做:

在"海峡旅游"精心设计出几条跨越两岸的文化旅游线路,突出海洋文化的主题,比如:"唐山过台湾之旅""成功之路",乘坐邮轮,通过小三通把两岸相关景点整合在一起,避免与其他滨海旅游方式雷同,形成建设国际旅游地叫得响的品牌,让世人感受两岸对海洋文明的贡献,让两岸民众唤起走向海洋的集体记忆。满足台湾民众尤其是南台湾农民追寻祖地原乡的心理需要,把族谱对接、文化节庆等与旅游有机地结合起来。

培育高端的海洋文化产业,推出新的文化产品和服务,形成海洋经济的支柱产业,带动两岸海洋经济的发展。把握市场与学术的分际,与抢救、整理海洋文化资源的学术研究良性互动,避免急功近利,鼓吹不切实际的"海洋文明发源地""始发港"之类的口号,或为迎合现代人的口味或振兴地方经济的需要不惜篡改历史。

三、努力发展两岸海洋权益保护合作,促进海洋资源共同开发

推动两岸官方之间的海洋事务合作,需要确实把握两岸之间存在的海洋利益契合点。就现阶段而言,开展两岸海洋权益保护合作与海洋资源共

同开发,可望成为两岸官方海洋合作新的突破口。

　　在南海的海洋权益保护问题上开展合作,符合两岸官方与民间的共同利益。同时,两岸在南海地区进行官方海洋合作,所受到的阻力也不致像在对台湾当局而言非常敏感的台湾海峡地区进行合作时那样巨大。而且,两岸在南海地区先期开展工作,也能为日后两岸在其他地区和领域发展官方海洋合作提供宝贵的范例。

　　在南海问题的主权认知与海洋政策方面,两岸官方存在一定的共识。两岸对南海主权所提出的历史和法理依据,彼此之间也有着密切的关联性与一致性。"这使得在未来的南海法理斗争中,两岸都对对方有较大的倚重,携手维护中华民族共同的海洋主权,基础较为扎实。"在南海政策方面,从1999年开始,台湾就以共同开发、和平共处的方式处理南海问题。李登辉以发展观光处理,将驻军改为海巡署,陈水扁更模仿马尔代夫模式,有意打造国家水上公园,与南海诸国和平共处。马英九主张"主权在我,搁置争议,和平互惠,共同开发",这与中国大陆所一贯坚持的立场基本一致。这些都为两岸官方之间在南海问题上开展合作提供了必要前提。

　　两岸在南海问题上开展合作,需要采取循序渐进的方式,先易后难,稳步推进,可以优先考虑海洋权益保护合作与海洋资源开发相结合的方式。关于生物资源开发方面,可以先从两岸南海地区渔业合作着手,在此基础上开展两岸海上执法部门之间的合作,建立畅通的沟通渠道,增进双方的了解与互信,培养行动默契,逐渐建立起南海捕鱼、护渔方面的有效合作机制,为民间活动提供充分的信息服务,物资支持与武装保护。视实际需要,还可以对两岸这些年来在海洋合作上达成的多项协议(如《海峡两岸航运协议》等)进行补充,使之也适用于南海地区。另一方面,南海能源开发领域同样是两岸开展合作的理想领域。台湾本岛能源较为匮乏,所消耗的石油天然气绝大部分需要通过进口。大陆随着经济的快速发展,对于能源的需求量也与日俱增。开发我国南海地区储藏的丰富能源,满足海峡两岸的发展需要,是两岸人民的神圣权利。台湾当局所控制的太平岛,是南海诸岛中最大的岛屿,岛上拥有淡水资源,且修建有南海唯一的机场,可以说是后勤支援的理想基地。由"大陆承担所需的资金、人力、技术和设备,并提供以备不虞的军事保护，台湾则以太平岛作为大陆转运、储运支援物资的后勤基地，两岸合作开发南海油气田"，是一个双赢的可供选择的方案。

近来，建议大陆与台湾在维护南海主权问题上尽快开展更高层面合作的呼声也越来越高。2011 年 8 月，由中国南海研究院和台湾政治大学国际关系研究中心共同策划、组织、编撰的《2010 年度南海地区形势评估报告》发表。该报告认为，随着南海问题的日益激化，两岸在南海问题上加强合作已经刻不容缓。建议两岸之间建立政治互信和事务性合作，推动建立两岸军事协调机制和南海油气资源的合作开发。美国斯坦福大学国际安全和合作中心研究员薛理泰也发表文章，建议两岸应在南海海洋资源开发问题上进行密切合作。虽然台湾当局对于两岸南海合作问题尚存在着一定的顾忌，还未有明确的表态，但是如果我们能在该问题上继续抱着积极意向，以两岸人民的共同利益为感召，争取台湾方面的民意支持，持续向台湾当局施加影响，两岸未来建立一定程度的默契与合作并非是不可能实现的愿望。

随着南海问题日益成为当前的热点问题，台湾逐步失去在南海的发言权，甚至太平岛和东沙岛都有遭越南、菲律宾侵占的危险。据媒体报导，台湾拟明年派遣一个加强营的兵力约千人重返太平岛，甚至首度部署"天剑一型"防空飞弹；还研拟一套"卫疆计划"，台海军可在 48 小时内驰援太平岛。如果这个计划付之诸实施，建立两岸军事协调机制的问题迟早也会提到议事日程。

两岸官方的海洋合作，受到国际大环境的制约，存在不可预测的变数。凝聚中华民族的智慧，妥协处理双方的分歧，增强互信，最终找到妥善的办法，为营造和平海洋、和谐海洋一起努力，从而为世界海洋文明作出更大的贡献。

参考文献

一、古籍

包世臣:《中衢一勺》,清光绪安吴四种本。

伯麟:《兵部处分则例》,清道光刻本。

陈祖授:《皇明职方地图》,《玄览堂丛书》第 15 册,广陵书社 2010 年版。

陈侃:《使琉球录》,续修四库全书本。

《陈埭丁民回族宗谱》,香港绿叶教育出版社 1996 年版。

陈建著,江旭奇补:《皇明通纪集要》,文海出版社 1988 年版。

陈廷恩等:道光《江阴县志》卷十五,《无锡文库》第一辑,凤凰出版社 2011 年版。

程敏政:《皇明文衡》,《四部丛刊初编》,上海书店 1989 年版 。

程嗣功等:万历《应天府志》,四库全书存目丛书。

福趾:《户部漕运全书》,清光绪刻本。

《福建省例》,台湾文献丛刊第 199 种。

傅恒:《通鉴辑览》,影印文渊阁四库全书本。

顾炎武:《天下郡国利病书》,上海古籍出版社 2012 年版。

《古今图书集成》,中华书局 1986 年版。

过庭训:《本朝分省人物考》,续修四库全书。

黄衷:《海语》,影印文渊阁四库全书本。

《皇明祖训》,四库全书存目丛书。

何乔远:《名山藏》,福建人民出版社 2010 年版。

何绍基:《光绪重修安徽通志》,《中国地方志集成》省志辑,凤凰出版社 2011 年版。

《嘉庆道光两朝上谕档》,中国第一历史档案馆编,广西师范大学出版社 2000 年版。

江藩:《肇庆府志》,清光绪重刻本。

焦竑:《献征录》,上海书店 1986 年版。

《剿平蔡牵奏稿》,全国图书馆文献缩微复制中心 2004 年版。

嵇曾筠：《浙江通志》，影印文渊阁四库全书本。

方孔炤：《全边略记》，续修四库全书。

冲绳县立图书馆：《历代宝案》校订本，冲绳县教育委员会刊，第 1—14 册，1992—2014 年版。

李鸿章：《李文忠公（鸿章）全集》，吴汝纶编，文海出版社 1984 年版。

刘向：《说苑》，《丛书集成初编》，中华书局 1985 年版。

林焜熿：《金门志》，大通书局 1984 年版。

雷礼：《皇明大政记》，四库全书存目丛书。

罗懋登：《三宝太监西洋记通俗演义》，上海古籍出版社 1985 年版。

南州散人：《天妃林娘娘传》，韩锡铎等点校，辽沈书社 1992 年版。

《明实录》，黄彰健校勘，"中研院"历史语言研究所校印 1962 年版。

《明经世文编》，中华书局 1962 年版。

《明史》，中华书局 2012 年版。

《明清史料》，文海出版社 1979 年版。

《清宫宫中档奏折台湾史料》第 11 册，台北"故宫博物院"2005 年版。

中国第一历史档案馆编：《清代中琉关系档案选编》，第 1—7 编，中华书局 1993—2009 年版。

乾隆《重修台湾县志》，大通书局 1984 年版。

钱谦益：《牧斋初学集》，上海古籍出版社 1985 年版。

任启运：《史要》，四库未收书辑刊。

司马迁：《史记》，影印文渊阁四库全书本。

宋濂：《元史》，中华书局 1976 年版。

慎懋赏：《海国广记》，览堂丛书续集第 14 册。

《台湾文献汇刊》影印本，九州出版社、厦门大学出版社 2004 年版。

汤日昭等：万历《温州府志》，四库全书存目丛书。

王鸣鹤：《登坛必究》，清刻本。

王世贞：《弇山堂别集》，中华书局 1985 年版。

王昶等：嘉庆《直隶仓州志》，续修四库全书。

王先谦：《日本源流考》，四库未收书辑刊。

汪楫：《使琉球杂录》，日本京都大学文学部藏本。

周凯：《厦门志》，点校本，鹭江出版社 1986 年版。

谢杰：《虔台倭纂·倭变》，《玄览堂丛书》第六册。

徐兢：《宣和奉使高丽图经》，影印文渊阁四库全书本。

徐葆光：《中山传信录》，续修四库全书本。

潘相：《琉球入学见闻录》，清乾隆刻本。

徐松：《宋会要辑稿》，中华书局 1957 年版。

徐纮：《皇明名臣琬琰录》，文海出版社 1870 年版。

徐昌治:《昭代芳摹》,四库禁毁书丛刊本。

许弘纲:《群玉山房疏草》,清康熙百城楼刻本。

俞大猷:《正气堂全集》,廖渊泉、张吉昌整理点校,福建人民出版社 2007 年版。

颜斯综:《南洋蠡测》,《小方壶舆地丛抄》再补编第十帙。

严从简:《殊域周咨录》,余思黎点校,中华书局 1993 年版。

有心才人编次:《金云翘传》,魏武挥鞭点校,中国经济出版社 2010 年版。

赵汝适:《诸蕃志》,影印文渊阁四库全书本。

张嵲:《紫徽集》,影印文渊阁四库全书本。

张学礼:《使琉球记》,《小方壶舆地丛抄》第十帙。

张衮等:嘉靖《江阴县志》,天一阁藏明代方志选刊。

张廷玉:《御定资治通鉴纲目三编》,影印文渊阁四库全书本。

张萱:《西园闻见录》,文海出版社 1940 年版。

真德秀:《西山文集》,四部丛刊景明正德刊本。

郑若曾:《筹海图编》,中华书局 2007 年版。

郑若曾:《江南经略》,影印文渊阁四库全书本。

郑汝璧:《皇明功臣封爵考》,四库全书存目丛书。

周去非:《岭外代答》,中华书局 1999 年版。

周煌:《琉球国志略》,续修四库全书本。

周煌:《海山存稿》,四库未收书辑刊本。

钟薇:《倭奴遗事》,《玄览堂丛书》第六册。

朱克敬:《边事汇抄》,四库未收书辑刊。

二、中文论著

北京大学图书馆编:《皇舆遐览——北京大学图书馆藏清代彩绘地图》,中国人民大学出版社 2008 年版。

陈寅恪:《柳如是别传》,上海古籍出版社 1980 年版。

陈寅恪:《金明馆丛稿初编》,三联书店 2001 年版。

段汉武、范谊主编:《海洋文学研究文集》,海洋出版社 2009 年版。

高星、张晓凌、杨东亚、沈辰、吴新智:《现代中国人起源与人类演化的区域性多样化模式》,《中国科学:地球科学》,2010 年第 40 卷第 9 期。

冯友兰:《中国哲学简史》,北京大学出版社 1996 年版。

黄仁宇:《万历十五年》,三联书店 2005 年版。

黑龙江文物考古工作队:《黑龙江古代官印集》,黑龙江人民出版社 1981 年版。

雷海宗:《中国的文化与中国的兵》,商务印书馆 2001 年版。

李小云等主编:《普通发展学》,社会科学文献出版社 2005 年版。

凌纯声:《中国边疆民族与环太平洋文化》,台北联经出版公司 1979 年版。

鹿守本：《海洋管理通论》，海洋出版社 1997 年版。

倪建中、宋宜昌主编：《海洋中国——文化重心东移与国家空间利益》，中国广播出版社 1997 年版。

钮先钟：《西方战略思想史》，广西师范大学出版社 2003 年版。

钱穆：《民族与文化》，《钱宾四先生全集》第 37 册，台北联经出版公司 1998 年版。

宋正海：《东方蓝色文化——中国海洋文化传统》，广东教育出版社 1995 年版。

吴天颖：《甲午战前钓鱼列屿归属考》，社会科学文献出版社 1994 年版。

王义桅：《海殇：欧洲文明启示录》，上海人民出版社 2013 年版。

王宏斌：《清代前期海防：思想与制度》，社会科学文献出版社 2002 年版。

习近平：《习近平谈治国理政》，外文出版社 2014 年版。

姚楠、许钰：《古代南洋史地丛考》，商务印书馆 1958 年版。

杨国桢编：《林则徐书简》（增订本），福建人民出版社 1985 年版。

杨国桢主编：《海洋与中国丛书》，江西高校出版社 1998—1999 年版。

杨国桢主编：《海洋中国与世界丛书》，江西高校出版社 2003—2006 年版。

杨国桢：《瀛海方程——中国海洋发展理论和历史文化》，海洋出版社 2008 年版。

杨金森等：《海岸带管理指南》，海洋出版社 1999 年版。

叶敬忠、刘燕丽、王伊欢：《参与式发展规划》，社会科学文献出版社 2005 年版。

张海峰主编：《中国海洋经济研究》第 1—3 辑，海洋出版社 1982、1984、1986 年版。

张开城等：《海洋社会学概论》，海洋出版社 2011 年版。

朱寰主编：《欧罗巴文明》，山东教育出版社 2001 年版。

《中国海洋发展史论文集》，第 1—10 辑，台北"中研院"三民主义研究所、中山人文社会科学研究所丛刊，1984—2008 年。

三、国外论著

［德］马克思、恩格斯：《德意志意识形态》，《马克思恩格斯选集》第 1 卷，中共中央马克思恩格斯列宁斯大林著作编译局编，人民出版社 1972 年版。

［德］阿尔夫雷德·赫特纳：《地理学——它的历史、性质和方法》，王兰生译，商务印书馆 1983 年版。

［法］沙畹：《西突厥史料》，冯承钧译，中华书局 2004 年版。

［澳］安东尼·瑞德：《东南亚的贸易时代：1450—1680 年》，吴小安等译，商务印书馆 2010 年版。

［荷］安德烈·冈德·弗兰克、［英］巴里·K.吉尔斯主编：《世界体系：500 年还是5000 年》，郝名玮译，社会科学文献出版社 2004 年版。

［英］奥斯温·默里：《早期希腊》，晏绍祥译，上海人民出版社 2008 年版。

［德］奥斯瓦尔德·斯宾格勒：《西方的没落》第一卷《形式与现实》，吴琼译，上海三联书店 2006 年版。

［德］《奥本海国际法》上卷第二分册，劳特派特修订，王铁崖、陈体强译，商务印书馆1981年版。

［日］岸本美绪：《"后十六世纪问题"与清朝》，《清史研究》2005年第2期。

［意］贝奈戴托·克罗齐：《历史学的理论和实际》，道格拉斯·安斯利英译，傅任敢译，商务印书馆1982年版。

［法］布罗代尔：《文明史纲》，肖昶等译，广西师范大学出版社2003年版。

［英］布罗尼斯拉夫·马林诺夫斯基：《西太平洋上的航海者》，张云江译，九州出版社2007年版。

［德］C.施米特：《陆地与海洋——古今之"法"变》，林国基等译，华东师范大学出版社2006年版。

［英］查·索·博尔尼：《民俗学手册》，程德润等译，上海文艺出版社1995年版。

［英］崔瑞德主编：《剑桥中国史》第三卷《剑桥中国隋唐史》，中国社会科学院历史研究所译，中国社会科学出版社1990年版。

［加］巴里·布赞：《海底政治》，时富鑫译，三联书店1981年版。

［法］道沃尔等：《国际海洋空间规划论文集》，徐胜译，海洋出版社2010年版。

［美］道格拉斯·C.诺斯：《经济史上的结构和变革》，厉以平译，商务印书馆1992年版。

［美］德布拉吉·瑞：《发展经济学》，北京大学出版社2002年版。

［荷］格劳秀斯：《论海洋自由或荷兰参与东印度贸易的权利》，马忠法译，上海人民出版社2005年版。

［德］贡德·弗兰克：《白银资本——重视经济全球化的东方》，刘北成译，中央编译出版社2011年版。

［日］饭岛伸子：《环境社会学》，包智明译，社会科学文献出版社1999年版。

［法］费尔南·布罗代尔：《菲利普二世时代的地中海和地中海世界》第一卷，唐家龙等译，商务印书馆1996年版。

［法］费尔南·布罗代尔：《文明史纲》，肖昶、冯棠、张文英、王明毅译，广西师范大学出版社2003年版。

［古希腊］弗朗西斯·麦克唐纳·康福德：《修昔底德——神话与历史之间》，孙艳萍译，上海三联书店2006年版。

［英］弗朗西斯·培根：《新大西岛》，何新译，商务印书馆1979年版。

［德］弗雷德里希·李斯特：《政治经济学的国民体系》，陈万煦译，蔡受百校，商务印书馆1961年版。

［法］佛朗索瓦·佩鲁编：《新发展观》，华夏出版社1987年版。

［美］华勒斯坦等：《开放社会科学：重建社会科学报告书》，刘锋译，三联书店1997年版。

［德］黑格尔：《历史哲学》，王造时译，上海书店出版社2006年版。

［美］L.A.怀特：《文化的科学：人类与文明研究》，沈原等译，山东人民出版社1988

年版。

[英]雷蒙·威廉斯:《关键词:文化与社会的词汇》,刘建基译,三联书店2005年版。

[美]罗伯特·基欧汉、约瑟夫·奈:《权力与相互依赖——转变中的世界政治》,林茂辉等译,中国公安大学出版社1991年版。

[美]露丝·本尼迪克:《文化模式》,何锡章、黄欢译,华夏出版社1987年版。

[日]绫部恒雄主编:《文化人类学的十五种理论》,周星等译,贵州人民出版社1988年版。

[美]马汉:《海权对历史的影响》,附《亚洲问题》,李少彦等译,海洋出版社2013年版。

[英]马克尔瑞:《海洋考古学》,戴开元等译,海洋出版社1992年版。

美国不列颠百科全书公司编著:《不列颠百科全书》第15卷,中国大百科全书出版社1999年版。

[美]玛格纳:《生命科学史》,华中工学院出版社1985年版。

[英]麦金德:《历史的地理枢纽》,林尔薇、陈江译,商务印书馆1985年版。

[美]穆黛安:《华南海盗》,刘平译,中国社会科学出版社1997年版。

[英]迈克尔·霍华德:《欧洲历史上的战争》,褚律元译,辽宁教育出版社1998年版。

美国不列颠百科全书公司编著:《不列颠百科全书》第15卷,中国大百科全书出版社1999年版。

[法]米歇尔·福柯:《知识考古学》,谢强、马月译,生活·读书·新知三联书店1998年版。

[英]诺曼·戴维斯:《欧洲史》,郭方、刘北成等译,世界知识出版社2007年版。

[美]彭慕兰:《大分流——欧洲、中国及现代世界经济的发展》,史建云译,江苏人民出版社2003年版。

[美]斯塔夫里阿诺斯:《全球通史:从史前史到21世纪》,吴象婴等译,北京大学出版社2006年版。

[德]施密特:《陆地与海洋——古今之"法"变》,林国基、周敏译,华东师范大学出版社2006年版。

[西班牙]圣地亚哥·加奥纳·弗拉加:《欧洲一体化进程——过去与现在》,朱伦、邓颖洁等译,社会科学文献出版社2009年版。

[英]泰勒:《原始文化》,蔡江浓编译,浙江人民出版社1988年版。

[英]汤因比:《文明经受着考验》,沈辉等译,浙江人民出版社1988年版。

[英]汤因比:《历史研究》,[英]索麦维尔节录,曹未风译,上海人民出版社1966年版。

[美]T.S.伯恩斯:《大洋深处的秘密战争》,海洋出版社1985年版。

[德]韦伯:《宗教社会学》,康乐、简惠美译,广西师范大学出版社2005年版。

[古希腊]希罗多德:《希罗多德历史:希腊波斯战争史》,王以铸译,商务印书馆1959

年版。

[苏]谢·格·戈尔什科夫:《国家的海上威力》,济司二部译,三联书店 1977 年版。

[古希腊]亚里士多德:《政治学》,颜一、秦典华译,中国人民大学出版社 2003 年版。

[英]亚·沃尔夫:《十八世纪科学、技术和哲学史》,周昌忠、苗以顺、毛荣远译,周昌忠校,商务印书馆 1997 年版。

[美]伊格尔斯:《二十世纪的历史学——从科学的客观性到后现代的挑战》,何兆武译,辽宁教育出版社 2003 年版。

[美]伊曼纽尔·沃勒斯坦:《现代世界体系》第一卷,1974 年。

[法]伊勒、道沃尔:《海洋空间规划——循序渐进走向生态系统管理》,何广顺等译,海洋出版社 2010 年版。

[英]詹姆士·哈林顿:《大洋国》,何新译,商务印书馆 1981 年版。

[美]珍妮特·L.阿布卢格霍德:《欧洲霸权之前:1250—1350 年的世界体系》,杜宪兵、何美兰、武逸天译,商务印书馆 2015 年版。

后　记

收到本卷校样的时候,第一时间知道的是我的伴侣翁丽芳。与往常不同,这次不是在家里,而是在医院;不是她陪伴我,而是我陪伴她。我把校样让她看了一眼,她放心地说:"很好! 你不要在这里陪我,快回家去工作。"我明白这是她的牵挂,答应了她。

记得 2015 年 9 月 25 日,总论卷经过几个同学的校对后定稿,恰好临近中秋佳节,丽芳就叫我把他们请来家里,按照闽南的习俗,聚餐博饼。她神气谐爽,一丝不乱,忍受难以形容的病磨之苦,操办活动,陪伴我们度过这欢乐的时光,传递了关爱和祝福。两天后的中秋之夜,我在本卷前言中写下了"她的聪慧她的睿智,她的坚定她的牵挂,给我奋进的力量。执子之手,与子偕老,我一定会珍惜我们拥有的时光,用心呵护你、陪伴你、照顾你"的庄严承诺。

2016 年 1 月 19 日,她病重再次住院,我把家移到筼筜湖畔,白衣使馆。除了我给博士研究生上课以及她一周三次血液透析的日子,我尽可能争取时间陪伴在她左右。我按照她写的菜谱,学习做菜,勉强自理生活。半夜醒来,我看书改稿,不把生命浪费在辗转反侧。4 月 22 日收到本卷校样时起,我白天陪伴她,夜里看校样,渴望两个月内出书完成她的守望。我的心她全明白,苦苦地坚持着。然而,事与愿违,五天后她陷入昏迷,我放下校样全天候陪伴,我虽有心照顾她,却无力呵护她,5 月 2 日 23 时 24 分,她走完人生最后旅程,留下难舍的牵挂。

送别之后,我振作起来,把校样校完,断断续续地写了这篇后记,让这本
书留住她的美丽。

杨国桢

2016 年 5 月 9—16 日泣记